高等职业教育汽车类专业"十三五"规划课程教材

汽车保险法律法规

主　编　智恒阳　赵艳玲

副主编　金　晶　王　伟　邓　璘

主　审　王泽生

西安电子科技大学出版社

内 容 简 介

　　本书是汽车保险、理赔人员的一本法学入门教材,是汽车保险实务专业的专业基础课。本书系统介绍了有关汽车保险、理赔等流程中所需要的相关法律知识,主要内容包括:保险法基本知识、经济法、民商法、刑法、合同法、保险合同法、汽车保险合同的法律规定、道路交通安全法、海商法及汽车保险理赔诉讼程序法。

　　在介绍法律知识的同时,本书注重法律意识的培养和法律知识的运用,使学生学会依法办事,使其能够在未来的工作中讲法理、重证据,成为合格的职场人。

　　本书可供保险从业人员、投保人、被保险人、机动车驾驶员、保险公司的培训人员作为学习参考书使用,也可作为保险代理人、保险公估人资格考试的复习参考书。

图书在版编目(CIP)数据

汽车保险法律法规 / 智恒阳,赵艳玲主编. —西安:西安电子科技大学出版社,2014.3(2020.1 重印)

高等职业教育汽车类专业"十三五"规划课改教材

ISBN 978-7-5606-3343-5

Ⅰ. ① 汽… Ⅱ. ① 智… ② 赵… Ⅲ. ① 汽车保险—保险法—中国—高等职业教育—教材

Ⅳ. ① D922.284

中国版本图书馆 CIP 数据核字(2014)第 032003 号

策　　划　王　飞　邵汉平

责任编辑　阎　彬　赵　镁

出版发行　西安电子科技大学出版社(西安市太白南路 2 号)

电　　话　(029)88242885　88201467　　　邮　　编　710071

网　　址　www.xduph.com　　　　　　电子信箱　xdupfxb001@163.com

经　　销　新华书店

印刷单位　陕西天意印务有限责任公司

版　　次　2014 年 3 月第 1 版　　2020 年 1 月第 3 次印刷

开　　本　787 毫米×1092 毫米　1/16　印张　16.5

字　　数　389 千字

印　　数　5001～7000 册

定　　价　36.00 元

ISBN 978 - 7 - 5606 - 3343 - 5/D

XDUP 3635001-3

* * * 如有印装问题可调换 * * *

前　　言

随着社会经济的发展，保险的地位越来越重要。保险作为"经济助推器"和"社会稳定器"，在各国促进改革、保障经济、稳定社会、实现人民福祉方面发挥着日益重要的作用。

在国外，系统的保险立法是第二次世界大战之后发展起来的，保险立法目前仍是世界各国法学研究的重点领域之一。1995 年 10 月 1 日，新中国第一部保险基本法《中华人民共和国保险法》开始实施。经过 2002 年、2004 年的两次修订，修订后的保险法于 2009 年 10 月 1 日实施。

在我国财产保险中，机动车保险作为保险公司的第一险种，在解决公共交通安全问题中起到了举足轻重的作用。在汽车保险与理赔的法律关系中，涉及的法律部门较多，既涉及民商法、经济法、行政法、刑法等实体法，也涉及仲裁、民事诉讼、刑事诉讼等程序法。近年来涌现出大量的专职保险律师，专门负责处理繁杂的保险与理赔纠纷业务。为了提高保险从业人员的服务质量，保障汽车保险合同当事人的合法权益，依法解决汽车保险理赔纠纷，本书将与汽车保险相关的法律法规进行了整合汇编，为保险实务的实际工作提供帮助。

《机动车交通事故责任强制保险条例》规定，凡"在中华人民共和国境内道路上行驶的机动车的所有人或者管理人，应当依照《中华人民共和国道路交通安全法》的规定投保机动车交通事故责任强制保险。"这一法律条例的出台，使得机动车保险市场的份额进一步扩大。由于汽车保险标的的特殊性和移动性，以及汽车保险出险频繁等特征，车险投保人以及发生交通事故的当事人，在面对复杂的道路交通事故的理赔、索赔案件时，需要大量的法律救济。本书将汽车保险相关的法律知识做一个系统的介绍，作为汽车保险从业人员的学习用书，同时为汽车保险消费者维护自身的合法权益提供帮助。

作为法学教育用教材，本书承载着公平正义、忠于法律、廉洁自律的法律精神，以注重培养学生的法律意识、提升法律素养为宗旨，在内容上，突出基础理论知识的应用和实践能力的培养，强调针对性和实用性，从保险实务的实际工作出发，强化实践教学，立足于学以致用，使学生能够具备综合运用法律知识解决实际问题的能力。

本书在编写的过程中，得到了中国平安保险(集团)股份有限公司邹德海经理的指导与帮助，长春汽车工业高等专科学校李春明校长审阅了书稿，在此表示感谢！还要感谢西安电子科技大学出版社的编辑对于本书的出版所付出的辛勤劳动！

本书主编为智恒阳、赵艳玲，副主编为金晶、王伟、邓璘，参加编写的还有郎芳、李知常、方悦、陈玉茹、侯崇超、许珊珊、谢荣飞等。

由于编者水平以及掌握的资料有限，加之时间仓促，书中不足之处在所难免，在此恳请同行专家及读者批评指正。

智恒阳

2013 年 12 月

目　　录

第一编　保险法基本知识

第二编　汽车保险相关的部门法

第三编 保险合同法

第四编　汽车保险与理赔法律规定

第一编

保险法基本知识

第一章　保险法概述

从古至今，人类社会的发展，社会秩序的维护，离不开道德规范与法律规范。作为非汽车保险专业的学生，需要了解我国现行法律体系的内容，明确我国保险法体系的构成，掌握与汽车保险相关的法律规定，发扬中华民族精神，吸取西方法制建设的先进理念，认清有中国特色的法制建设之路，形成中国人特有的社会主义法律意识，培养能够与国际接轨的为市场所需的保险从业人才。

	学　习　目　标
知识目标	➢　法的基本知识：法的概念，东西方法律思想对比，我国现行法律体系 ➢　保险法：保险法的概念和地位，保险法律关系，保险法的内容体系 ➢　汽车保险法律法规：汽车保险概述，汽车保险法律法规内容体系
能力目标	➢　了解古今中外的依法治国理念，提高汽车保险从业人员的法律素养 ➢　明确保险法在我国法律体系中的地位以及保险法的内容体系 ➢　熟知汽车保险法律法规，培养法律意识，形成法律思维

第一节　法的基本知识

 引导案例　停车后车辆起火原因调查

案情简介：

王某驾标的车下乡办事，将车停在门外。后被他人发现起火，虽尽力抢救，但还是遭到烧毁，事后及时向保险公司报案。受保险公司委派，公估公司的勘查员到达现场进行勘验。

现场情况：

(1) 受损标的车停在原地，现场保留火灾痕迹，标的车已达报废程度。

(2) 现场布满麦草燃烧后的灰迹。

(3) 经调查了解，出险时正值麦收时节，当地农民在公路上、场院里所有的空地上晾晒小麦，标的车当时停放在麦草上。

疑点分析：

(1) 起火原因是什么？

(2) 本次火灾是否属于保险责任？

处理方法：

(1) 经过现场调查及走访周围群众，未发现有恶意行为及外界火源的燃烧，初步定性为车辆自燃损失，因标的车未投保自燃险，此案可以拒赔。

(2) 经向当地气象部门了解，出险当日天气晴朗，最高气温 37.6 度，地面最高温度 58.4 度。

(3) 经配合消防部门对车辆残骸进行技术鉴定，发现起火点在车后部的排气管部位。

(4) 消防部门正式认定："事故原因系干燥的麦草碰上高温的排气管引起燃烧所致。"

(5) 最终确定为：出险时天干物燥，外来麦草碰到标的车高温排气管引起燃烧，致被保险车辆损毁，属于机动车辆保险条款中的火灾责任。

案例解析：

从本案的现场勘查及处理可以看出，作为保险从业人员，不仅要有非常敬业的精神，还要有耐心细致的观察能力，有丰富的生活经验，在充分调查研究的基础上，再依据相关的保险法和保险合同的规定，对事故车、标的车作出判断，最后给出公正的令人信服的理赔结论。

作为汽车保险与理赔人员，需要具备的职业素养不仅包括保险专业知识和汽车专业知识，还要具备相关的法律知识，知法、懂法、还要学会用法，有良好的法律意识，才能依照法律规定以及保险合同的规定，公平公正令人信服地处理好保险业务。

《中华人民共和国宪法》第 5 条第 1 款规定："中华人民共和国实行依法治国，建设社会主义法治国家。"

当今社会，市场经济极大发展，社会主义法治建设不断加强，"依法治国"与"以德治国"相结合，国民经济方可持续健康发展。

要建设法治国家，就要做到有法可依、有法必依、执法必严、违法必究。作为公民，应当树立法律意识，自觉地学法、用法，依法维护企业和自身的合法权益。

一、法的基本概念

(一) 法的概念和形式

1. 法的概念

法是由国家制定或认可的、以国家强制力保证实施的行为规则的总和。各国关于法的定义有很多，有的认为法是"理性、公平、正义"的体现，还有的认为法是"民族精神"的体现。在我们社会主义国家，法是广大人民利益的集中体现。

2. 法的形式

法的形式是指法的具体的外部表现形态。

法的形式的种类主要依据创制法的国家机关的不同、创制方式的不同进行划分，在我国主要包括：

(1) 宪法。

宪法是由国家最高权力机关——全国人民代表大会制定的，是国家的根本大法。宪法规定国家的基本制度和根本任务，即社会制度、国家制度的原则和国家政权的组织以及公民的基本权利义务等内容。宪法具有最高的法律效力。

(2) 法律。

法律是由全国人民代表大会及其常务委员会经一定立法程序制定的规范性文件。法律通常用于规定和调整国家、社会以及公民生活中某一方面的根本性的社会关系或基本问题。其法律效力和地位仅次于宪法，是制定其他规范性文件的依据。

(3) 行政法规。

行政法规是由国家最高行政机关——国务院制定并发布的规范性文件。它通常以条例、办法、规定等形式出现。

(4) 地方性法规。

省、自治区、直辖市的人民代表大会及其常务委员会在与宪法、法律和行政法规不相抵触的前提下，可以根据本地区情况制定发布规范性文件及地方性法规。

(5) 行政规章。

行政规章是国务院各部委，省、自治区、直辖市人民政府，省、自治区人民政府所在地的市和国务院批准的较大的市以及某些经济特区市的人民政府，在其职权范围内依法制定、发布的规范性文件。

(二) 法律规范

1. 法律规范的概念

(1) 行为规范。

行为规范是一种行为模式，告诉人们什么可以做，什么不可以做，什么行为能够得到肯定和赞扬，什么行为会受到谴责甚至惩罚。统治者设定各种行为规范，以此规范人们的社会行为，设法使个人服从集体、局部服从全局，从而维护国家的利益，达到社会的长治久安。

(2) 法律规范。

法律规范是由国家制定或认可的，并以国家强制力保证实施的，具有普遍约束力的行为规则。它赋予社会关系参加者某种法律权利，并规定一定的法律义务。法律规范是构成法的最基本的组织细胞，是通过一定法律条文体现出来的具有一定内在逻辑结构的特殊行为规范。

2. 法律规范的逻辑结构

法律规范通常由假定、处理、制裁三个部分构成。

(1) 假定。假定是指法律规范中规定的适用该法律规范的情况和条件。

每一个法律规范都是在一定条件出现的情况下才能适用的，而适用这一法律规范的必要条件就称为假定。只有合乎该种条件、出现了该种情况，才能适用该规范。

例如：《中华人民共和国公司法》第 11 条规定："设立公司必须依法制定公司章程。"该法律规范中，"设立公司"就是假定部分，意指这条法律规范是在设立公司时适用。

(2) 处理。处理是指行为规范本身的基本要求。它规范人们的行为，告诉人们应当做什么、禁止做什么、允许做什么。这是法律规范的中心部分，是法律规范的主要内容。

如《中华人民共和国婚姻法》第 15 条规定："父母对子女有抚养教育的义务；子女对父母有赡养扶助的义务"，这是规定应当做什么；第 21 条规定："继父母与继子女间，不得虐待或歧视"，这是规定禁止做什么；第 10 条规定："夫妻双方都有各用自己姓名的权利"，这是规定允许做什么。

(3) 制裁。制裁是指法律规范中规定的在违反本规范时将要承担的法律后果，如损害赔偿、行政处罚、经济制裁、判处刑罚等。制裁常常集中表现在一部法律的"法律责任"部分。因为制裁是保证法律规范实现的强制措施，是法律规范的一个标志。

综上所述，法律是以国家强制力保证执行的一种行为规范，它是不以人的主观意志为转移的。法律是一种特殊的行为规范。而道德主要是靠人们内心的信念，靠社会的舆论监督以及人们自觉自愿地遵守和执行。良好的社会秩序需要道德规范的约束，更需要法律规范的约束和调整。

(三) 法律关系

1．法律关系的概念

法律关系是法律在调整人们行为的过程中所形成的特殊的权利和义务的关系。

法律关系是以国家强制力作为保障的社会关系，在受法律保护的社会关系遭到破坏时，国家会动用强制力进行矫正或恢复。

2．法律关系的特征

(1) 法律关系是以法律规范为前提的社会关系；

(2) 法律关系是以权利义务为内容的社会关系；

(3) 法律关系是以国家强制力作为保障手段的社会关系。

3．法律关系的构成

法律关系由三个要素构成，即法律关系的主体、法律关系的内容和法律关系的客体。

(1) 法律关系的主体。法律关系主体是法律关系的参加者，是指参加法律关系，依法享有权利和承担义务的当事人。

法律关系的主体包括：公民(自然人)、机构和组织(法人)、国家、外国人和外国社会组织、团体。

(2) 法律关系的内容。法律关系的内容是指法律关系主体所享有的权利和承担的义务，即法律权利和法律义务，如经济法律关系内容的实质和核心就是经济权利与经济义务，它直接体现了法律关系主体的利益要求，是连接经济法律关系主体的纽带。

根据权利、义务所体现的社会内容的重要程度，可把权利、义务分为基本的权利、义务和普通的权利、义务。其中，基本的权利、义务是人们在国家的政治、经济、文化、社会生活中根本利益的体现，是人们社会地位的基本法律表现。

根据权利和义务的主体不同，法律关系内容可以分为公民的权利和义务、集体的权利和义务、国家的权利和义务(职权和职责)等。另外，根据部门法的划分，我们还可以把权利义务分为民事权利和义务、诉讼权利和义务等。

(3) 法律关系的客体。法律关系的客体是指法律关系主体的权利和义务所指向的一定的对象。

法律关系的客体包括：物(物权法律关系)、给付行为(债权法律关系)、智力成果(知识产权法律关系)、人格利益(人格权法律关系)等。

4. 法律事实

法律事实就是法律规范所规定的、能够引起法律关系产生、变更和消灭的客观情况。

法律关系处在不断的生成、变更和消灭的运动过程中，它的形成、变更和消灭，需要具备一定的条件，其中最主要的条件有两个：一是法律规范；二是法律事实。法律规范是法律关系形成、变更和消灭的法律依据，没有一定的法律规范就不会有相应的法律关系。但法律规范的规定只是主体权利和义务关系的一般模式，还不是现实的法律关系本身。法律关系的形成、变更和消灭还必须具备直接的前提条件，这就是法律事实。它是法律规范与法律关系联系的中介。

法律事实的种类有：

(1) 法律事件。法律事件是法律规范规定的、不以当事人的意志力为转移而能引起法律关系形成、变更或消灭的客观事实。法律事件又分为社会事件和自然事件两种，前者如社会革命、战争等，后者如人的生老病死、自然灾害等。

例如，由于人的出生便产生了父母与子女之间的抚养关系和监护关系；而人的死亡却又导致抚养关系、夫妻关系或赡养关系的消灭和继承关系的产生等。

(2) 法律行为。法律行为可以作为法律事实而存在，能够引起法律关系形成、变更和消灭。因为人们的意思表示有善意与恶意、合法与违法之分，故其行为也可以分为善意行为、合法行为与恶意行为、违法行为。善意行为、合法行为能够引起法律关系的形成、变更和消灭，如依法登记结婚的行为，导致婚姻关系的成立。同样，恶意行为、违法行为也能够引起法律关系的形成、变更和消灭，如犯罪行为产生刑事法律关系，也可能引起某些民事法律关系(如损害赔偿、婚姻、继承等)的产生或变更。

法律关系的属性是调整性社会关系。通过社会舆论和道德约束实现的社会关系具有不稳定性和非强制性，而在法律关系中，一个人可以做什么、不得做什么和必须做什么都是国家意志的体现，反映国家对社会秩序的维护。当法律关系受到破坏时，就意味着国家意志所授予的权利受到侵犯，意味着国家意志所设定的义务被拒绝履行。这时权利受侵害一方就有权请求国家机关运用国家强制力，责令侵害方履行义务或承担未履行义务所应承担的法律责任，也就是对违法者予以相应的制裁。因此，一种社会关系如果被纳入法律调整的范围之内，就意味着国家对它实行了强制性的保护。这种国家的强制力主要体现在对法律责任的规定上。

二、中国古代法律思想

(一) 中华法系概述

1. 中华法系的概念

法系是法制史上的一个概念，法系(Genealogy of Law)是在对各国法律制度的现状和历史渊源进行比较研究的过程中形成的概念，法系是具有共同法律传统的若干国家和地区的法律现象的总称。中华法系是世界上五大法系之一，其他四个法系分别是：大陆法系、英美法系、伊斯兰法系、印度法系，其中印度法系和中华法系已经解体，现存三大法系。这里所指的中华法系是中国的封建法律的总称。中华法系在历史上对古代日本、朝鲜和越南的法制产生了重要影响。

2．中华法系的社会价值

(1) 中国传统文化的特点。

中国古代的政治又称伦理政治，是道德、法律与王权政治紧密结合、相互交织的产物。因之形成的中华法系，是独一无二的，是得到世界承认的一种独特的文化现象。

中国古代文、史、哲不分，融为一体，在法律体系上，也是诸法合体，自成一家。中国作为统一的多民族国家，文化经济也是和合的、统一的、连续的，这是世界上任何一个国家都做不到的，这是值得我们骄傲的。

(2) 整体性的思维方式对社会综合治理的思想价值。

中国古代文化很注重整体性，伦理政治的思想就是注重整体性的价值观的体现。

老子讲"人法地，地法天，天法道，道法自然"。中华民族重整体、顾大局的天下为公的精神，就是古人效法天地宇宙规则的体现。可见中国当今"和谐社会"的思想，是有历史渊源的。企业强调的"团队精神"，就是"整体性"思想的体现。

《周易》是最早系统而深刻地提出了"天、地、人三才之道"学说的。这种系统的宇宙观，贯穿于中华民族的人伦日用之中，培育了中华民族乐于与天地合一、与自然和谐的精神，对于落实科学发展观，对于实现世界和平发展，具有很大的社会价值。

社会生活是整体的综合性的，科学文化对于一个在生活中的人而言，是需要综合且系统运用的，从这个意义上讲，我国古代的文化体系，更容易为人所用，正所谓"大道至简至易"，古人在这种文化的引导下，创造出了举世瞩目的辉煌。同理，中国古代的法律体系也是综合的，甚至法律、道德与国家的政治统治都是融合为一体的。

(二) 中华法系的历史沿革

中华法系从封建成文法——《法经》，到鼎盛时期的《唐律疏议》，再到最后一部封建法典——《大清律》，一脉相承，具有十分清晰的沿革关系和内在联系。

1．以西周为代表的奴隶制法

西周时期，周公治礼，强调"明德慎罚"，"礼之所去，刑之所取，出礼而入刑"。

《周易》的宇宙观"道法自然，天人合一，厚德载物"的思想成为立法的指导原则。西周维护社会秩序的法则，包括"礼"和"刑"两部分。

2．西汉武帝"罢黜百家，独尊儒术"

汉武帝重用儒生董仲舒，推行"罢黜百家，独尊儒术"，确定以儒家学说为立国治世之本。汉朝法律思想的特点是"德主刑辅"、"礼法并用"，儒家的纲常名教成了立法与司法的指导原则，统治者要求以礼仪教化为主，以刑事惩罚为辅，礼刑结合，维持社会秩序。从此，"以德治国，贤人政治"的思想，成为我国封建统治阶级治理国家的主要方法和手段，这也是我国古代法律制度不发达的原因之一。

3．唐朝时期的《唐律疏议》是中华法系的典型代表

唐朝时期法的特点是"以刑为主，诸法合体"。立法以刑律为主，延续"出礼入刑"的思想，刑事惩罚规定得详细而且具体，但是"重刑轻民"，即重视刑事立法，轻视民事立法。封建的宗法制度，儒家经典的教化，传统的礼仪习惯，使得我国古代的民事立法没有存在的必要。

4．从宋朝起，形形色色家族法规为国家认可，对国法起到补充作用

家族法规在我国历史上占据着十分重要的地位，在调整家庭关系方面发挥了很大的作用。

清朝的《大清律》是我国封建社会最后一部法典。共三十卷，十册，律文 459 条。清朝末年，在修律的过程中，中华法系宣告解体，同时建立了中国近代法制的雏形。

(三) 中华法系的特点

1．以中国传统的儒家思想为理论基础，摆脱了宗教神学的束缚

自汉武帝"罢黜百家，独尊儒术"以后，儒家的纲常名教成了立法与司法的指导原则，维护三纲五常成了封建法典的核心内容。由汉至隋盛行的引经断狱，以突出的形式表现了儒家思想对于我国封建法制的强烈影响。

中国封建法律与西方不同，西方中世纪法律体系中带有神灵色彩的宗教法规是重要的组成部分，起过维护"封建"统治的特殊作用。但在中国，早在奴隶制末期，神权思想已经发生动摇，使得在中国封建法律体系中，不存在中世纪西方国家那种宗教法规，儒家的纲常名教代替了以神为偶像的宗教。

2．维护封建伦理，确认家族(宗族)法规

中国封建社会是以家族为本位的，因此，宗法的伦理精神和原则渗入并影响着整个社会。封建法律不仅以法律的强制力确认父权、夫权，维护尊卑伦常关系，并且允许家法族规发生法律效力。由宋迄清，形形色色的家族法规是对国法的重要补充，在封建法律体系中占有特殊的地位。

3．皇帝始终是立法与司法的枢纽，司法行政融为一体

皇帝既是最高的立法者，所发诏、令、敕、谕是最权威的法律形式，皇帝可以一言立法，一言废法；皇帝又是最大的审判官，他或者亲自主持庭审，或者以"诏狱"的形式，敕令大臣代为审判，一切重案会审的裁决与死刑的复核均须上奏皇帝，他可以法外施恩，也可以法外加刑。而地方各级行政长官(如县令)，同时又是地方的司法长官。然而，同时期的各西方国家在相当长时间里，各级封建郡主都享有独立的立法权和司法权。

4．官僚、贵族享有法定特权，良、贱同罪异罚

中国封建法律从维护等级制度出发，赋予贵族官僚以各种特权。从曹魏时起，便仿《周礼》八辟形成"八议"制度。至隋唐已确立了"议"、"请"、"减"、"赎"、"官当"等一系列按品级减免罪刑的法律制度。另一方面，又从法律上划分良贱，名列贱籍者在法律上受到种种歧视，同样的犯罪，以"良"犯"贱"，处刑较常人相犯为轻；以"贱"犯"良"，处罚较常人为重。中国的封建法律，同世界上任何国家的封建法律一样，是以公开的不平

等为标志的。

5. 诸法合体，重刑轻民，行政机关兼理司法

中国从战国李悝著《法经》起，直到最后一部封建法典《大清律》，都以刑法为主，兼有民事、行政和诉讼等方面的内容。这种诸法合体的混合编纂形式，贯穿整个封建时期，直到 20 世纪初清末修律才得以改变。

综上所述，我国古代法律思想的特点，与其说是"儒法并重"，不如说是更加注重儒家的礼仪教化即道德规范对于社会成员的约束作用。

三、西方依法治国的理念

法治是一个众说纷纭的概念，一般而言，它源于古希腊，法治的内容沿着两个方向发展，既是对国家权力的限制也是对公民权利的保护。在当代社会，法治已经成为一个被人们普遍接受的基本信念。如前文所述，在中国传统文化中，历来强调德治，并无法治传统，在 20 世纪 90 年代，中国才真正形成了"依法治国，建设社会主义法治国家"的共识。

(一) 西方法治思想的起源和发展

1. 古希腊时代的法治观念

在古希腊时代，关于以法律作为一种治理国家的方法理念，早就被提出来了。

(1) 法治理念的提出。

柏拉图(Plato)早年对运用法律治理国家持坚决的否定态度，在他的著作《理想国》中设想的乌托邦，柏拉图竭力主张国家应通过"哲学家—王"进行统治，即贤人统治。但他晚年意识到了法律在社会生活中的作用，明确提出了以法治国的方案。到后来，在他的《法律篇》中不得不承认，法律和秩序是治国的最佳选择。他说："人类必须有法律并遵守法律，否则他们的生活就像是野蛮的兽类一样。"

亚里士多德(Aristotle) 是第一个明确主张依法治国的人，他认为"法治应当优于一人之治"。在他的《政治学》一书中提出了一个论题，"由一个最好的人或由最好的法律来统治，哪一方面较为有利？"

(2) "法治"优于"人治"的观点。

按亚里士多德的观点，法治优越于人治，他认为，凡不凭感情治世的统治者更为优良。他认为："法律恰正是没有感情的，人类的本性(灵魂)是谁都难免有感情。"亚里士多德提出的依法治国的理由如下：

① 人治难免使政治混入兽性的因素，法治却代表理性的统治，法律正是免除一切情欲影响的体现。

② 民主共和政治有助于消除危及城邦幸福与和谐的某些个人的情欲或兽欲，而法治则以民主共和为基础。

③ 法治内含平等、正义、自由、善良等社会价值，推行法治无疑会强化这些社会价值。

另外，中世纪欧洲笼罩在神学的统治下。教会和神学家们为了维护神权统治，继承了古希腊和古罗马的自然法思想，并给它披上了一件神学的外衣。长期以来的信念是，不管法律是上帝定的还是人定的，法律应该统治世界。

2. 现代西方法治

作为现代意义上的"法治"概念，由资产阶级启蒙思想家提出，并与"民主"相伴而生。

资产阶级启蒙思想家打出了"理性"、"民主"、"法治"的旗帜，并就何为法治、何以需要法治、如何实行法治等问题进行了系统的理论阐述和论证。他们促使法治观念成为占支配地位的意识形态，并推动了法治理论的制度化和现实化。

(1) 英国的思想家洛克(John Locke)把自由与权力的有机平衡作为法治的表征和目标，他强调指出，政治权力源于个人自由权利，政治权力首先必须是通过既定的、公开的、有效的法律行使的。他在自己的著作《政府论》中说道，"哪里没有法律，哪里就没有自由。"

(2) 法国的思想家孟德斯鸠(Charles Louisde Montesquieu) 把法治看作自由和平等的屏障，他认为没有法治，就没有政治自由；没有平等，就必然导致凭一己的意志为所欲为的专制统治。他在《论法的精神》一书中提出了"三权分立"学说，主张将国家权力划分为立法权、行政权和司法权，三种权力分属于不同的机构，并依据法律来合理行使。

(3) 卢梭(Jean Jacques Rousseau)与孟德斯鸠不同，他并不主张"三权分立"。他认为，在市民社会，个人不服从于任何其他个人，而只服从于"公意"，即社会意志。卢梭追求的一个目标是依法治理的民主共和国，他强调法律和法治对民主国家的必要性，他指出，法律是治国的根本依据，主权者只能根据法律而行为，以法治为依据。一个国家如果不依法律为治，就不是正当的国家，就没有政治自由和平等，就必然导致凭一己意志为所欲为的专制统治。一个依法而治的国家，无论采用何种政体形式，都可称为共和国。

综上所述，西方的法治思想及依法治国理念由来已久，可以说贯穿古今。西方现代的法治是资本主义民主的法律化、制度化，其法治原则首先是法律至上原则。在资产阶级革命阶段起过积极作用。

20世纪90年代末，中国确立了"依法治国，建设社会主义法治国家"的治国方略，中国在法治建设进程中，不可避免地会借鉴西方国家优良的法治传统，进而建设具有中国特色的社会主义法治国家。

但应当注意的是，在国际舞台上，应当将西方资本主义的法治理论与实践分开。因为西方国家(如英、美)有着严格的内外界限，对内为了维护其本国的根本利益，在本国严格依法治国，对外则肆意掠夺和侵略，可以肆意践踏他国的国家主权，明目张胆的践踏人权。

(二) 西方社会两大法系

法系是比较法学的概念，是据各国的历史传统和渊源关系，对多国法律进行的分类，法系是由在法律制度、法律文化方面具有某种共同特征的多国法律构成的体系。不同的民族、不同的国家，其法律渊源和历史发展各不相同。在西方国家，较有代表性的是英美法系和大陆法系。

1. 大陆法系

大陆法系又称民法法系(Civil-law System，罗马-日耳曼法系或成文文法系)，深受罗马法的影响，是资本主义国家乃至世界中历史悠久、分布广泛、影响深远的法系。它起源于欧洲，主要代表是法国法、德国法、意大利法、西班牙法，影响远及非洲和亚洲的部分地区，甚至远及中美洲和南美洲的一些国家。从历史传统来看，大陆法系可分为两个分支：以 1804 年《拿破仑民法典》为代表的法国法系和 1896 年《德国民法典》为代表的德国法系。由于以法国和德国为代表的大陆法适应了整个资本主义社会的需要，并且由于它采用了严格的成文法形式而易于传播，所以 19 世纪、20 世纪后，大陆法系越过欧洲，传遍世界。

大陆法系的主要特征：强调成文法，以法典为法的主要渊源；不承认法官有创制法律的权力，否认判例的法律效力；提倡公法和私法的分类；在诉讼中，坚持法官的主导地位，奉行职权主义；法律观念抽象，倾向于"演绎式"的教育方法；立法机构具有绝对权威，法律规定概括抽象。

2. 英美法系

英美法系又称普通法系、判例法系(Common-law System)，是英国中世纪的法律传统发展起来的各国法律制度的总称，其还包括衡平法和制定法。英美法系国家主要有英国(除英格兰外)，包括我国香港在内的受过英国殖民统治的国家等。另外，美国法也是英美法系的重要组成部分，但在接受英国法律文化的发展过程中出现了重大变革，因此有学者认为普通法系也可分为英国法系和美国法系。

英美法系的主要特征：以判例法作为主要的法律形式，许多法律概念和原则来源于司法习惯；在诉讼中，奉行当事人主义，法官是消极的裁判者；遵循先例原则；法律观念具体确定，在教育方式上倾向于"归纳法"，注重比较实际的方法。

在历史渊源、法律渊源、立法技术、适用法律、诉讼程序、法律结构方面，两大法系存在明显的差别。但是，随着商品经济的发展，世界经济一体化的不断推进，两大法系之间的差距也在逐渐缩小。

四、中国社会主义法治建设

(一) 继往开来，走有中国特色的法制建设之路

1. 大陆法系对我国法制建设的影响

中国是一个神权君权至上的封建色彩浓厚的国家，实行中央集权的专制统治，因此我国中华法系严谨统一的法典化法律系统与专制主义的要求相一致。相对来说，大陆法系易于仿效、移植，这对于实用功利主义色彩浓重的中国，它不失为最好的选择。因此，近代中国的法律具有大陆法系的特点，而且民国时期的法律就被认为属于大陆法系。

古代中国的封建思想占绝对统治地位，等级制度森严，君主权力高于一切，尽管法制建设较为完备，但却不是实质意义上的法治国家。

直到近代革命战争爆发，新中国成立，推翻了封建等级制度，并最终确立民主制度。由此，我国的社会主义法治建设开始蓬勃发展。现代中国已进入法治发展的新阶段，为适应时代发展与世界潮流，1997 年党的十五大把"依法治国，建设社会主义法治国家"确认为党领导人民治理国家的基本方略；1999 年，该项又被写入宪法，"法治从作为治国工具与手段、策略，上升为价值目标"，法治成为党的执政方式。

2. 融会贯通，走有中国特色的法制建设之路

在近代历史发展过程中，中国选择了大陆法系。但随着时代的发展进步，大陆法系自身存在的弊端以及英美法系对我国的影响，我们已经充分认识到必须重新探索一条适合自身发展的法治道路。

目前中国正处于由传统型社会向现代型社会转变的重要历史时期。建设现代法治秩序，实质的问题是如何"剔除家族制度、等级制度、封建旧思想、习惯等明显同时代进步相悖的落后因素"，这是我国特殊的国情和历史条件影响而遗留下来的进行法制建设所必须需要考虑的问题。目前，中国法制建设存在诸多问题和弊端，如高度集权的政治体制、传统观念与习惯、立法滞后的制约、有法不依与执法不力、司法腐败等，中国法制建设面临重大困难和严峻挑战。

中国传统文化以及治国理念，曾经带来了中国封建社会的繁荣与发展，作为华夏子孙，应当能够很好地继承和发扬民族精神的精髓，继往开来，在坚持本国法律为主的基础上，博采众家之长，对于西方两大法系中反映市场经济和社会发展的客观规律的法律概念、法律原则等，要大胆吸收借鉴，发扬时代精神，通过社会主义核心价值体系和社会主义法制建设构建"和谐社会"，为最终实现"建设有中国特色的社会主义法治国家"的目标而努力。

(二) 我国社会主义法律体系

依法治国的科学涵义，在党的十五大报告中作出了准确阐述："依法治国就是广大人民群众在党的领导下，依照宪法和法律规定，通过各种途径和形式管理国家事务，管理经济文化事业，管理社会事务，保证国家各项工作都依法进行，逐步实现社会主义民主的制度化、法律化，使这种制度和法律不因领导人的改变而改变，不因领导人看法和注意力的改变而改变。"依法治国是党领导人民治理国家的基本方略。

法治国家的标准是指依靠合理配置权利、义务和责任的法，约束国家权力，规范社会主体的行为，建立具有社会稳定和良好秩序的国家。

2012 年 11 月 29 日，中共中央总书记习近平带领新一届中央领导集体参观中国国家博物馆"复兴之路"展览时指出，"实现中华民族伟大复兴，就是中华民族近代以来最伟大的梦想！"实现中国梦必须弘扬中国精神。这就是以爱国主义为核心的民族精神，以改革创新为核心的时代精神；实现中国梦必须走中国道路，这就是中国特色社会主义道路。在法制建设方面，也要建设有中国特色的社会主义法律体系。

1. 法律体系与法律部门的概念

(1) 法律体系。

法律体系是指将一个国家的现行法律规范划分为若干法律部门，由这些法律部门组成的具有内在联系的、互相协调的统一整体。

一个国家的现行法律规范是多种多样的，它们涉及社会生活的各个方面，有着各种不同的内容和形式。但是它们并不是杂乱无章的，而是紧密联系，构成一个完整、有机、统一的体系。

(2) 法律部门。

法律部门又称部门法，是根据一定标准和原则所划定的同类法律规范的总称。在现行法律规范中，由于调整的社会关系及其调整方法不同，可分为不同的法律部门，凡调整同一类社会关系的法律规范的总和，就构成一个独立的法律部门。

我国的法律体系大体上分为：宪法及宪法相关法、民商法、行政法、经济法、社会法、刑法、诉讼与非诉讼程序法这七个主要的法律部门。

2. 我国法律体系的部门划分

根据第九届全国人民代表大会常务委员会的意见，我国现行法律体系划分为以下七个主要的法律部门：

(1) 宪法及宪法相关法法律部门。

宪法是国家的根本大法，规定国家的根本任务和根本制度，即社会制度、国家制度的原则和国家政权的组织以及公民的基本权利义务等内容。

宪法相关的法包括：国家机关组织法、选举法和代表法、国籍法、国旗法、特别行政区基本法、民族区域自治法、公民基本权利法、法官法、检察官法、立法法和授权法等。

(2) 民法商法法律部门。

民法是调整作为平等主体的公民与公民之间，法人与法人之间、公民与法人之间的财产关系以及调整公民人身关系的法律规范的总和。

商法可以看作是民法中的一个特殊部分，调整的是公民、法人之间的商事关系和商事行为的法律规范的总和。一般认为，民法法律部门包括民法通则、合同法、担保法、拍卖法、商标法、专利法、著作权法、婚姻法、继承法、收养法、农村土地承包法等；而商法法律部门包括公司法、合伙企业法、证券法、保险法、票据法、海商法、商业银行法、期货法、信托法、个人独资企业法、招标投标法、企业破产法等。

(3) 行政法法律部门。

行政法是调整有关国家行政管理活动的法律规范的总和。行政法包括：行政处罚法、行政监察法、行政复议法、国家安全法、治安管理处罚条例、监狱法、中国公民出境入境管理法、海关法、土地管理法、高等教育法、食品卫生法、药品管理法、教育法、义务教育法、职业教育法、高等教育法、教师法、环境保护法等。

(4) 经济法法律部门。

经济法是指调整国家从社会整体利益出发对经济活动实行干预、管理或调控所产生的社会经济关系的法律规范的总和。经济法包括：预算法、审计法、会计法、中国人民银行法、价格法、税收征收管理法、个人所得税法；反不正当竞争法、消费者权益保护法、产品质量法、广告法；外资企业法、对外贸易法；农业法、种子法、铁路法、民航法、公路法、电力法、煤炭法、建筑法、城市房地产管理法；森林法、草原法、水法、矿产资源法、土地管理法等。

(5) 社会法法律部门。

社会法是调整有关劳动关系、社会保障和社会福利关系的法律规范的总和。社会法包括：劳动法、矿山安全法、残疾人保障法、未成年人保护法、妇女权益保障法、老年人权益保障法、工会法、红十字会法、公益事业捐赠法等。

(6) 刑法法律部门。

刑法是规定犯罪、刑事责任和刑罚的法律规范的总和。刑法包括关于惩治骗购外汇、逃汇和非法买卖外汇犯罪的决定等。

(7) 诉讼与非诉讼程序法法律部门。

诉讼与非诉讼程序法是调整因诉讼活动和非诉讼活动而产生的社会关系的法律规范的总和。诉讼与非诉讼程序法包括：刑事诉讼法、民事诉讼法、行政诉讼法、海事诉讼特别程序法、引渡法、仲裁法等。

第二节　保险法的基本知识

一、保险法的地位和渊源

(一) 保险概述

保险(Insurance)一词源自于 14 世纪意大利的商业用语，本意为一种商业上的风险损失分散制度或行为，后来随着保险制度的不断演进，逐步成为一个专有名词，并为各国所采用。

现代保险起源于海上保险，成长于(陆上)火灾保险，扩展于人寿保险，完善于以责任保险为核心的工业保险。进入 20 世纪，尤其是二次世界大战以后，保险在世界各国发展迅速，表现为：保险保障的范围不断扩大；人寿保险和责任保险发展迅速，信用保险更受重视；随着汽车市场的迅猛发展，汽车保险份额不断扩大；保险运营机制不断完善；保险业趋向国际化。

1. 保险的概念

从经济学的角度讲，保险是指面临危险的众多单位或个人，集中一定的资产，建立保险基金，以此对因该危险事故的发生而造成的社会特定单位或个人的经济损失予以补偿的经营性行为。从法律的角度讲，保险则是指投保人与保险人之间建立的一种保险合同关系。

《保险法》第 2 条规定："本法所称的保险，是指投保人根据合同的约定，向保险人支付保险费，保险人对于合同约定的可能发生的事故因其发生所造成的财产损失承担赔偿保险金责任，或者当被保险人死亡、伤残、疾病或者达到合同约定的年龄、期限时承担给付保险金责任的商业保险行为。"保险的含义如下：

(1) 保险法所指的保险特指财产保险和人身保险。其中，财产保险以财产及相关利益为保险标的，人身保险以人的寿命或身体为保险标的。

(2) 保险法中的保险特指商业保险，不包括社会保险。

商业保险与社会保险在法律关系构成、保险行为实施方式、保险机构性质等方面存在明显不同。

社会保险是社会保障体系的一部分，是借助于国家立法、通过强制手段推行的一种物质性帮助，如劳动保险，其所形成的主要是劳动法律关系。

而商业保险则是当事人自愿协商确定的一种商事法律关系。

(3) 保险法中的保险是一种商业行为，保险人从事保险营业的目的是为了赢利，保险行为以保险合同的成立为基础，保险责任是一种商事合同责任，不同于一般的民事赔偿责任。

2. 保险的种类

(1) 以保险标的种类划分，可分为财产保险和人身保险；

(2) 以保险实施方式划分，可分为强制保险和自愿保险；

《保险法》第 11 条：除法律、行政法规规定必须保险的以外，保险合同自愿订立。

(3) 以保险人承担责任的次序的不同，可分为原保险和再保险；

《保险法》第 28 条："保险人将其承担的保险业务，以分保形式部分转移给其他保险人的，为再保险。

(4) 以保险是否基于国家政策划分，可分为社会保险和商业保险。

(5) 根据承保的事故不同，可分为火灾保险、盗窃保险、陆空保险、海上保险、健康保险、伤害保险、人寿保险等。

3. 保险的特征与作用

保险是以约定的危险作为对象的；保险是以危险的集中和转移作为运行机制的；保险是以数学的数理计算为依据("大数法则")的；保险是以社会成员之间的互助共济为基础的；保险是以经济补偿作为保险手段的；保险是一种商品经济活动，遵循等价有偿、平等自愿的商品经济经营原则，通过保险合同，确立了双务保险关系。总而言之，保险具有自愿性、有偿性、互助性、损益性的特点。

保险的社会作用很大，可以说保险是社会的稳定器，经济的助推器。保险是社会危险管理体系的组成部分，也是市场经济的必要组成部分，是现代社会生活不可缺少的内容之一。

(二) 保险法的地位与渊源

从历史角度看，保险法的发展经历了一个从习惯法到成文法，从海上保险法到陆上保险法，从财产保险法到人身保险法的漫长过程。

一般认为，近现代意义的保险法产生于 14 世纪以后的欧洲地中海沿岸地区，在当时当地的各种法令中，大多含有海上保险的内容。

1435 年，西班牙巴塞罗那法令规定了有关于海上承保规则和损害赔偿的手续，这一法令被称为"世界上最古老的海上保险法典"。

1906 年，英国颁布了《海上保险法》，该法共 94 条，对海上保险的有关事项进行了较详细的规定。该法被认为是保险立法真正成熟和完善的标志，其对此后世界各国保险立法产生了深远影响。

所谓保险法的地位，就是指保险法在整个法律体系中所处的地位。由于世界各国受各自的立法技术和不同的法律文化的影响，再加上不同的法理学派存在不同的观点，各国法学界对于保险法能否作为独立的法律部门立于法律体系之中分歧很大，导致世界各国保险法的立法体系各不相同。

1. 西方保险法的地位

保险法一般由保险合同法、保险业法、保险特别法三大部分构成。

(1) 基于公法与私法理念，法学界一般将保险合同法列入私法之列，而将保险业法归入公法范畴。

(2) 民商法的历史发展直接影响保险法的地位。

大陆法系国家中，私法上"民商分立"的立法体例的国家，如法国、德国、日本等，保险法属于商法，民法与商法是普通法与特别法的关系；凡私法上"民商合一"的立法体例国家，如瑞士、泰国等国，保险法与民法是特别法与普通法的关系。

英美法系国家受其法系特点的影响，没有民法、商法的概念，但是用于调整和规范各类商事活动的习惯法、判例法和成文法极受重视，甚至成为英美法系国家法律体系中的精华。保险法是独立自成体系的法律规范，在英美法中地位很重要。

2．我国保险法的地位

我国法学界对保险法的法律地位的看法也不尽相同。

第一种观点认为，保险法属于经济法的范畴。理由是，保险法调整的保险关系具有经济法的特征，既有国家对保险业的监督管理，又有当事人之间平等自愿的保险活动关系。

第二种观点认为，保险法是民商法中的一项法律制度。理由是，保险法调整的关系本质上是属于一种民事法律关系，属于民法的调整对象，而保险法的调整方法和原则也不过是民法调整方法和原则的延伸。或者是将保险法归于民商法中的商法部分，与公司法、票据法、海商法等同属于商法的组成部分。而民法与商法是普通法与特别法的关系。

第三种观点认为保险法是独立的法律部门。理由是，保险法有特定的调整对象，包括保险当事人之间的保险合同关系和保险业的经营与监管关系，形成一个特定的整体，相应地，保险法由具有行业性质的保险基本法和规范具体保险活动的特别法组成独立的法律部门。同时，保险法的调整方法也有自身特点。

我国目前保险立法采取单行保险法典体例，将保险合同法与保险业法统一规定于《保险法》之中。所以，本书持第二种观点，就是保险法属于民商法的范畴，具体归于商法，而民法与商法是普通法与特别法的关系。

3．我国保险法的渊源

1949 年 10 月 20 日成立的中国人民保险公司，是新中国的第一家国有独资保险公司。我国多元化保险市场的形成和发展是在 20 世纪 80 年代后逐渐形成的。

我国保险法的渊源主要包括：

(1) 法律。

我国现行有关保险的法律主要有《保险法》和《海商法》。

2009 年修订后的《保险法》共 8 章 187 条，内容依次为总则、保险合同、保险公司、保险经营规则、保险代理人和保险经纪人、保险业监督管理、法律责任、附则。

《海商法》是 1992 年 11 月 7 日由七届人大常委会通过，1993 年 7 月 1 日生效，是调整海上运输关系和船舶关系的商事特别法，该法第 12 条对海上保险合同做了专章规定。该章共有 6 节 41 条，包括一般规定，合同的订立、解除和转让，被保险人的义务，保险人的责任，保险标的的损失和委付，保险赔偿的支付等内容。该章内容与《保险法》构成特别法与一般法的关系，在具体规则上存在一些差异。

(2) 行政法规。

在《保险法》生效前后，国务院出台了相关的保险行政法规，如：1983 年的《财产保险合同条例》，1985 年的《保险企业管理暂行条例》，2002 年 2 月 1 日实施的《外资保险公司管理条例》，2004 年 5 月 1 日施行的《道路交通安全法实施条例》，2006 年 7 月 1 日施行的《机动车交通事故责任强制保险条例》等。

(3) 部门规章。

我国保险业的部门规章有：中国保监会 2000 年颁布施行的《保险公司管理规定》(2004 年 3 月 15 日修订，6 月 15 日起施行)，2006 年 1 月 1 日施行的《财产保险公司保险条款和保险费率管理办法》，2008 年 1 月 1 日施行的《保险公司养老保险业务管理办法》等。

(4) 司法解释。

司法解释是指由最高人民法院制定的，针对审判实践中具体适用保险法律有关问题而做出的解释，如：2009 年 9 月 21 日施行的《最高人民法院关于适用〈中华人民共和国保险法〉若干问题的解释》(一)，2009 年 4 月 24 日施行的《最高人民法院关于适用〈中华人民共和国合同法〉若干问题的解释》(二)等。

(5) 国际条约或惯例。

我国《民法通则》第 142 条规定："中华人民共和国缔结或者参加的国际条约同中华人民共和国的民事法律有不同规定的，适用国际条约的规定，但中华人民共和国声明保留的条款除外。中华人民共和国法律和中华人民共和国缔结或者参加的国际条约没有规定的，可以适用国际惯例。"

据此，我国加入世界贸易组织之后，我国政府承诺遵守的有关保险法的国际条约和国际惯例，也是我国保险法的重要渊源。从保险法的发展历史看，国际条约或国际惯例所赖以形成的保险方面的商事习惯法或惯例集，一直是保险法的重要渊源。

二、保险法的概念与调整对象

(一) 保险法概念

保险法是调整保险关系的法律规范的总称，保险法有广义和狭义之分。

1. 狭义的保险法

狭义的保险法是指以保险法命名的法律，如《中华人民共和国保险法》，通常包括保险企业法、保险合同法和保险特别法等内容。

保险业法又称保险组织法、保险业监督法，是对保险业进行监督和管理的法律。其内容主要是有关保险组织的设立、经营、监督管理、破产、解散和清算等规定。

我国现行保险法采取的是保险合同法和保险业法合一的立法体例，全面系统地规定了对保险业法进行监督管理的内容，并构成了我国保险业法的基本构架。

保险特别法是相对于保险合同而言的，是保险合同法之外的，具有商法性质用以规范某一种保险关系的法律法规。各国海商法中关于海上保险的规定就是保险特别法，如我国 1992 年 11 月通过的《海商法》中关于海上保险合同的内容。

社会保险法又称劳动保险法，是指规定以保险方式补偿劳动者因偶然事故而影响或丧失劳动能力，或丧失劳动机会时所受经济上损失的法律规范的总称。世界各国的社会保险法差别较大，但一般都具有非盈利性和强制性等特点，通常包括以下几个方面：有关公民年老、伤残或遗嘱社会保险的规定，有关声誉和疾病社会保险的规定，以及有关工伤保险、社会医疗保险、失业保险的规定等。

本书所称保险，除另有说明外，一般仅指商业保险，不包括社会保险。

2. 广义的保险法

广义的保险法是指除了狭义的保险法之外，还包括有关保险的其他法律、行政法规、规章、司法解释、国际条约等。

法学界通常说的保险法概念是狭义的，它一方面通过保险业法调整政府与保险人、保险中介人之间的关系；另一方面通过保险合同法调整各保险主体之间的关系。

(二) 保险法的调整对象

1. 保险营业关系

保险营业关系包括保险合同关系、保险中介关系、保险方内部及相互之间的关系、投保方内部及相互之间的关系。

保险合同关系是指平等主体的当事人之间通过订立保险合同所形成的民事关系，是保险法的主要调整对象。

保险中介关系是指保险人或投保人与保险代理人或保险经纪人之间的关系。

保险方内部及相互间的关系，包括保险企业的内部组织关系、保险企业相互间的关系。

投保方内部及相互间的关系，包括投保人与被保险人及受益人之间的关系，投保人相互之间的内部关系。

2. 保险监管关系

保险监管关系包括国家与保险人、投保人及保险中介人之间的关系。

国家与保险人之间的关系，指的是国家与保险企业在组织间的监督与被监督、管理与被管理的关系，这是保险业健康发展的需要。

国家与投保人之间的关系，既包括国家保护投保人所形成的关系，也包括国家强制投保人所形成的关系，如依法强制旅客购买意外伤害保险所形成的关系。

另外，保险代理人和保险经纪人等保险中介机构从事与保险有关的中介活动时，必须在有关主管机关的监督管理下进行。

三、保险法的内容体系

(一) 狭义保险法的内容体系

1. 保险合同法

保险合同法是保险法的核心内容，是关于保险合同当事人权利义务的法律规定。其内容主要是关于保险合同的一般规定以及财产保险合同和人身保险合同的有关规定。

我国 1995 年 6 月 30 日通过，2002 年和 2009 年两次修改的《保险法》中关于保险合同的规定，以及 1992 年 11 月 7 日通过的《海商法》中第 12 章关于海上保险合同的规定都是我国《保险法》的组成部分。

从广义上讲，保险合同法不仅包括《保险法》中关于保险合同的规定，还包括《合同法》、《民法通则》中的相关规定，以及国务院、中国保监会颁布的保险法规等。

2. 保险业法

保险业法就是保险业监督法，保险业法是各国对保险业进行监督和管理的一种法律规范。

我国《保险法》第三章至第七章全面规定了保险业监督管理的制度内容，此外，还包括国务院、中国保监会颁布的关于保险监管的法规。

3. 保险特别法

保险特别法是专门规定某一特殊险种的保险关系的法律法规，如各国《海商法》中的有关规定，以及旅客保险法、公众责任保险法、工业保险法和邮政保险法等。目前，我国保险监督管理机关颁行的《保险公司管理规定》、《保险代理机构管理规定》、《保险经纪机构管理规定》、《保险公估机构管理规定》等单行法规亦属于保险特别法。

(二) 广义保险法的内容体系

除了狭义的保险法内容以外，广义保险法的内容体系还包括保险法所从属于的民商法法律规定，还包括经济法、刑法、民事诉讼法、刑事诉讼法等相关部门法的有关规定。

本书所介绍的汽车保险法律法规的内容，就是属于广义保险法的内容体系。

第三节 保险法律关系

保险法律关系是贯穿于整个保险领域的法律现象，是法律关系的一种。保险法律关系是将保险法的各项法律制度加以系统化的基本线索。在保险市场上，每一个保险活动都可以归纳为相应的保险法律关系，它通过当事人享有的权利和承担的义务，将各种保险活动统一起来。

一、保险法律关系的概念和性质

(一) 保险法律关系的概念

保险法律关系是指由保险法律规范确认和调整的，以保险权利和保险义务为内容的社会关系。

马克思在《关于费尔巴哈的提纲》中指出："人的本质不是单个人所固有的抽象物，在其现实性上，它是一切社会关系的总和。"人在社会上生存和发展，离不开各种社会关系，作为统治者要维护社会秩序的正常发展，需要运用道德规范和法律规范综合治理，才能取得较好的效果。在保险领域，同样离不开保险职业道德规范以及保险法律规范。保险法律关系就是保险法所调整的这部分特定的社会关系的法律表现形式。

人们从事的保险活动，其内容是以投保人缴纳保费作为对价条件，换取保险人提供的保险保障，从而维持和保护被保险人生命财产安全的。这是一种特殊的商品交换活动，经过保险法律规范的调整，就形成以保险权利义务为内容的保险法律关系。通过保险法律规范的约束，促使当事人行使权利，自觉履行义务，以保障商品交换目的和保险的社会保障功能的实现。这样就达到了由保险法律规范调整社会关系的最终目的。

(二) 保险法律关系的性质

(1) 保险法律关系是由国家强制力保障实现的社会关系。

保险法作为体现国家调整保险市场意志的行为规范，具有国家强制力的效力。强制力的集中表现就是保险法律关系的法律约束力，是指保险法律关系一经确立，就具有法律效力，保险当事人需依法行使权利并履行义务，不得擅自变更和解除该保险法律关系。若当事人不自觉履行相关义务，司法机关或仲裁机关会依照法律规定及法定程序强制其履行。

(2) 保险法律关系中多重主体身份并存，而且至少有一方是保险人。

保险人是保险法律关系的一方，具有相应的法定资格和条件的保险组织才能成为保险人；与此相对应，非保险人一方当事人则存在着投保人、被保险人和受益人三种彼此独立的当事人主体身份。这三种主体身份各居独立的法律地位，在保险法律关系中所起的作用各不相同。多重的保险法律关系主体体现了保险活动的复杂性和多样性。

(3) 保险法律关系是以保险权利和保险义务为内容的法律关系。

参与保险活动的当事人，其目的是在保险领域追求保险保障的经济需求，这种需求是通过保险法律关系体现出来的，是由保险权利和保险义务构成的，通过当事人履行保险义务和行使保险权利，使得保险商品交换的目的得以实现的。

二、保险法律关系的构成

(一) 保险法律关系的主体

1. 保险人

保险人是指依法经营商业保险业务，与投保人建立保险法律关系，并承担赔偿或者给付保险金责任的人。

在我国现阶段的保险市场上，保险人依法以保险公司为主，相互制和合作制等形式的保险组织也开始得到确认。基于保险经营的行业特点，各国保险法对保险人的主体资格做出了严格规定，各保险公司须按照法定程序，经金融监督管理部门批准设立。

2. 投保人

投保人是指与保险人建立保险法律关系，并按照保险合同规定负有支付保险费义务的人。在保险实践中，投保人可以是公民个人、法人或其他组织。

3. 被保险人

被保险人是指其财产或者人身受保险合同保障，享有保险金给付请求权的人。被保险人既是保险事故损害后果的承担者，也是保险人提供保险保障的直接受益者，例如，财产保险合同中投保财产的所有人或经营权人，人身保险合同中以其寿命或者身体作为承保对象的人。在保险实践中，根据投保情况不同，投保人可以同时是被保险人，投保人与被保险人也可以分别为不同的民事主体。

4. 受益人

受益人是指在人身保险法律关系中，由被保险人或投保人指定的，享有保险金请求权的人。根据我国现行保险立法的规定，受益人只适用于人身保险合同。

(二) 保险法律关系的内容

保险法律关系的内容是指保险法律关系的各方当事人所享有的权利和所承担的义务。虽然具体的保险法律关系的内容不尽相同，但从共性角度上看，以下的权利义务普遍存在于各个保险法律关系中。

1. 保险人的义务

(1) 保险人的保险责任。

保险人的保险责任是保险人在法律关系中承担的基本义务，其性质与民事责任泾渭分明。保险人是依照保险合同的约定承担责任的。

当然，保险人履行保险责任必须具备以下条件：

① 发生了保险事故；

② 保险事故的发生造成保险标的损害后果；

③ 保险事故发生于保险责任期内；

④ 被保险人或受益人依法行使索赔权。

(2) 保险人承担施救费用的义务。

被保险人在保险事故发生时，有责任尽力采取必要的措施，对保险标的进行抢救，不得任由损害后果的发生或扩大。但是，被保险人因施救所相应支付的费用，或因施救而遭受损害形成的费用统称施救费用，依照保险法规定是由保险人承担的，但仅限于必要的合理的费用，该费用不超过保险金的数额，在保险标的的损失赔偿金以外另行计算。

2. 投保人、被保险人或受益人的义务和权利

(1) 支付保险费。

保险合同成立后，投保人应当按照保险合同约定的数额、时间、地点、结算方式，一次或分期向保险人缴纳保险费。

(2) 维护保险标的安全的义务。

《保险法》第 51 条规定："被保险人应当遵守国家有关消防、安全、生产操作、劳动保护等方面的规定，维护保险标的的安全。

保险人可以按照合同约定对保险标的的安全状况进行检查，及时向投保人、被保险人提出消除不安全因素和隐患的书面建议。

投保人、被保险人未按照约定履行其对保险标的的安全应尽责任的，保险人有权要求增加保险费或者解除合同。"

(3) 被保险人的通知义务。

① 危险程度显著增加的通知义务。

在保险法律关系有效期内，若保险标的的危险程度增加，应及时通知保险人；

《保险法》第 52 条规定："在合同有效期内，保险标的的危险程度显著增加的，被保险人应当按照合同约定及时通知保险人，保险人可以按照合同约定增加保险费或者解除合同。保险人解除合同的，应当将已收取的保险费，按照合同约定扣除自保险责任开始之日起至合同解除之日止应收的部分后，退还投保人。

被保险人未履行前款规定的通知义务的，因保险标的的危险程度显著增加而发生的保险事故，保险人不承担赔偿保险金的责任。"

② 出险通知义务。

保险事故发生后，及时通知保险人。

《保险法》第 21 条规定："投保人、被保险人或者受益人知道保险事故发生后，应当及时通知保险人。故意或者因重大过失未及时通知，致使保险事故的性质、原因、损失程度等难以确定的，保险人对无法确定的部分，不承担赔偿或者给付保险金的责任，但保险人通过其他途径已经及时知道或者应当及时知道保险事故发生的除外。"

(4) 施救义务。

施救义务是指被保险人在保险事故发生时，有责任尽力采取必要的措施，对保险标的进行抢救。

《保险法》第 57 条规定："保险事故发生时，被保险人应当尽力采取必要的措施，防止或者减少损失。

保险事故发生后，被保险人为防止或者减少保险标的的损失所支付的必要的、合理的费用，由保险人承担；保险人所承担的费用数额在保险标的损失赔偿金额以外另行计算，最高不超过保险金额的数额。"

(5) 指定受益人的权利。

《保险法》第 18 条第 3 款规定："受益人是指人身保险合同中由被保险人或者投保人指定的享有保险金请求权的人。投保人、被保险人可以为受益人。"

(6) 保险金请求权。

被保险人、受益人都可以依约享有保险金请求权。

《保险法》第 12 条第 5 款规定："被保险人是指其财产或者人身受保险合同保障，享有保险金请求权的人。投保人可以为被保险人。"

(三) 汽车保险法律关系的客体

汽车保险法律关系的客体就是保险利益，是指投保人或被保险人与保险标的之间存在的法律上认可的经济利害关系。

保险利益又称可保利益，保险利益产生于投保人或被保险人与保险标的之间的经济联系，它是投保人或被保险人可以向保险公司投保的利益，体现了投保人或被保险人对保险标的所具有的法律上承认的利害关系，即投保人或被保险人因保险标的遭受风险事故而受损失或因保险标的未发生风险事故而受益。

《保险法》第 12 条规定："人身保险的投保人在保险合同订立时，对被保险人应当具有保险利益。

财产保险的被保险人在保险事故发生时，对保险标的应当具有保险利益。

保险利益是指投保人或者被保险人对保险标的具有的法律上承认的利益。"

当然，对于保险法律关系客体的认识，还有的学者认为可以是保险标的，或者是保险人向被保险人提供的保险保障行为。

第四节　汽车保险法律法规的内容体系

一、汽车保险的概述

(一) 汽车保险的概念和分类

1. 汽车保险的概念

汽车保险也称机动车辆保险,简称车险,是指对机动车辆由于自然灾害或意外事故所造成的人身伤亡或财产损失负赔偿责任的一种商业保险。机动车辆是指汽车、电车、电瓶车、摩托车、拖拉机、各种专业机械车、特种车。

汽车保险包括四层含义:

(1) 汽车保险是一种商业行为。

保险人按照等价交换关系建立的汽车保险是以盈利为目的的(机动车交通事故责任强制险除外)一种商业行为。

(2) 汽车保险是一种法律合同行为。

投保人与被保险人要以各类汽车及其责任为保险标的签订书面的具有法律效率的合同,比如要填制保险单,否则汽车保险没有存在的法律基础。

(3) 汽车保险是一种权利义务行为。

在投保人与保险人所共同签订的保险合同(如汽车保险单)中,明确规定了双方的权利义务,并确定了违约责任,要求双方在履行合同时共同遵守。

(4) 汽车保险是一种以合同约定的保险事故发生为条件的损失补偿或保险金给付的保险行为。

汽车保险的损失补偿或保险金给付的保险行为,成为了人们转移车辆及相关责任风险的一种方法,体现了保险保障经济生活安定互助的特点。

2. 汽车保险的分类

汽车保险包括强制保险和自愿保险。

(1) 强制保险是指国家以立法形式强制一定对象人员必须投保的险种,在我国,现指机动车交通事故责任强制险。

(2) 自愿保险是指各大保险公司推出的由被保险人自愿选择的各种汽车保险,自愿保险是商业保险的基本形式。

(二) 汽车保险的特点

1. 保险标的具有流动性

汽车保险标的属于财产中的动产,它是通过移动来完成其工作的,这种流动性直接影响到保险标的面临的风险及风险的种类,同时也影响着汽车保险的市场营销、核保、出单、勘察、理算等各个环节。汽车的流动性加大了"验标承保"的难度,保险人更应当注意防范道德风险和完善监控机制。

2. 保险标的出险率较高

影响机动车辆风险的因素很多,主要包括车辆本身的风险、驾驶人的风险、地理环境风险和社会环境风险等。车辆本身的风险包括厂牌车型、车龄和使用性质等,例如,西北欧、美国车型非常注重安全性,日本车型注重使用性能。营运车辆长时间运转,风险概率比非营运车辆高。车辆驾驶人的驾驶年限、驾驶技术、性别、身份,甚至驾驶人的性格、品行、职业状况和肇事记录等都对机动车辆风险有一定的影响。因此,汽车保险理赔人员在面对形形色色的汽车驾驶人的时候需要耐心细致的观察,具备良好的心理素质。

3. 保险对象具有广泛性和差异性

随着工业化水平和社会现代化程度的不断提高,交通运输事业蓬勃发展,机动车保有量迅猛增加。2009年起我国汽车产销量已经连续四年全球第一。截止到2012年底,全国汽车保有量1.2亿辆。机动车日益成为人们出行不可缺少的交通工具。各国政府在不断改善交通设施,严格制定交通规章的同时,为了保障受害人的利益,对第三者责任险实施强制保险。汽车保险的高风险性和保险对象的广泛性,造就了汽车保险业务量大、投保率高的特性。

由于机动车辆的种类繁多,性能不一,如厂牌车型、车辆种类、排气量、车龄、行驶区域、使用性质、车辆价格等不同,这些差异导致了汽车保险的差异。为适应投保人转嫁风险的不同需要,保险人为被保险人提供了更全面的保障,在开展车辆损失险、第三者责任险、车上责任险和全车盗抢险的基础上,推出了一系列的车辆附加险,使汽车保险成为财产保险中业务量较大、投保率较高的一个险种。

4. 保险合同的不定值性

汽车保险合同是不定值保险合同,双方当事人在订立合同时不预先确定保险标的的价值,仅约定保险金额,而将保险标的的实际价值的估算留待保险事故发生、需要确定保险赔偿额时再去进行。保险赔偿额的计算,以保险事故发生时保险标的实际价值为计算依据。双方约定的保险金额是保险人的最高赔偿额。如果实际损失小于保险金额,则保险人仅赔偿实际损失。

(三) 汽车保险的作用

1. 稳定社会秩序,安定人民生活

汽车保险可以分担运输企业和个人的风险,使受害者家庭或企业按照合同约定的条件及时得到补偿,使企业的经营活动得以顺利进行。汽车保险是汽车运输企业正常经营,持续稳定运行的不可或缺的重要环节。在被保险车辆发生交通事故时,造成第三者(包括道路上的行人)的损失能够及时得到补偿,有利于交通事故损害赔偿纠纷的及时解决,促进社会的稳定,安定人民生活。

2. 扩大汽车需求,促进汽车工业的发展

从中国的经济发展情况来看,汽车工业已经成为我国国家经济健康、稳定发展的重要动力之一。机动车辆保险业务自身的发展对于汽车工业的发展起到了有力的推动作用。机

动车辆保险的出现，解除了企业和个人在对使用汽车过程中可能出现的风险的担心，扩大了消费者对汽车的需求。此外，汽车消费贷款保证保险和汽车售车信用保险对促进汽车消费有重要推动作用。

3. 加强车辆安全管理，促进汽车安全性能提高

世界各国对机动车辆保险业务一般都有严格的监管规定。在汽车保险业务中，经营管理与汽车维修行业及其价格水平密切相关，事故车辆的维修费用是汽车保险经营成本的重要组成部分，同时车辆的维修质量在一定程度上体现了汽车保险产品的质量。保险公司出于有效经营成本和风险的需要，除了加强自身的经营业务管理外，必然会加大事故车辆修复工作的管理，一定程度上提高了汽车维修质量的水平。

与此同时，汽车保险的保险人从自身和社会效益的角度出发，联合汽车生产厂家、汽车维修企业开展汽车事故原因的统计分析，研究汽车安全设计新技术，并为此投入大量的人力和财力，从而促进了汽车安全性能的提高。

二、汽车保险法律法规的内容体系

(一) 我国保险法法律内容

保险法作为民商法的子部门，涉及的相关法律法规很多，从保险实务的角度出发，根据实际工作的总结，把保险法的相关内容归纳如下：

以《中华人民共和国保险法》、《中华人民共和国海商法》、《保险代理人管理规定(试行)》、《保险经纪人管理规定(试行)》等法律规定为核心，以《中国华人民共和国民法通则》为基础，以《中华人民共和国合同法》为重要内容，同时还包括《中华人民共和国公司法》、《反不正当竞争法》等市场规制法，《中华人民共和国刑法》和《中华人民共和国民事诉讼法》等部门法的相关规定。

(二) 保险理赔所涉及的法律法规

首先，保险法最初从属于经济法，后来按照严格意义的平等的民事活动主体的特点，又将其划归为民商法法律部门。但经济法中的《公司法》、《反不正当竞争法》《消费者权益保护法》等仍是规范保险行业的法律规范。

其次，在保险理赔过程中，由于涉及到民事侵权，包括财产权甚至人身权，重者构成交通肇事罪，或者存在保险诈骗嫌疑者，因此，必然涉及到民法的相关规定，如民事侵权、民事代理、民事责任、损害赔偿、继承法等内容；还涉及到刑法的相关规定，如犯罪构成的要件，交通肇事罪的构成等。其中，在机动车出险时，一般情况下，首先要由公安机关道路交通管理部门介入，并且适用《道路交通安全法》进行责任认定。因此，相关的法律法规也需要了解并掌握，如《机动车交通事故责任强制保险条例》、《机动车驾驶证申领和使用规定》、《最高人民法院人身损害赔偿案件解释》等。

最后，在机动车出险索赔过程中，必然要涉及到程序法的应用问题，因此，民事诉讼法、刑事诉讼法以及行政诉讼法的相关内容也需要有所了解。

综上所述，我们在实际工作中会发现，汽车保险理赔过程中，由于保险标的的机动性、

涉案当事人的多样性、保险法律关系内容的复杂性，因而法律应用呈全面复杂性，几乎涉及到我国现行法律体系的所有部门。除上文介绍的相关部门法以外，汽车保险理赔过程中还涉及到许多法规、条例、管理办法等规定。

要做好汽车保险理赔工作，除保险专业知识外，还需要系统的学习相关的法律知识，这样才能在工作中做到心中有数，有法理有证据，使得保险与理赔工作得心应手、游刃有余。

(三) 机动车保险理赔的相关法规

1. 道路交通安全法律法规

《中华人民共和国道路交通安全法实施条例》(国务院令第 405 号)(2004.4.30)

《道路交通事故处理程序规定》(公安部第 70 号令)(2008.8.17)

《道路交通安全违法行为处理程序规定》(公安部第 69 号令)(2008.12.20)

《机动车交通事故责任强制保险条例》(国务院令第 462 号)(2006.3.21)

《中国保监会关于调整交强险责任限额的公告》(2008.1.11)

《中华人民共和国公路法》(2004.8.28)

《中华人民共和国车辆购置税暂行条例》(2000.10.22)

《机动车驾驶证申领和使用规定》(公安部第 71 号令)

《机动车登记规定》(公安部第 72 号令)(2008.5.27)

《中华人民共和国物权法》(2007.3.16)

《汽车报废标准》(1997.7.15)

《中华人民共和国行政处罚法》(1996.3.1)

《道路运输管理条例》(国务院令第 406 号)

机动车运行安全技术条件(GB7258-2004)

2. 有关规定及办法

机动车安全技术检验机构管理规定；机动车维修管理规定；汽车报废有关规定；报废汽车回收管理办法；道路危险货物运输管理规定；汽车危险货物运输规则；最高人民法院关于审理人身损害赔偿案件适用法律若干问题的解释；最高人民法院关于审理交通肇事刑事案件具体应用法律若干问题的解释。

3. 车险理赔相关法律法规

(1) 车辆核损部分：

《道交法》：

第 8 条，登记制度；第 14 条，强制报废制度；第 19 条，准驾车型；第 22 条，饮酒、过度疲劳；第 48 条，装载规定；第 49 条，核定装载；第 70 条，事故处理；第 73 条，认定书；第 74 条，赔偿争议，第 75 条，抢救费用；第 76 条，赔偿处理。

《道路交通安全法实施条例》：

第 16 条，注册登记；第 22 条，有效期，实习期规定；第 54 条，装载规定；第 55 条，载人规定；第 56 条，牵引大车规定；第 86 条、90~96 条，事故争议处理；第 87~89 条，报警、撤离、勘察、认定；第 90 条，抢救费用；第 92 条，逃逸处理。

《交通事故处理程序》：

第 13 条，保护现场、报警；第 14 条，简易处理；第 45 条，确定当事人责任；第 53 条，索赔。

《道路运输条例》：

第 34 条，营运车营运规定；第 36 条，承保承运人责任险规定；第 44、45 条，维修规定。

《机动车登记规定》：

第 33 条，盗抢规定。

(2) 人伤核损部分：

《最高人民法院关于审理人身损害赔偿案件适用法律若干问题的解释》：

第 17 条，赔偿费用的范围；第 19 条，医疗费；第 20 条，误工费；第 21 条，护理费；第 22 条，交通费；第 23 条，伙补费；第 24 条，营养费；第 25 条，残疾补助；第 26 条，残疾用具；第 27 条，丧葬费；第 28 条，抚养费；第 29 条，死亡赔偿金。

《民法通则》：

第二章 公民，民事权利能力和民事行为能力；

第六章 民事责任，侵权民事责任，承担民事责任的方式。

《保险法》：

第 50 条，直接向第三者支付赔偿金规定；第 51 条，保险人诉讼费用之承担。

《民事诉讼法》：

第二章，管辖。

《婚姻法》：

第 18 条，夫妻财产；第 19 条，夫妻关系存续期间的财产；第 20 条，夫妻相互抚养的义务；第 39 条，离婚时的财产分割；第 41 条，离婚时债务的清偿。

三、汽车保险从业人员的法律素养

(一) 汽车保险从业人员的法律素质

法律素质是指人们通过学习法律知识和进行法律实践，在社会的教育和熏陶下，通过自觉培养后所形成的法律意识、法治精神、法律情感、法律信仰等心理因素和行为特征的总和。法律素质包括知法、守法、用法、护法的素养和能力。

汽车保险从业人员的法律素质的培养应当包括的要素有：掌握必备的汽车法律知识，树立正确的法律观念，拥有健全的用法能力，具备自觉地护法意识，公平合理的依法办理保险及理赔业务。

1. 汽车保险从业人员的法律意识

法律意识是社会意识的一种，是人们对于法和有关法律现象的观点、知识和心理态度的总称。法律意识同人们的世界观、伦理道德观等有密切联系。

执法人员在应用法律规范时，他们的法律意识对实施法律规范、维护国家利益和公民合法权益具有重要作用。汽车保险法律关系主体(包括自然人和法人)的法律意识的增强，有助于他们依凭法律捍卫自己的权利，更好地履行法律义务，并对法制的健全、巩固和发展具有重要意义。

汽车保险从业人员法律意识的培养，首先应当加强对我国相关法律知识的学习和理解；其次，要在生活中时刻牢记遵守国家法律法规及公共规范；最后，明辨是非，服务为民，能够用法律维护企业和公民的合法权益。

2. 汽车保险从业人员的法律思维

法律思维的方式是指按照法律的规定、原理和精神来思考、分析、解决法律问题的习惯和取向。法律思维的内容包括：讲法律(以法律为准绳思考与处理法律问题)、讲证据(合法性、客观性、关联性)、讲程序(法律所规定的法律行为的方式和程序)和讲法理这四个环节。培养法律思维的途径包括：学习法律知识、掌握法律方法、参与法律实践等。

(二) 汽车保险从业人员法律素质的培养

保险从业人员的法律素质的培养即法律素养，就是指一个人认识和运用法律的能力。法律素养包含三层含义：

(1) 法律知识：就是指知道法律相关的规定。

(2) 法律意识、法律观念：就是指对法律尊崇、敬畏、有守法意识，遇事首先想到法律，能履行法律的规定。

(3) 法律信仰：就是指个人内心对于法律应当被全社会尊为至上行为规则的信念，这是对法律认识的最高级阶段。

(4) 法律实践：是指将法律意识转化为实际的行动，在实践中按照法律的规定，依法办事，在实际工作中做到"以事实为依据，以法律为准绳"。

汽车保险从业人员应当时刻牢记党纪国法以及行业规章制度的规定，不得为了开展业务损害消费者利益，在保险理赔的业务活动中也不得以权谋私损害公司的利益，在内心恪守职业道德规范以及有关法律法规的规定，形成法律意识，树立法律信仰，这样保险行业一定会得到更加健康的发展。

思考练习题

一、名词解释

1. 法律规范；2. 法律关系；3. 法律事实；4. 法律体系；5. 法律素质；6. 法律意识。

二、简述题

1. 我国法律体系的构成。

2. 我国法律体系的内容。

3. 我国保险法律关系及其构成。

三、论述题

1. 理论联系实际，谈谈你对我国社会主义法制建设的理解和认识。

2. 汽车保险从业人员法律素质如何培养？结合自己谈谈你打算如何提升自己的法律素养？

第二章　保险法基本原则

保险法基本原则是贯穿整个保险法律规范体系，指导诸多保险法律制度适用的根本性行为规范。这些原则是人们对于保险制度适用经验的总结，其价值在于它的指导性。保险市场上各个具体的保险活动都必须符合保险法基本原则的要求。保险法的基本原则体现了公平、正义等社会道德理念，有助于弥补保险法律条文预见性的不足。

学　习　目　标	
知识目标	➢　最大诚信原则、保险利益原则、 ➢　损失补偿原则与保险代位权、近因原则
能力目标	➢　深入理解保险法基本原则的法律精神和理念 ➢　学会运用保险法基本原则分析汽车保险理赔案件

第一节　最大诚信原则

 引导案例　保险公司的告知义务

案情简介：

2010 年 10 月，谢某向某汽车销售公司购买了一辆轿车，业务员王某代其向保险公司投保了车损险、第三者责任险和交强险，2010 年 11 月，谢某在高速公路上出了交通事故，车辆损坏严重，为此要求保险公司赔偿，遭到保险公司拒绝。

保险公司认为：按照保险合同约定，驾驶员驾龄未满 1 年在高速公路上出险的，公司不负赔偿责任。谢某不服，诉至法院。法院查明，汽车销售公司王某作为保险业务手续的经办人，只要求王某在保单上签字，并没有向王某告知保单中的特别约定。

依照保险法的规定，保险公司对于免责条款未尽到明确说明的告知义务，该免责条款无效。据此，谢某胜诉。

案例解析：

本案是由于保险公司不遵循最大诚信中的告知义务导致的纠纷。

诚信原则是民商法的一项基本原则，要求当事人本着诚实、善意的态度行使民事权利和履行民事义务，不欺诈、恪守信用，善意地进行民事活动。在一般民商活动中，诚信原则要求不向对方作出错误的意思表示；在特殊商事活动中，按照最大诚信原则的要求，当事人必须主动地、充分地披露重要事实。保险公司在客户投保的过程中，对保险合同的免责条款就应该积极、主动的说明，在本案中，保险业务经办人王某显然违背了保险法的基本规定，法院的判决是正确的。

保险制度作为现代文明社会的产物，用以补偿意外事件、灾难事故导致的经济损失，保障社会经济稳定与发展，这可以说是人类的一大创举。保险制度对于推进世界各国经济建设功不可没。其中，在各国保险立法实践中，逐渐总结而成的各项基本法律规则，对于规范和调整保险市场，建立良性的市场秩序具有不可替代的指导价值。因此，借鉴各国保险立法在规范和调整保险市场过程中的成功经验，将其所确立的各项基本原则引入我国的《保险法》，实质上就是在传承人类精神文明成果，并予以发扬光大。

保险法基本原则是概括保险市场运作的基本精神，并将其上升为法律规范形式，具有国家强制效力的行为规范，其所确立和维护的是保险市场特有的经济功能和保障作用。它们不仅是保险立法的指导精神，也是在司法实践过程中，在于法无据的情况下，用于指导保险活动和处理保险纠纷案件的基本依据。同时，保险法的一些基本原则在不同的法律领域中亦发挥着积极的协调作用，如最大诚信原则，在《保险法》、《合同法》、《继承法》和《收养法》中，都遵循诚实信用这一基本原则。

一、最大诚信原则的涵义

诚实信用作为民法中的"帝王"原则，对于保险法意义非凡。在保险法中，诚信原则被解释为最大诚信原则，但在当前我国保险业的发展中，"诚信"不足可谓是内伤，民众对保险业不够信任，严重影响了保险业的平稳发展。从另一方面讲，由于保险经营是有特殊风险的行业，保险人承保的范围广泛，不可能逐一调查核实，保险公司只能是依据诚信原则，根据投保人提供的情况来决定是否承保及所适用的保险费率。因此，为了避免保险人的合法权益遭受损失，防止保险欺诈行为，各国保险立法均极大地强调了最大诚信原则。

1. 最大诚信原则的概念

最大诚信原则要求保险合同双方当事人最大程度地遵守这一原则，不互相隐瞒欺诈，以最大善意全面履行各自的义务。

(1) 狭义的最大诚信原则。在传统意义上，最大诚信原则主要适用于保险合同当事人的告知和如实陈述义务领域，强调当事人之间应当坦诚，应将自己所知晓的对于影响当事人决定是否投保或承保，以及影响保险费率的重要事实，如实地、无保留地告知对方当事人。

(2) 广义的最大诚信原则。从广义上讲，最大诚信原则覆盖整个保险法领域。其强调保险合同当事人在签订合同、行使权利和履行义务时，应基于最大诚信的要求，实事求是，不得隐瞒欺骗对方，尽到提示、说明、告知、通知、协助和关照对方当事人利益等义务，同时恪守信用，全面认真履行其所担当的各项义务。

2. 最大诚信原则的功能与价值

法的精神在于追求公正，并通过具体规则来体现。然而，对于公平、正义，不同的个体以及利益群体会有不同的看法，而具体的规则对于纷繁复杂的始终处于变化的现实世界而言又过于死板，最大诚信原则正是为了克服以上问题而存在的。

在不同的群体对公正有不同看法时，最大诚信原则的目的就是维护各方群体之间的利益平衡。法院正是借助最大诚信原则，从个案的特殊事实背景出发，从已经发生了变化的现实世界出发来修正保险法上的一些具体规则的适用，从而维护保险人与被保险人之间的利益平衡，这是一种动态的平衡，这是能够与时俱进的平衡。

3. 最大诚信原则的必要性

(1) 保险合同的射幸性(获益的不确定性)。

(2) 保险合同当事人信息不对称(许多消费者对保险知识几乎一无所知)。

(3) 保险当事人谈判地位不平等(投保人和被保险人处于弱势地位)。

(4) 保险合同视为特殊买卖合同的特异性(价值、风险的不确定性)。

(5) 保险合同的格式性(保险人单方制定的，并非协商达成的)。

二、最大诚信原则的内容

最大诚信原则的内容主要包括告知、说明、保证、弃权与禁止反言等方面内容。

(一) 投保人的如实告知义务

1. 如实告知义务的概念

如实告知义务是指投保人在订立保险合同时，应当将与保险标的有关的重要事实，根据保险人之间的询问或主动如实地告知保险人。该义务是保险合同成立之前投保人即应承担的义务，因此，该义务不属于保险合同约定的义务而是法定义务。

2. 如实告知义务的原理分析

该义务源于保险的特殊性，投保人向保险人投保，意味着风险从投保人处转移至保险人处。保险人之所以愿意承担风险，是因为保险人将其所承保的风险进行分类，将同质风险聚合在一起，依照统计学上的大数法则，可以更准确地对事故发生的概率进行估计，并以此向投保人收取费用，从而使风险得以分散。所以，保险原理的关键之处在于，保险人对被保险人的风险水平进行准确的评估，以确保在同一风险池中的被保险人的风险水平都是同等的。

保险人若要对被保险人的风险水平进行测评，就需要了解影响保险标的风险水平的相关信息。保险法中关于如实告知义务的法律规则，其直接目的就在于强迫投保人向保险人披露与风险有关的重要信息。

因此，如果没有投保人如实告知义务，一些投保人就有可能隐瞒事实或作虚假陈述，制造假象掩盖真实风险水平，从而损害保险人的利益。

3. 如实告知的内容

在签订保险合同时，应如实告知的内容是有关保险标的的重要事实：

(1) 足以使保险标的危险程度增加的事实；

(2) 投保人为特殊动机而投保的，则事关此种动机的事实也需要告知；

(3) 表明所承保危险特殊性质的事实；

(4) 显示投保人在某方面非正常的事实。

我国《保险法》第 16 条第 2 款规定："投保人故意或者因重大过失未履行前款规定的如实告知义务，足以影响保险人决定是否同意承保或者提高保险费率的，保险人有权解除合同。"

保险法规定如实告知义务的目的在于，使保险人能准确评估相关风险，以判定是否承保以及保险费率的计算。但是：若保险人已知相关情况，投保人未告知义务则可免责，不赋予保险人合同解除权。

我国《保险法》第 16 条第 6 款规定："保险人在合同订立时已经知道投保人未如实告知情况的，保险人不得解除合同；发生保险事故的，保险人应当承担赔偿或者给付保险金的责任。"

最大诚信原则在保险合同履行过程中也同样存在。我国《保险法》第 22 条规定："保险事故发生后，按照保险合同请求保险人赔偿或者给付保险金时，投保人、被保险人或者受益人应当向保险人提供其所能提供的与确认保险事故的性质、原因、损失程度等有关的证明和资料。"

4. 不履行如实告知义务的法律后果

按照保险法规定，不履行如实告知义务的法律后果是：保险人有权解除合同，并对此前发生的保险事故不承担保险责任。

(二) 保险人的说明义务

1. 说明义务的概念

所谓保险人的说明义务，是指在订立保险合同时，保险人有义务向投保人解释合同条款的真实含义，希望使投保人藉此能准确理解相关条款的内涵，并在此基础上决定是否与保险人缔结保险合同，从而矫正双方当事人之间专业知识与经济实力的不对称，实现投保人与保险人相互之间的利益平衡。

2. 保险人说明义务的特征和法律依据

(1) 保险人说明义务的特征。

说明义务是法定义务，也是先合同义务，只要违反说明义务就应承担过错缔约责任；说明义务还属于提醒义务和解释义务，是一种主动性义务。

(2) 说明义务的法律依据。

保险人的说明义务包括两项内容：

① 保险人对保险合同格式条款的一般性说明义务。

② 保险人对免责条款的提示和说明义务。

我国《保险法》第 17 条规定："订立保险合同，采用保险人提供的格式条款的，保险人向投保人提供的投保单应当附格式条款，保险人应当向投保人说明合同的内容。

对保险合同中免除保险人责任的条款，保险人在订立合同时应当在投保单、保险单或者其他保险凭证上作出足以引起投保人注意的提示，并对该条款的内容以书面或者口头形式向投保人作出明确说明；未作提示或者明确说明的，该条款不产生效力。"

3. 保险人违反说明义务的法律后果

按照保险法的规定，保险人若违反该义务则该免责条款无效；而对于保险人违反保险格式条款的一般性说明义务的法律后果，保险法并未做说明，但我们可以从有关判例中寻找答案，具体可参考前文中的引导案例。

(三) 投保人或被保险人的保证义务

1. 保证规则

保证是指投保人或被保险人向保险人作出承诺，担保对某一投保事项的作为或不作为或者担保某一事项真实性，其主体是投保人或被保险人。保证是保险合同的基础，各国对保险合同条款的掌握十分严格，一旦投保人违反保证义务，不论其是否有过失，保险人均可解除合同。

保证规则源于英美法系，目前我国《保险法》中并无规定，我国《海商法》在海上保险合同中有关于保证条款的规定，说明当前我国保险实务中已经运用了保证规则。

2. 保证的形式

根据保证存在的形式划分，保证分为明示保证和默示保证。

(1) 明示保证：是指在保险合同(保险单或其附件)中明确记载的成为合同组成部分的保证条款和其他保证事项，也称之为特约条款，如机动车辆保险合同中列有遵守交通法规、安全驾驶、做好车辆保养维护等条款。一旦合同生效，上述内容就成了投保人对保险人的保证，对投保人具有作为或不作为的约束力。

(2) 默示保证：是指投保人或被保险人对某一特定事项虽未明确表示担保其真实性，但该事项的真实存在是保险人决定承保的依据，并成为保险合同内容的组成部分的特定事项。

默示保证主要存在于海上保险，如我国《海商法》规定，海上保险投保人承诺其船舶在开航时具有适航性的"适航保证"，保证不绕航，保证航程具有合法性等。

3. 保证义务的违反及其法律后果

违反保证义务的行为包括确认保证的事项不真实，承诺保证的事项没有完成或不遵守。

(1) 故意违反确认保证，保险人有权解除合同，不退还保费。

(2) 过失违反确认保证，保险人有权解除合同，可退还保费。

(3) 违反承诺保证，保险人有权解除合同，不退还保费。

(四) 保险公司其他诚实义务

我国《保险法》规定，保险公司及其工作人员、保险代理人、保险经纪人在保险业务活动中不得有下列行为：

(1) 欺骗投保人、被保险人或者受益人；

(2) 对投保人隐瞒与保险合同有关的重要情况；

(3) 阻碍投保人履行本法规定的如实告知义务，或者诱导其不履行本法规定的如实告知义务；

(4) 承诺向投保人、被保险人或者受益人给予保险合同规定以外的保险费回扣或者其他利益；

(5) 故意编造未曾发生的保险事故进行虚假理赔，骗取保险金；

(6) 利用行政权力、职务或者职业便利以及其他不正当手段强迫、引诱或者限制投保人订立保险合同。

三、最大诚信原则对保险人抗辩权的限制

基于最大诚信原则，保险法给投保人和被保险人施加了许多义务，例如，如实陈述义务、告知义务和遵守保证条款等义务，如果投保人、被保险人违反了这些义务，保险人有权以此作为抗辩理由拒绝承担保险责任。这些义务确实在促使投保人和被保险人在讲求诚信方面发挥了作用，然而，单方面强调投保人、被保险人的诚信义务又带来了另一个问题，即其为不诚实的保险人脱逃保险责任提供了借口。基于利益平衡的考虑和最大诚信的要求，为了督促保险人谨慎经营，对保险人抗辩权进行限制的规则，在司法实践和保险立法中开始发展起来，其中，最主要的限制规则包括弃权和禁止反言。

我国 1995 年出版的《保险法》中没有关于弃权与禁止反言的规定，但是，我国的《民法通则》和《保险法》都坚持诚实信用原则或最大诚信原则，而弃权规则从其精神实质来看是与之相一致的。在司法实践中，我国的一些法院早已开始适用实质意义上的弃权规则来处理相关案件，尽管他们通常并不使用"弃权"的字眼。在新修改的 2009 版《保险法》中，弃权与禁止反言原则首次得以体现。

(一) 弃权

1. 弃权的概念

根据英美学者在保险法相关著作中的表述，弃权是指保险人知道其有正当的理由解除合同或者拒绝被保险人提出的索赔，但是以明示或默示的方式向被保险人传达其放弃该权利的情形。例如，保险人已经知道投保人未尽告知义务却依然接受投保费，知道当事人投保机动车保险时，有不符合承保条件的情况而仍然予以承保，这就属于弃权。此后如果机动车出险需要理赔时，就不得以已经放弃的权利为由解除合同或主张增加保费。

2. 弃权的构成

要判断保险人的某种行为是否构成弃权，可以从以下三点判断：

(1) 保险人享有基于法律规定或保险合同而产生的如抗辩权等权利；

(2) 保险人知悉投保人或被保险人违反法定或约定义务的事实；

(3) 保险人作出了弃权的意思表示，这种表示可以是明示的也可以是默示的。

具备了上述三个要点，则可以判断保险人弃权。举例来讲，在分期支付保险费的寿险合同中，投保人支付首期保险费后，第二期保险费在超过合同约定的期限 60 日后延期支付，而保险人接受了该保费，则意味着保险人放弃了其因投保人延期支付保费产生的宣告合同中止的权利。

3. 新《保险法》中弃权条款的解析

根据 2009 版《保险法》第 16 条第 3 款规定："前款规定的合同解除权，自保险人知道有解除事由之日起，超过三十日不行使而消灭。自合同成立之日起超过两年的，保险人不

得解除合同；发生保险事故的，保险人应当承担赔偿或者给付保险金的责任。"从中可以看出，该款规定针对的正是保险人弃权的常见情形。其中，前款规定的合同解除权是指新《保险法》第 16 条第 2 款 中规定的"投保人故意或者因重大过失未履行前款规定的如实告知义务，足以影响保险人决定是否同意承保或者提高保险费率的，保险人有权解除合同。"该条款的制定是为了降低保险公司运营的风险，本无可厚非，但在保险实务中，此款却成为了大多数保险合同纠纷中保险公司拒赔的法律依据。保险人滥用该条款势必会对被保险人和受益人的利益造成损害。而第 3 款的补充恰恰从某种程度上缓解了这一矛盾。

（二）禁止反言

1. 禁止反言的概念

禁止反言原本是英美衡平法的原则，英美学者认为，禁止反言是指保险人知道或应当知道，因被保险人虚假陈述或者违反保证或条件时，享有撤销合同或者对索赔提出抗辩时，明示或默示地向不知道保险合同有瑕疵的被保险人表明，保险合同是可以执行的，而且被保险人因依赖保险人的陈述而遭受了某些损害，则保险人不得以该事由对被保险人的请求提出抗辩。禁止反言又被称为禁止抗辩或不容争辩条款。简言之，禁止反言就是法律禁止保险人否认先前的陈述或改变立场。

2. 禁止反言的适用条件

判断保险人的言行是否构成禁止反言，其衡量标准包括以下三个方面：

(1) 保险人对与保险合同有关的重要事实作出清楚和确定的虚假意思表示；

(2) 投保人或被保险人对于保险人的虚假意思表示予以合理信赖；

(3) 最后，投保人或被保险人由于该种信赖而蒙受某种损失，而保险人被禁止以此事由主张保险合同无效。

例如，在订立以死亡为给付保险金条件的合同时，投保人在保险代理人的许可下为被保险人代签名，若被保险人在合同有效期内死亡，则保险人不得以投保人代被保险人签名为由否认合同的效力。

3. 我国《保险法》中禁止反言条款的解析

新《保险法》第 16 条第 6 款规定："保险人在合同订立时已经知道投保人未如实告知的情况的，保险人不得解除合同；发生保险事故的，保险人应当承担赔偿或者给付保险金的责任。"此款规定背后的理论基础就是禁止反言规则。

保险人在合同订立时已经知道投保人未如实告知的情况通常有三种：

(1) 投保人在订约时故意或因重大失误未履行如实告知义务，而保险人或保险人的代理人已经知道该情况的存在，但出于疏忽或其他原因仍签发了保单。

(2) 保险人的代理人替投保人填写保单，甚至包括被保险人的签名，或擅自替投保人隐瞒某些事实。

(3) 保险人的代理人促使投保人替被保险人签名或相信隐瞒某些真实情况可以降低保费且不会影响合同效力。以上所述第二和第三种情况在保险实务中更为常见。保险代理人专业知识普遍较低，兼之利益驱使，常常会为提高业绩采取一些违规操作，而这带来的不利影响是多方面的，特别是对于保险专业知识及合同条款不甚了解的投保人尤为不利。投保人出于对专业的保险代理人的信任，按代理人所称或任由代理人对保单进行操作，然而一旦出险，却因未如实告知遭遇保险人拒赔。根据旧的保险法，被保险人往往会被判定败诉，但这显然是不公平的。在司法实践中，从一些法院的判决来看，禁止反言的原则已经被采用。新修改的《保险法》将禁止反言条款引入，可谓大势所趋，人心所向。

第二节　保险利益原则

 引导案例　车辆过户后出险保险公司拒赔

案情简介：

王先生婚前购置汽车一部，两年前与李女士结婚。每年办理汽车保险的时候，都是以王先生作为投保人和被保险人。不久，两人由于感情破裂，准备离婚，王先生同意把这部汽车送给李女士。离婚后，车辆过户手续才办妥，还没有来得及把这个事情向汽车保险公司说明，李女士驾车就出了事故，李女士向保险公司索赔，但保险公司拒绝承担赔偿责任。

案例解析：

保险标的转让，意味着保险标的所有权的转移，如没有特殊情况则同时意味着保险利益的变更。王先生作为投保人，把汽车转让给离异后的李女士，王本人不再享有对汽车的所有权即保险利益，但因为没有及时变更保险合同主体，李女士既不是保险合同中的投保人，也不是保险合同中的被保险人和受益人。有保险合同的人无保险利益，有保险利益的人无保险合同，出险后双方都得不到保险赔偿金。

补偿被保险人因保险事故所遭受的损失，是保险最基本的功能。与此功能相一致的一个立法目标是，保险不能成为被保险人借以牟利的工具。保险利益原则是确保此立法目标实现的基本规则之一。

一、保险利益原则概述

（一）保险利益的涵义

1. 保险利益

保险利益又称可保利益，是指投保人或者被保险人对保险标的具有的法律上承认的利益，是指在保险事故发生时，其可能遭受的损失或失去的利益。

保险利益所体现的是投保人或被保险人与保险标的之间所具有的法律上承认的经济利害关系，即损益关系。投保人或被保险人因保险标的遭受风险事故而受损失，因保险标的未发生风险事故而受益。

2. 保险利益的构成及表现形式

保险利益在财产保险和人身保险中有不同的表现形式。

(1) 财产保险的保险利益。财产保险的保险标的是财产及相关利益，其保险利益是指投保人对保险标的的经济利益。财产保险的保险利益应具备三个条件：

① 必须是法律承认的合法利益；

② 必须是具有经济价值的利益；

③ 必须是能够确定的利益。

(2) 人身保险的保险利益。人身保险的保险标的是人的寿命和身体，其保险利益是指投保人对被保险人的寿命和身体所具有的利害关系。这种利害关系往往由保险法规定，主要包括：

① 本人、配偶、子女、父母；

② 与投保人具有赡养和抚养关系的家庭其他成员和近亲属；

③ 同意投保人为其投保的被保险人。

此外，劳动关系、合伙关系、债权债务关系的当事人之间，也可能产生保险利益。

(二) 保险利益原则

1. 保险利益原则

保险利益原则是指保险利益是保险合同的生效要件，保险利益是否存在是评价保险合同效力的基础标准。此原则要求投保人或被保险人应该对保险标的具有保险利益，否则，保险合同无效。

人身保险合同以保险利益作为保险合同的效力要件，不具有保险利益的，保险合同无效。财产保险合同以保险利益作为保险金请求权行使要件，不具有保险利益的，不得向保险人行使保险金请求权。

2. 保险利益的承担主体

保险利益的承担主体是指保险合同当事人及关系人中，哪些人应当对保险标的具有保险利益。修改后的《保险法》将投保人和被保险人都列为保险利益的承担主体。

被保险人是指其财产或者人身受保险合同保障，享有保险金请求权的人。投保人可以为被保险人。

3. 保险利益原则适用的法律价值

(1) 防止赌博行为。

保险业刚刚兴起的时候，有人以与自己毫无利害关系的远洋船舶与货物的安危为赌注，向保险人投保。若船货安全抵达目的地，则投保人丧失少量已付保费；若船货在航行途中灭失，他便可获得高于所交保险费几百倍甚至上千倍的额外收益，这种收益不是对损失的补偿，是以小的损失谋取较大的经济利益的投机行为，严重影响了社会的安定。

(2) 防止道德风险及违法行为。

如果投保人以没有保险利益的保险标的投保，则有可能出现投保人为获得保险赔偿而任意购买保险，并盼望事故发生的现象；更有甚者，为了获得巨额赔偿或给付，采用纵火、谋财害命等手段，故意制造保险事故，增加了道德风险事故的发生。在保险利益原则的规定下，由于投保人与保险标的之间存在利害关系的制约，投保的目的是为了获得一种经济保障，一般不会诱发道德风险。

(3) 限定保险保障或赔付的额度。

保险人对被保险人的保障，不是保障保险标的本身不遭灾受损，而是保障保险标的遭受损失后被保险人的利益，补偿的是被保险人的经济损失；而保险利益以投保人对保险标的的现实利益以及可以实现的预期利益为限，因此是保险人衡量损失及被保险人获得赔偿的依据。保险人的赔付金额不能超过保险利益，否则被保险人将因此获得额外利益，这有悖于损失补偿原则。

二、保险利益原则在财产保险中的运用

1. 财产保险的保险利益

财产保险标的是法律上规定的财产利益，根据民法债权基本理论和物权法的规定，从性质上看，财产保险利益主要可分为现有利益、期待利益和责任利益三类。

(1) 现有利益。现有利益是指投保人或被保险人对保险标的的享有的可确定的现存利益，包括投保人或被保险人对其所有或所控制的房屋、车辆、设备、货物或其他财产的利益等，均享有现有保险利益。若投保人现时对相关财产具有合法的所有权、抵押权、质权、典权等关系且继续存在者，均具有保险利益。

(2) 期待利益。期待利益是指投保人或被保险人基于其现有权利而享有的保险标的的未来可获得的利益，包括预期的利润、租金收入、运费收入、耕种收入等利益，如货物承运人对运费具有保险利益，若运输途中发生风险事故导致货物毁损或灭失，承运人的收入也会减少。但须注意，期待利益必须以现有利益为基础，具有得以实现的法律或合同依据。如果没有现有利益，就不可能存在期待利益，如农民对于果树可收获的果实、企业对于待销售货物可获取的利润等。

(3) 责任利益。责任利益是指被保险人因对于第三人可能承担合同(违约)责任、侵权责任，以及依法应当承担的其他责任而具有的一种责任利益，亦可称为消极期待利益，一般限于民事赔偿责任，并以法律责任为限。

责任利益在保险实务中主要包括：雇主责任、产品责任、环境责任、机动车责任、公众责任、旅行社旅游责任以及专家责任等形式的保险。

无论何种类型的责任保险，都以被保险人对第三人应该承担的民事(赔偿)责任为保险标的。

2. 财产保险利益的享有者

下列人员在法律上享有财产保险利益：

(1) 所有权人对其所有的财产；

(2) 没有财产所有权，但有合法的占有、使用、收益等处分权中的一项或几项权利的人；

(3) 他物权人。对依法享有他物权的财产，如抵押权人对抵押的房屋等；

(4) 公民法人对其因侵权行为或合同而可能承担的民事赔偿责任；债权人对现有的或期待的债权等。

三、保险利益原则在机动车保险中的运用

1. 机动车保险在保险利益方面存在的问题

机动车保险在保险利益方面存在的较为突出的问题是，被保险人与车辆所有人不吻合

的问题。在二手车辆的交易过程中，买卖双方在进行机动车过户之后，常常忽视对保单项下的被保险人及时进行变更登记，导致被保险人与持有行驶证的车辆所有人不吻合。在这种情况下，一旦车辆发生道路交通事故而请求保险公司理赔时，则会遭到保险公司的拒绝。保险公司拒绝赔付的依据就是保险利益原则。显而易见，原车辆所有人已经转让了车辆，不再具有对该车的可保利益，因而导致其名下的保单失效，而车辆的新的所有者由于不是保险合同中的被保险人，当然也不能向保险公司索赔，这种情况在出租车转让的过程中更明显。

2. 机动车交易过程中被保险人的确定

关于保险纠纷案件的审理，全国各省市高级人民法院纷纷出台相关的指导意见，例如，2004 年 12 月 20 日，北京市高级人民法院审判委员会第 138 次会议通过了《北京市人民法院关于审理保险纠纷案件若干问题的指导意见(试行)》(下文简称《指导意见》)。该《指导意见》明确了："为正确审理保险纠纷案件，根据《中华人民共和国保险法》及相关的法律、司法解释，结合我市法院民商事审判实践，制定指导意见。"

该《指导意见》第 40 条规定："财产保险合同中，被保险车辆所有权转移过程中，谁为被保险人的情形：

(1) 保险车辆已经交付，但尚未完成过户手续，保险人已办理保险单批改手续的，新车主是实际被保险人；

(2) 保险车辆尚未支付，但已经完成过户手续，保险人已办理保险单批改手续的，新车主是被保险人；

(3) 保险车辆尚未交付，且未完成过户手续，保险人已办理保险单批改手续的，新车主是实际被保险人；

(4) 保险车辆已经交付，过户手续已经完成，并已向保险人提出保险单变更申请的，新车主是被保险人。

(5) 保险车辆已经交付，过户手续已经完成，但未向保险人提出保险单变更申请的，新、旧车主都不是被保险人。"

由此可见，在机动车交易过程中，在车辆办理过户手续时，车主应当同时向保险公司办理保险单的批改手续，最起码要向保险公司提出保险单变更的申请才可以保障保险合同的持续有效。从该《指导意见》的规定看，在车辆过户之前应该办理保险单批改手续，在过户完成后应及时提出保险单的变更申请，以保证车辆过户过程中保险合同不会中断，对买卖双方都存在保险保障。

第三节　损失补偿原则

 引导案例　新旧损伤混合分析案

案情简介：

一辆捷达轿车倒车时碰撞花池，发生单方碰撞事故。当事司机现场向保险公司报案。接案后，查勘员及时查勘现场。标的车与花池碰撞痕迹吻合，标的车右后幅、后杠、右后尾灯受损。

但是，查勘员发现此案存在两个疑点。

(1) 标的车本次受损部位均有非本次事故造成的旧伤损失，且痕迹较旧；

(2) 出险经过不符合常理，正常情况下不应出现上述险情。

经与当事人及被保险人确认事故经过及标的车近况后，标的车旧伤大于新伤，保险人对于此案按照损失补偿原则予以拒赔处理。

案件解析：

解决此案存在的问题运用的是保险损失补偿原则。按照损失补偿原则，保险人给予被保险人的经济赔偿数额应恰好弥补其因保险事故所造成的经济损失。而在本案中因标的车右后部的旧伤在此次保险事故之前已客观存在，且大于或等于本次事故的损失，在经济角度上标的车右后部已存在一定的维修费用。而在本次保险事故发生之后，标的车右后部的维修费用仍等于事故之前的维修费用，故此判定此次事故所造成的经济损失为零。

一、损失补偿原则的概述

1. 损失补偿原则的涵义

所谓损失补偿原则，是指当被保险人因保险事故而遭受损失时，从保险人处所能获得的赔偿只能以其实际损失为限。此原则强调保险赔付只能填补被保险人的损失，而不能成为被保险人获利的工具。

损失补偿原则是保险经济补偿功能的最直接体现，也是保险诸多制度和规则的基础，委付、损失分摊、代位求偿权，以及复保险之排除、超额保险之禁止等制度都是由它派生出来的。因此，损失补偿原则、保险利益原则和最大诚信原则被称为保险领域的三大基本原则。

损害赔偿原则的体现包括以下四个方面：

(1) 被保险人只有在保险合同的约定期限内，遭受约定的保险事故所造成的损害时，才能得到赔付；

(2) 赔付依据是被保险财产的实际损失或被保险人的实际损害，按照赔付和损失等量的原则进行；

(3) 按照权利义务对等原则，发生保险事故时，投保方有施救义务，而保险方承担施救及其他合理费用，数额以保险金额为限；

(4) 索赔要求提出后，保险人应及时、准确地核定损失额，与索赔人达成赔付协议，履行赔偿或者给付义务。

2. 损失补偿原则的功能与价值

(1) 有利于维护保险双方的正当权益，充分发挥保险的经济补偿职能；

(2) 有利于防止被保险人从保险中赢利，从而减少道德风险。

例如，实践中广泛存在的投保人先进行超额投保，然后促成保险事故发生，随后进行保险索赔的现象。这是保险利益原则难以规范，而损失补偿原则正好可以弥补的，有利于防止利用保险牟利，故意制造损失的不良企图以及骗保行为的发生，从而维持良好的社会风尚和正常的经济秩序。

二、损失补偿原则的基本内容

1. 被保险人请求损失赔偿的条件

保险事故发生后，被保险人向保险人提出补偿请求必须具备以下三个条件：

(1) 被保险人对保险标的具有保险利益。此项原则不仅要求投保人或被保险人在投保时对保险标的具有保险利益，而且要求在保险合同履行过程中，投保人或被保险人对保险标的必须具有保险利益，否则，就不能取得保险补偿。

(2) 被保险人遭受的损失在保险责任范围之内。这包括两个方面：一是遭受损失的必须是保险标的；二是保险标的的损失必须是由保险风险造成的。例如，甲为自己的车投保了全车盗抢险，后甲车被盗，经警方调查证明，因为甲乙之间的夙怨造成乙将车盗走并损坏。在这种情况下，保险标的物虽然被盗，但保险标的物的损失与保险标的无关，保险人不负赔偿责任。

(3) 被保险人遭受的损失能用货币衡量。如果被保险人遭受的损失不能用货币衡量，保险人就无法核定损失，也就无法支付保险赔偿，所以损失补偿原则一般不适用于人身保险。

2. 保险人履行损失补偿责任的方法与范围

保险人履行损失补偿责任的常见方法为：现金给付、修理、更换或重置。

保险人履行损失补偿责任的范围包括：

(1) 保险标的的实际损失。在保险事故发生后，保险标的损失的计算，通常以损失发生时，受损财产的实际现金价值为准，但当事人另有约定的除外。

(2) 合理费用(《保险法》第57条)。合理费用是指保险事故发生后，被保险人为防止或者减少保险标的的损失所支付的必要的合理的费用和有关诉讼支出。为避免被保险人在保险事故发生时袖手旁观造成更大损失，各国保险法一般均在规定被保险人负有尽力防止损失发生或扩大之义务的同时，规定被保险人施救减损的费用由保险人负担，即使未产生效果或支出费用加上赔偿额超过了保险金额，保险人也不得拒绝。

(3) 其他费用。其他费用主要指为了确定保险责任范围内的损失所支付的受损标的的检验、估价、出售等损失勘察费用。保险人承担损失赔偿责任是有法定限度的，根据《保险法》第24条的规定，保险金额是保险人承担赔偿责任的最高限额。

三、损失补偿原则的例外

人身保险的保险标的是人的寿命或身体，而人的寿命和身体都是无价的，不能用金钱来衡量或计量，也无法用金钱来补偿。所以，人身保险合同多为给付型合同，不适用损失补偿原则。由损失补偿原则所派生出来的分摊原则、代位求偿原则等同样不适用于人身保险。

1. 定值保险

定值保险是指保险合同的双方当事人事先对保险标的的价值进行约定，并同意以此作为将来理赔计算实际价值的唯一依据。

在定值保险中，当保险标的发生全部损失时，不论保险标的物的实际价值如何，保险人均应按保险合同上双方事先约定的保险金额进行赔偿，如珍贵艺术品、古董等。其准确价值很难估量，因此，艺术品的保险和海上保险等选择定值保险较为普遍。

现代社会，因定值保险的销售和服务非常简单，可以像短期定额意外伤害险那样进行大规模分销，如航空意外险等，具有节省成本、方便销售等特点，故其适用范围有逐步扩大的趋势，在传统的财产火险等领域也有较多适用。

2. 重置成本保险

重置成本保险是指按照重置成本确定损失额或保险金额的保险。此种保险目的在于充分发挥保险的经济补偿职能，使被保险人在发生保险事故时，获得重置保险标的的经济补偿，由于在确定保险赔付时不扣除折旧，成本可能超过保险标的的市场价格，因此，这是损失补偿原则的一个例外。

3. 推定全损

推定全损是指实际全损已不可避免，或受损货物残值加上施救、整理、修复、续运至目的地的费用之和超过其抵达目的地的价值时，视为已经全损。推定全损与实际全损相对应，保险标的受损后并未完全丧失，是可以修复或可以收回的，但所花的费用将超过获救后保险标的的价值，因此得不偿失。在此情况下，保险公司放弃努力，给予被保险人以保险金额的全部赔偿即为推定全损。

4. 施救费用的赔偿

施救费用的赔偿是被保险人抢救保险标的所支出的合理费用由保险人负责赔偿。这样，保险人实际上承担了两个保险金额的补偿责任，显然扩展了损失补偿原则的范围与额度，这也是损失补偿原则的例外。

另外，在保险实务中广泛存在的比例保险，也被视为损失补偿原则的一种例外。

所谓比例保险，是指保险当事人约定一定比例的危险由被保险人自己承担，其实质是由保险双方共同承担保险标的的风险，目的是加强被保险人的责任心，防范道德风险。

四、损失补偿原则与保险代位权

 引导案例 被保险车辆在小区被盗，保险公司可以拒赔吗?

案情简介：

甲为自己的车投保了车损险和全车盗抢险。同时，甲还与所在的居民小区的物业公司签订了一份"过夜车辆管理协议书"：负责从晚上6点到次日早上8点对车辆进行看护，并支付150元的费用。一天早上，甲发现停在小区的车不见了。于是报了警，并向保险公司报案索赔。

保险公司认为：车辆被盗属实，但认为本案是物业公司保管不善应当承担的责任，于是拒赔，要求甲向物业公司索赔。甲不服，诉至法院。

案例解析：

法院审理后认为，保险公司应当理赔。理由是：

(1) 甲与物业公司签订的"过夜车辆管理协议书",属于保管合同,现因保管不善被盗,物业应承担责任。

(2) 但甲在保险公司投保了全车盗抢险,且保险公司也认定车辆被盗属实,甲请求被告理赔,则被告理应履行赔付义务。之后可以行使对物业公司的代位追偿权。

本案甲方同时享有两项请求权,属于两个请求权的竞合,因此,甲享有请求选择权。当然,保险公司理赔后,可以在赔偿范围内代位行使被保险人对第三者取得请求赔偿权,如向法院起诉物业公司,法院也会受理的。

保险代位求偿权是保险法中的一项基本制度,其宗旨是为被保险人提供双重保障,以确保被保险人的损失得以充分补偿,同时避免因保险赔付而使被保险人过分受益。代位原则是保险补偿原则所派生出来的,保险人应在保险补偿金额范围内代位行使对第三者请求赔偿的权利。

(一) 保险代位权的涵义

1. 保险代位权的概念

保险代位权又称保险人代位权,是指由于第三者的过错致使保险标的发生保险责任范围内的损失的,保险人按照保险合同给付了保险金后,有权把自己置于被保险人的地位,获得被保险人有关该项损失的一切权利和补偿。保险人可以用被保险人的名义向第三者直接索赔或提起索赔诉讼,保险人的这种行为,就称为代位求偿;其所享有的权利,称为代位求偿权。代位求偿权是民法理论中债权人代位权在保险法律关系中的运用。

2. 保险代位权的种类

保险代位权可分为两类:

(1) 物上代位权。物上代位是指保险标的因遭受保险事故而发生全损或推定全损,保险人在全额支付保险赔偿金之后,就拥有了对该保险标的的物的权利。物上代位权是所有权的代位,主要产生于委付和全损。

(2) 代位求偿权。代位求偿权是指保险人在赔偿被保险人后所取得的,向对保险事故的发生或保险标的的损失负有责任的第三者求偿的权利。其实质是请求权的代位,其中保险人获得的向第三人的求偿权的大小受保险人实际赔偿数额的限制,其产生依据主要是合同的约定或法律规定。

(二) 保险代位权的适用范围

我国保险法规定,保险代位权仅适用于财产保险。

《保险法》第 68 条规定:"人身保险的被保险人因第三者的行为而发生死亡、伤残或者疾病等保险事故的,保险人向被保险人或者受益人给付保险金后,不得享有向第三者追偿的权利。但被保险人或者受益人仍有权向第三者请求赔偿。"

但是,对于责任保险,保险人是否享有代位权问题,在理论和保险实务上存在争议,有人认为有代位权,有人认为根本无代位权。本书的观点是,责任保险为财产保险的一种,性质上仍为补偿损害的保险,所以无疑也存在代位权问题,但其适用范围非常狭窄,仅适用于共同侵权的情形。

（三）保险代位权的构成要件

1. 物上代位权的构成

物上代位权的构成不涉及第三人，是保险人代被保险人之位取得对保险标的残值的部分或全部权利，法律关系较为简单。

我国《保险法》第 59 条规定："保险事故发生后，保险人已支付了全部保险金额，并且保险金额等于保险价值的，受损保险标的的全部权利归于保险人；保险金额低于保险价值的，保险人按照保险金额与保险价值的比例取得受损保险标的的部分权利。"

2. 代位求偿权的构成要件

（1）发生的事故必须是保险责任范围内的事故。如果发生的事故为非保险事故，这与保险人无关，只能由被保险人自己直接向责任人追偿；因而，也就不存在保险人代位行使权利的问题。

（2）保险事故的发生是由第三者的过错行为所致。保险事故的发生与第三人的过错行为必须存在因果关系。发生的保险事故必须是第三人的过错行为所致，才存在被保险人对第三人具有赔偿请求权，也才可能将其转移给保险人。如果保险事故的发生与第三人无关，就应由保险人赔偿，也就无须向责任方追索。保险代位求偿权实质上就是一种债权转移，即被保险人的第三人损害赔偿请求权的转移。

（3）保险人已履行了赔付义务。保险事故发生后，被保险人可以依法或依约定向第三人提出赔偿请求，如已取得赔偿，保险人可以免去赔偿责任。被保险人往往为节省时间、精力，大多数情况下直接要求保险人赔偿，在保险人支付赔偿金后，保险人即可代位行使被保险人对第三人的求偿权。

保险代位求偿是在保险人向被保险人支付保险金后，自动转移给保险人的。如果被保险人放弃对第三人的请求权，保险人不承担赔偿金的责任。

（四）保险代位权的发生事由

从保险代位权的发生事由成立要件来看，保险合同为转移风险合同，被保险人在保险事故发生后，因保险标的遭受损害而产生损失，可向保险方请求保险补偿。就代位求偿权的实质来讲，它当属请求权，是一种债。按照传统民法理论，债的发生事由自然应当可以成为代位求偿权的发生原因。因此我们把代位求偿权的发生事由总结如下：

（1）侵权行为所涉保险标的因第三人的故意或过失，或者依法适用无过错原则的情况下，造成保险财产损失，依照法律规定，该第三者应承担赔偿责任。

例如，因第三人的过失碰撞，造成保险人承保的汽车损失，保险人理赔后，可向第三人追偿。

（2）合同责任第三者在履行合同中违约造成保险标的的损失，或根据合同约定第三者应赔偿对方的损失。

例如，停车场收取保管费为车主保管车辆，因管理员疏忽而致车辆丢失，根据保管协议，停车场应承担赔偿责任。

（3）不当得利所生之债。不当得利是指没有合法依据而取得利益使他人遭受损失的事实，如拾得他人走失的动物。

(4) 共同海损所生之债。保险标的因共同海损造成损失，保险人赔偿被保险人上述损失后，有权向共同海损受益人代位追偿。

(5) 产品质量责任在产品发生责任事故时，具体的责任人无法查清的，由产品生产者承担责任，由承保的保险人赔偿损失。保险人在赔付后又查明事故的实际责任人是第三人的，应向第三人求偿。

(6) 保证及信用保险的追偿。保证及信用保险是从民法担保制度中的保证发展而来的，它是就被保险人履约、信用等向债权人提供的一种担保，在被保险人不履行债务或发生信用危机时，由保险人以支付保险金的形式履行保险合同项下被保险人的债务，由此，就产生了向被保险人追偿的权利。

在保证及信用保险中，一般都要求被保险人提供反担保，如果保险人依保险合同向债权人支付保险金后，保险人就可以向反担保人或被保险人追偿。

第四节　近因原则和分摊原则

 引导案例　货物运输综合险的保险责任范围

案情简介：

2011 年底，某公司通过铁路从南方运往西北一车皮蕉柑，计 1000 篓，投保了货物运输综合险。货物在约定期限内运抵目的地，但卸货时发现，靠近车门处有明显的盗窃痕迹，车门处的保温层被撕开长 1.2 米、宽 0.65 米的裂口。卸货后经清点实有货物 927 篓，被盗73 篓；在实收货物中还有 150 篓被冻损。经查实，西北地区当时的最低气温均在零下 18 度左右。被保险人要求保险公司对其货物遭受的盗窃损失和冻伤损失给以赔偿。

保险公司认为，被盗 73 篓蕉柑，属于货物运输综合险的保险责任范围，应予赔偿无可争议，但对冻损的 150 篓不负赔偿责任。保险公司认为造成蕉柑冻损的原因有三：即盗窃、保温层破损及天气寒冷，而其中最直接的原因是天气寒冷而不是盗窃。盗窃并不必然引起标的物冻损，而天气寒冷则是冻损的必要条件。根据近因原则，保险公司在本案中与投保人所签订的货物运输综合险合同条款中，天气寒冷不属保险责任条款所约定的保险事故的范围，所以保险人不予赔付。双方无法达成协议，遂诉至法院。

案例解析：

法院经审理认为，本案中因为发生盗窃，用以防冻的保温层被撕破，天气寒冷这一因素才发生作用，造成保险标的冻损。盗窃是保险事故发生的直接原因，而盗窃属于综合险条款保险责任范围，故判决保险人负赔偿责任并承担全部诉讼费。

一、近因原则的涵义

所谓近因，是指直接导致结果发生的原因。近因原则是指只有当保险事故的发生和损失结果之间，存在最直接有效的起主要支配性作用的原因时，保险人才对损失负有赔偿责任的保险赔偿原则。

近因原则是保险法的基本原则之一，其含义为只有在导致保险事故的近因属于保险责任范围内时，保险人才应承担保险责任。由于导致保险损失的原因可能会有多个，而对每一原因都投保的话于投保人经济上不利且无此必要，因此，近因原则作为认定保险事故与保险损失之间是否存在因果关系的重要原则，对认定保险人是否应承担保险责任具有十分重要的意义。

我国现行保险法虽未直接规定近因原则，但在司法实践中，近因原则已成为判断保险人是否应承担保险责任的一个重要标准。

我国《保险法》、《海商法》只是在相关条文中体现了近因原则的精神而无明文规定，我国司法实务界也注意到这一问题，在最高人民法院《关于审理保险纠纷案件若干问题的解释(征求意见稿)》第 19 条规定了"人民法院对保险人提出的其赔偿责任限于以承保风险为近因造成损失的主张应当支持。"

二、近因原则的运用

近因原则要求损失与近因存在直接的因果关系，要确定近因，首先要确定损失的因果关系。确定因果关系的基本方法有从原因推断结果(逻辑顺推理)和从结果推断原因(逻辑逆推理)两种方法。保险人承担赔付保险金责任的前提是损害结果必须与危险事故的发生具有直接的因果关系。损害结果可能由单因或多因造成。单因较简单，如果是保险事故保险人就应当赔偿给付；多因较复杂，主要包括以下几种情况：

1. 多因同时发生

若同时发生多起事故，则保险人承担保险责任，如其中既有保险责任事故，也有责任免除的事故，保险人只承担保险事故造成的损失，若此时两种责任造成的损失无法计算，则双方协商确定赔付额。

2. 多因连续发生

两个以上灾害事故连续发生造成损害，一般以最近的、最有效的原因为主因，若主因属于保险事故，则保险人承担赔付保险金责任。但若后因是前因直接、自然的结果，或是合理的连续时，以前因为主因。

3. 多因间断发生

造成损失的灾害事故先后发生，多因之间不关联，彼此独立，保险人视各个独立的危险事故是否属于保险事故，进而决定赔付与否。

三、分摊原则

1. 分摊原则的涵义

分摊原则是指在重复保险的前提下，当保险事故发生时，各家承保该保险业务的保险公司要对赔款进行分摊，使被保险人从各家保险公司得到的赔款总额不得超过其实际发生的损失额。

分摊原则的主要目的是在重复保险的情况下，防止被保险人得到多家保险公司的赔偿而获得额外的利益，一方面保证保险的损失补偿原则得到实现，另一方面防止发生被保险人为了得到超额赔款而故意伪造保险事故的道德风险。由于相当一部分保险欺诈行为都是通过重复保险的方式实施的，重复保险的分摊原则对于防止保险欺诈、降低道德风险具有十分重要的意义。在我国保险市场上，分摊原则的应用对保险业的健康发展起到了不可忽视的作用。

2. 重复保险分摊方式

重复保险分摊方式包括三种：

(1) 比例责任分摊制。

保险金额比例责任分摊制是指各保险人按各自单独承保的保险金额占总保险金额的比例来分摊保险事故损失的方式。计算公式如下：

$$某保险人承担的赔偿责任 = \frac{该保险人的保险金额}{所有保险人的保险金额总和} \times 实际损失$$

(2) 责任限额制。责任限额制也称赔款比例分摊制，是指保险人承担的赔偿责任，以单独承保时的赔款额作为分摊的比例而不是以保额为分摊的基础。计算公式如下：

$$某保险人承担的赔偿责任 = \frac{该保险人单独承保时的赔款金额}{所有保险人单独承保时的赔款金额的总和} \times 实际损失$$

(3) 顺序责任分摊制。顺序责任分摊制是指按出单时间顺序赔偿，先出单的公司在其保险限额内赔偿，后出单的公司只在其损失额超出前家公司的保险额时，再在其保险限额内赔偿超出部分，如果再有其他保险公司承包，那么依据时间顺序按照此方法顺推下去。

📖 思考练习题

一、名词解释

1. 保险利益原则；2. 弃权与禁反言；3. 保险代位权；4. 推定全损；5. 分摊原则。

二、简述题

1. 最大诚信原则对保险人抗辩权的限制的涵义。

2. 简述财产保险的保险利益。

3. 简述损失补偿原则的主要内容。

4. 简述代位求偿权的构成要件。

三、论述题

理论联系实际谈谈你对保险法最大诚信原则的理解和认识。

四、案例分析

宝马涉水熄火强行启动　保险公司是否赔偿？

(2011 年 6 月 27 日 10 点 10 分　来源：汉网-长江日报　作者：程思思)

近日，突袭江城的大暴雨让不少车主躲避不及，爱车遭受损失。记者从人保财险武汉分公司了解到，本次暴雨案件估损金额高达 5683 万元。相关人士表示，一些新手在汽车熄火后再次启动车辆，是汽车损失较大的主因。

　　人保财险理赔中心有关负责人告诉记者，6 月 18 日下午 2 时，一位保险客户驾驶"宝马"轿车(下文简称甲车)行驶至台北路路段，因路面积水严重，不慎熄火。相关检查完成后，由于"宝马"车密封性能好，且驾驶人员按照查勘员的提示，熄火后未再次启动车辆。本次事故受损较小。

　　而在同一天，另外一台在暴雨中熄火的"宝马"车，由于驾驶人员在熄火后侥幸地在水中重新启动车辆，不慎造成发动机拉缸和连杆弯曲严重的受损事故(下文简称乙车)，损失金额高达 3.2 万元。

　　问题：请问前文所述的甲车和乙车涉水后的损失保险公司是否都能给予赔偿？为什么？

第二编

汽车保险相关的部门法

第三章　经　济　法

在我国保险法颁布的初期，保险法是归属于经济法的一个子部门，保险公司的设立、营业活动，保险行业的监管，以及保险代理人的职业活动、保险理赔人员工作的部分内容，都受到经济法的调整与规范，经济法是市场经济的重要法律规范，是从事保险行业的人员以及保险人都需要首先了解的重要的部门法。

	学　习　目　标
知识目标	➢ 经济法的调整对象和基本原则、经济法律关系及其保护 ➢ 反不正当竞争法的基本原则、不正当竞争行为 ➢ 消费者权益保护法：消费者的权利、经营者的义务
能力目标	➢ 理解经济法律部门的立法意图及国家对经济的调控和管理 ➢ 学习了解经济法中市场秩序法的主要法律规定的精神，能够识别不正当竞争行为，明确消费者的合法权益，依法保护自身的合法权益

第一节　经济法概述

 引导案例　汽车行驶中气囊突然爆开

案情简介：

保险公司接到被保险人报案称，标的车在行驶中气囊突然爆开，致使司机受轻伤。保险公司立刻到达现场进行勘验，发现车辆并未移动，标的车无明显碰撞痕迹，车上两个气囊爆开。经进一步了解确定，标的车在正常行驶时，气囊突然爆开，致使司机一人受轻伤。从现场情况分析，事故原因属实。因此，根据现场情况，确认本次事故属于车辆的机械电气故障。

案件处理：

根据相关保险条款认定，本次事故损失不属于保险责任范围，现场给予拒赔处理。保险公司人员耐心向客户说明标的车的损失原因属于车辆自身机械电气故障，指引客户向生产厂家进行索赔。

处理依据：

《民法通则》第 122 条，因产品质量不合格造成他人财产、人身损害的，产品制造者、销售者应当依法承担民事责任。运输者、仓储者对此负有责任的，产品制造者、销售者有权要求其赔偿损失。

《产品责任法》第43条，因产品存在缺陷造成人身、他人财产损害的，受害人可以向产品的生产者要求赔偿，也可以向产品的销售者要求赔偿。属于产品的生产者的责任，产品的销售者赔偿的，产品的销售者有权向产品的生产者追偿。属于产品的销售者的责任，产品的生产者赔偿的，产品的生产者有权向产品的销售者追偿。

《中国人民财产保险股份有限公司家庭自用汽车损失保险条款》第 7 条：被保险机动车的下列损失和费用，保险人不负责赔偿：自然磨损、朽蚀、腐蚀、故障等。

案例解析：

在保险公司理赔过程中，不仅要仔细勘察现场，排除报假案、报错案的情况，要仔细分析损害责任是否在保险责任范围之内，还需要具备汽车专业知识，判断损害的造成是否是由于汽车产品质量问题，更需要相关的法律知识，本案是典型的产品质量问题造成的消费者的损失，因此既需要熟知民法的有关规定，还要了解经济法中《产品质量法》的有关规定，这样才能有理有据，依法办事，顺利解决保险理赔纠纷。

经济法是商品经济的产物，是市场经济体制的必然要求。经济法最早产生于西方。在资本主义自由竞争走向垄断后，商品经济极大发展，市场的自发调节机制受到很大影响，市场的"自由放任"原则逐渐转变为"政府适当干预"原则。1890 年，美国颁布的《谢尔曼反托拉斯法》，被视为西方资本主义国家第一部现代意义上的经济法。

随着商品经济的发展，社会经济关系变得越来越复杂，人们在经济交往中，为了个体利益的最大化，以不正当的交易行为，谋取私利而损害他人利益和社会利益的现象不断加剧，影响经济的健康发展，破坏了生态环境，危害人类整体利益，因此，亟需建立完整的经济法律体系予以调整、引导和规范。

我国的经济立法状况：1993 年，八届人大《宪法修正案》确定"国家实行社会主义市场经济"为宪法原则。"国家加强经济立法，完善宏观调控。"党的十四大也明确了"加强宏观经济管理，规范微观经济行为的法律、法规，是建立市场经济体制的迫切要求。"

一、经济法的概念与调整对象

1. 经济法概念

经济法自产生之日起，古今中外学者众说纷纭，是有史以来争议最多的一部法律。

(1) 西方学者：对于经济法的概念，各国学者观点虽各不相同，概括起来，总体包括垄断禁止法论、国家干预经济论、公私法交错论、普遍经济利益论、企业法论、社会法论等观点。但多数学者认为，经济法是以反垄断法为基础和核心形成的国家干预社会经济的产物。日本学者金泽良雄认为，经济法是以"国家之手"(代替市场"无形之手")，来满足各种经济性的，即社会协调性要求而制定的法律。

(2) 我国学者：我国学术界对于经济法的概念亦有很多不同的看法。概括起来，大致包括：新经济行政法论，经济协调关系论，平衡、协调论，需要国家干预论，国家经济管理论等观点，其核心观点就是经济法是国家干预、管理或协调平衡社会经济的产物。综上所述，本书认为，经济法是关于调整经济管理关系和经营协调关系的法律规范的总称。

2. 经济法的调整对象

明确经济法的调整对象的特殊性，是准确了解"经济法"概念的关键，是与其他法律部门相区分的尺度。

(1) 经济法的调整对象的涵义：

经济法是调整特定经济关系的法律。经济法的调整对象是指经济法所干预、管理和调控的具有社会公共性的经济关系，即国家对经济实行宏观调控和微观协调过程中形成的经济法律关系。

宏观调控：是指国家为了实现经济总量的基本平衡，促进经济结构的优化，引导国民经济持续、快速、健康发展，对国民经济总体活动进行的调节和控制。宏观调控旨在弥补市场调节的不足和缺陷，更好地结合人民当前利益与长远利益，将局部利益和整体利益结合起来。

市场调节存在的不足和缺陷：由于市场主体的根本目的在于追求自身经济利益的最大化，因此在利益的驱动下，市场主体不仅可能违背商业道德，不择手段地进行不正当竞争，还有可能通过联合行为来限制或消除竞争，即垄断，因而扰乱正常的经济秩序。

随着华尔街金融危机的爆发，在金融领域这个虚拟经济极大发展的今天，市场经济主体违背诚实信用的基本原则，采取欺诈手段疯狂攫取私有利益，引发金融海啸等事件，令人深思。

(2) 经济法的调整对象的具体内容：

① 宏观调控关系。宏观调控关系的内容包括：经济和社会发展战略目标的选择、战略计划的制定，经济总量的平衡，重大结构和布局的调整；收入分配中公平与效率的兼顾，经济结构的优化以及资源和环境的保护等。以上内容是市场经济中市场调节所解决不好或解决不了的。

现代市场经济的运行是一个极其复杂的过程，东南亚经济危机以及华尔街金融危机的发生，都暴露了"市场之手"自发调节经济的不足和缺陷，任由经济自然发展远远不能适应经济发展的需要，需要"国家之手"的适当干预与促进，我们把这种经济管理关系称为"宏观调控关系"。国家宏观调控所涉及的法律包括，计划法、财政税收法、金融调控法、产业政策法、价格法、会计法和审计法等。

② 市场运行关系。市场运行关系是指经济组织经营、协作、竞争过程中发生的经济关系。平等主体间的协作关系通常由民法调整，如合同法、法人、代理等。竞争是市场经济的必然要求，无竞争就无市场。但是在竞争过程中，不正当竞争、垄断与限制竞争也随之产生，这会导致市场机制失灵，阻碍国家经济的健康发展。因而国家需要规定强制性的法律规范，排除影响公平竞争的障碍，维护经济发展的微观秩序。市场运行关系所涉及的法律包括反垄断法、反不正当竞争法、消费者权益保护法、产品质量法等。

③ 市场主体的组织管理关系。市场主体的组织管理关系是指市场主体的设立、变更、终止及其内部的责、权、利等关系。

实行社会主义市场经济，必须建立活跃的市场主体体系，其中企业或公司是最主要的主体。国家对企业，不能管得太严，又不能撒手不管，以法律手段代替行政手段，规范企业行为，使企业成为自主经营、自负盈亏的合格主体，能动地参与市场活动，改善经营，提高效率，创造财富。我国的国有大中型企业、国家授权经办的企业，是具有中国特色的企业形式，在经济发展中发挥着独特的作用。我国市场主体的组织管理关系所涉及的法律包括企业法，如公司法、全民所有制企业法、中外合资经营企业法、外商投资企业法、企业破产法等。

④ 社会保障关系。市场经济强调效率、兼顾公平，既要克服平均主义，又要保障全体社会成员的基本生活。但市场本身解决不了这个问题，需要由国家出面进行干预，建立互助互济、社会化管理的社会保障制度。我国社会保障关系所涉及的法律主要有劳动法、社会保险法等。

二、经济法的基本原则

经济法的基本原则是贯彻于经济立法、执法和司法的价值准则，是经济法规范之间相互衔接、协调的基础和依据。经济法的基本原则具体包括以下三个方面的内容。

1. 平衡协调原则

平衡协调原则是指经济法的立法、执法要从整个国民经济的协调发展和社会整体利益出发，来协调利益主体的行为，平衡其相互利益关系，以引导、促进或强制实现社会整体发展目标与个体利益目标的统一。

2. 维护公平竞争原则

这是经济法反映社会化市场经济内在要求和理念的一项核心的、基础性的原则。

在经济法的各项制度和具体执法及司法中，都应考虑到维护公平竞争关系。政府的经济管理和市场操作更应该做到公平、公正、公开。

3. 责、权、利、效相统一原则

责、权、利、效相统一原则是指在经济法律关系中各管理主体和经营主体所承受的权利(力)利、利益、义务和职责必须相一致，不应当有脱节、错位、不平衡等现象存在。

三、经济法律关系及其保护

经济法律关系是指在国家协调经济运行过程中由经济法律规范调整而形成的经济社会关系。

(一) 经济法律关系的构成

1. 经济法律关系的主体

经济法律关系的主体是指经济法律关系的参加者，在公共管理、维护公平竞争、组织管理性流转与协作等法律关系中，依法享有一定权利(力)、承担一定义务的"当事人"。具体包括：

(1) 经济管理主体，如行政机关、司法机关、依法授权的经济管理组织或特殊企业等。
(2) 经济活动主体，如社会经济组织、各类公司、企业、个体承包租赁企业的个人等。

经济活动主体的资格是指当事人所具有的参加经济法律关系，享有经济权利和承担经济义务的资格与能力，具有法定性。

2. 经济法律关系的内容

经济法律关系的内容是指经济法律关系的主体所享有的经济权利、拥有的经济权力和承担的经济义务。

(1) 经济权利。经济权利是指经济法律关系主体依据法律或合同约定而获得的权利，如财产所有权、经营管理权、请求权。请求权是指主体的合法权益受侵犯时，依法享有的要求侵权人停止侵权行为和要求国家机关保护其合法权益的权利。请求权包括要求赔偿权、请求调解权、申请仲裁权和经济诉讼权等。此外，监督权、举报权、知情权也是经济法律关系主体的权利。

(2) 经济权力。经济权力是指作为经济法主体的经济主管部门所拥有的各种权力总和，其内容包括经济组织权力、经济支配权、经济强制权、经济处罚权、经济监督权等。经济法律规范要求行使经济权力时具有合法性，不得与宪法、法律抵触，不得滥用职权。

(3) 经济义务。经济义务是指经济法律关系主体为满足权利(力)主体的要求，依法为或不为一定的行为。其中包括：

① 国家和政府机关的义务，分为一般性的和服务性的义务两大类；

② 市场活动主体的义务有守法经营、公平竞争、接受监督以及经济组织内部义务。

3. 经济法律关系的客体

经济法律关系的客体是指经济法律关系主体享有的经济权利和承担的经济义务所共同指向的对象。经济法律关系的客体包括下面三种类型。

(1) 物。物是指可以为人们控制和支配的、有一定经济价值的、以物质形态表现出来的物体。根据实践需要的不同，物可分为不同的种类：生产资料和生活资料；自由流通物与限制流通物；特定物与种类物；主物与从物；原物与孳息；货币和有价证券等。

(2) 经济行为。经济行为是指经济法主体为达到一定的经济目的所进行的经济活动。经济行为包括经济管理行为、完成一定工作的行为和提供一定劳务的行为。

(3) 智力成果。智力成果是指能为人们带来经济价值的独创的脑力劳动成果，智力成果包括专利权、商标权、专有技术权等。

(二) 经济法律关系的发生、变更和终止

经济法律关系处在不断的发生、变更和终止的运动过程中。它的发生、变更和终止需要具备一定的条件，其中最主要的条件有法律规范和法律事实。然而国家经济法律规范的颁布和实施，并不必然引起经济法律关系的发生变更和终止，但法规与具体经济法律关系之间的连接点就是法律事实。经济法的法律事实包括：

(1) 法律事件。法律事件包括不可抗力、自然灾害、战争。

(2) 法律行为。法律行为包括合法行为、违法行为，以及政府相应的管理机关等的职能管控行为。

(三) 经济法律关系的保护

在整个国民经济生活中，经济法对经济法律关系的保护，既可以通过监督经济法律关

系的参加者，正确行使权利(力)和切实履行义务中得到体现，也可以通过严格执法来保护权利主体的合法权益，来保护经济法律关系。国家在法律规范中规定了经济法律关系的监督和保护的同时又规定了各种保护方法。

1. 经济法律关系的监督保护机构

(1) 国家经济领导机关及其他职能部门。国家经济领导机关有权对全国的或者所属的经济部门和经济组织进行经济监督，对违反国家计划和对经济建设造成损害的单位，有权依法进行处理，有权责令整顿或进行其他必要的行政制裁。国家有关主管部门对市场竞争行为予以规制，反垄断及反不正当竞争、保护消费者合法权益、保障良好有序的市场竞争秩序。

(2) 审计机构。我国宪法规定国家建立审计机构，对国家各级财政进行监督。审计机构代表国家行使审计监督权，对国家财政财务进行审计监督。审计监督的目的，是要维护国家财政经济秩序，促进廉政建设，以促进改善经营管理，提高经济效益。

(3) 其他职能部门的经济监督。其他职能部门主要是指统计、会计、财税、银行、物价等部门对国民经济管理或社会经济活动所进行的监督和管理。这种经济监督具有法律的强制性。

(4) 仲裁机构。双方当事人发生经济争议时，一般应当先进行协商解决，协商不成时，可以由有关部门进行仲裁。

(5) 经济审判机构。人民法院通过行使审判权，保护经济法主体的合法权益。

2. 保护经济法律关系的方法

(1) 经济制裁。常用的方法有赔偿经济损失，交付违约金等。

(2) 经济行政制裁：是指行为人尚未构成犯罪，由国家行政机关依法给予的经济性质的行政处分。

(3) 经济刑事制裁：是指对违反经济刑法造成严重后果的经济犯罪分子，由法院给予的刑事制裁。

第二节 反不正当竞争法

 引导案例 保险费收入的支配合理吗？

案情简介：

中国人寿保险公司安庆城区支公司(以下称人保支公司)与安庆市建筑工程管理局(以下称市建工局)商定，由该建筑工程管理局指定在建筑工程招投标中中标的建筑施工企业到人保支公司办理建筑工程意外伤害险。作为回报，人保支公司将此项保险费的部分收入付给市建工局。1998年8月至2001年8月的3年间，人保支公司实现建筑工程意外伤害保险收入近300万元，其他推销该险种的保险公司却未能成功。

为了能够将此项保险费的部分收入回报给市建工局，人保支公司将这些保险费收入一分为二，一部分以建筑工程企业投保的建筑工程意外保险入账，另一部分则伪造成意外还本险、福瑞两全险等还本性质的险种入账，将这些险种的保费以期满还本的方式发给了市建工局。至案发止，人保支公司在其近300万元的保险费收入中，已付给市建工局近48万元。市建工局未将此款反映在其行政事业经费收支的财务账上。

案例解析：

本案是典型的商业贿赂案。该商业贿赂行为是以"帐外暗中"给予和收受回扣的方式进行的。根据商业贿赂的构成要件，无论保险公司给予建筑工程管理局的贿款是否入账，都不影响对这起商业贿赂行为的认定。因为保险公司之所以付给建筑工程局好处费，目的是不公平地获取交易机会。

安庆市工商局依据反不正当竞争法第22条规定，对中国人寿保险公司安庆城区支公司开展"建筑工程意外伤害保险业务"中实施的商业贿赂行为作出罚款10万元和没收违法所得48万元的行政处罚决定。我国近几年出现了很多涉及跨国公司如家乐福、朗讯、沃尔玛、西门子的商业贿赂案件。但是，这些案件大多是通过外国的司法机构和适用的外国法，如美国的《海外反腐败法》而遭到曝光的。

一、反不正当竞争法概述

竞争是商品经济的伴生现象。有商品经济就必然有市场竞争，有市场竞争也就必然有正当竞争和不正当竞争。不正当竞争不仅是对其他正当竞争者利益的侵害，更是对市场秩序的破坏。现代意义上的反不正当竞争法发端于美洲。1889年加拿大颁布的《禁止限制性的合并法》是第一部现代意义上的反不正当竞争法。1890年美国参照加拿大的立法，制定了《谢尔曼反托拉斯法》。

我国于1993年9月颁布的《反不正当竞争法》(1993年12月1日正式生效)是新中国第一部反不正当竞争法，也是我国第一部规范市场秩序的法律。它在内容上共有5章33个条款，规定了总则、不正当竞争行为、监督检查机关及其权限，此外，还规定了违法者应承担的法律责任。

我国至今没有颁布反不正当竞争法实施细则，为了使这部法律具有可操作性，国家工商行政管理局对该法某些条款发布了细则性规定，具体包括：

《关于禁止有奖销售活动中不正当竞争行为的若干规定》(1993.12)；

《关于禁止公共企业限制竞争行为的若干规定》(1993.12)；

《关于防止仿冒知名商品特有的名称、包装、装潢的不正当竞争行为的若干规定》(1995.7)

《关于禁止侵犯商业秘密行为的若干规定》(1995.11；1998.12修订)；

《关于禁止商业贿赂行为的暂行规定》(1996.11)

在维护市场公平竞争秩序方面，我国颁布的相关法律还包括：

《商标法》(1982年通过；2001年修订)；《专利法》(1984年通过；2008年最新修订)；《计量法》(1985)；《民法通则》(1986)；《标准化法》(1988)；《著作权法》(1990年通过；2001年修订)；《产品质量法》(1993；2000)；《广告法》(1994)；《刑法》(1994修订)。

1. 反不正当竞争法的概念

(1) 不正当竞争是指经营者违反《反不正当竞争法》的规定，损害其他经营者的合法权益，扰乱社会经济秩序的行为。

(2) 反不正当竞争法。反不正当竞争法的定义有广义和狭义之分。广义的反不正当竞争法是指调整市场竞争过程中因规制不正当竞争行为，而发生的各种社会关系的法律规范的总称。狭义的反不正当竞争法是指《反不正当竞争法》以及相关的行政规章。

2. 反不正当竞争法的基本原则

反不正当竞争法的基本原则有：自由竞争原则、正当竞争原则、规制竞争原则。

3. 反垄断法和反不正当竞争法的关系

我国在 1993 年 9 月颁布的《反不正当竞争法》，主要保护受不正当竞争行为损害的善意经营者的利益，维护公平竞争的市场秩序，保护消费者的利益。从这个意义上说，反不正当竞争法的价值理念是保护公平竞争。

反垄断法的目的是保证市场上有足够的竞争者，保证消费者在市场上有选择商品或服务的权利。反垄断法的价值理念是保护自由竞争。

反不正当竞争法和反垄断法作为维护市场竞争秩序的两种法律制度，在功能上相辅相成，都是市场经济不可缺少的法律制度。

二、不正当竞争行为

《反不正当竞争法》第 2 条规定："本法所称的不正当竞争，是指经营者违犯本法规定，损害其他经营者的合法权益，扰乱社会经济秩序的行为。"

《反不正当竞争法》第 5 条至第 15 条，以列举的方式指出了 11 种不正当竞争行为：

1. 欺骗性交易行为

欺骗性交易行为又称为商业假冒行为，是指经营者在市场经营活动中，采用虚假不实的不正当手段从事商业欺诈并牟取非法利益的行为。

欺骗性交易行为的构成要件为：

(1) 假冒他人注册商标的行为；

(2) 假冒或者仿冒知名商品特有的名称、包装、装潢的行为；

(3) 擅自使用他人的企业名称或者姓名，引人误以为是他人商品的行为；

(4) 在商品上伪造或者冒用认证标志、名优标志等质量标志，伪造产地，对商品质量作引人误解的虚假表示的行为。

这种欺骗性交易行为是一种常见的不正当竞争行为，其最基本的特征是在商业活动中夸大事实、隐瞒真象、以假充真、混淆视听，并以此达到削弱竞争对手、牟取非法利益的目的。

2. 滥用市场支配地位限制竞争行为

滥用市场支配地位限制竞争行为是指公用企业或者其他具有独占地位的经营者，滥用市场支配地位限制竞争的行为。其构成要件为：

(1) 行为主体是公用企业或者依法具有独占地位的经营者；

(2) 行为主体从事了侵害其他经营者公平竞争的行为；

(3) 行为人主观上有过错。

3. 滥用行政权力限制竞争行为

滥用行政权力限制竞争行为是指政府及其所属部门滥用行政权力所实施的使某些经营者得以垄断，从而排斥、限制或者干涉其他竞争者合法竞争的行为，又称为行政垄断。

滥用行政权力限制竞争行为的构成要件为：

(1) 行为主体是政府行政机关；

(2) 主体采用了滥用行政权力限制竞争的行为；

(3) 侵害了其他经营者公平竞争的机会。

4. 商业贿赂行为

商业贿赂行为是指经营者为销售或者购买商品，而采用财物或者其他手段贿赂对方单位或者个人的行为。

商业贿赂行为的构成要件为：

(1) 行为主体是经营者以及与经营者存在交易关系的对方单位或者个人；

(2) 经营者实施了商业贿赂行为；

(3) 商业贿赂的目的是为了排挤竞争对手而销售或者购买商品。

实践中，经营者行贿的最重要的方式是给予对方"回扣"。除了"回扣"，经济学上还经常使用的一个名词是"折扣"。当交易对手是批量购买，或在季节性减价的情况下，价格折扣是经营者招徕客户的主要手段。

《反不正当竞争法》第 8 条："经营者销售或购买商品，可以以明示方式给对方折扣，可以给中间人佣金。经营者给对方折扣、给中间人佣金的，必须如实入账。接受折扣、佣金的经营者必须如实入账。"

回扣是以秘密方式即"账外暗中"进行，目的是使买方经办人或业务员个人得到好处。往往是不入账、转入其他财务账、作假账等。商业贿赂行为破坏了正常的交易秩序和竞争秩序，是商业腐败和政治腐败的一种表现。

5. 虚假宣传行为

虚假宣传行为是指经营者利用广告或者其他方法，对商品或者服务内容做出与实际情况不符的宣传，导致消费者上当受骗或者陷于错误认识的行为。

虚假宣传行为的构成要件为：

(1) 行为主体是经营者；

(2) 行为主体实施了虚假宣传行为；

(3) 虚假宣传行为可能致使消费者上当受骗或者陷于错误认识。

《反不正当竞争法》第 9 条规定："经营者不得利用广告或者其他方法，对商品的质量、制作成分、性能、用途、生产者、有效期限、产地等做引人误解的虚假宣传。"

《广告法》第 4 条规定："广告不得含有虚假的内容，不得欺骗和误导消费者。"

6. 侵犯商业秘密行为

侵犯商业秘密行为是指以盗窃、利诱、胁迫或其他不正当手段，获取权利人的商业秘密或者非法披露、使用或允许他人使用，以不正当手段获取的商业秘密的行为。

侵犯商业秘密的构成要件为：

(1) 权利人拥有商业秘密的事实；

商业秘密是指不为公众所知悉、能为权利人带来经济利益、具有实用性并经权利人采取保密措施的技术信息和经营信息，具有秘密性、价值性、实用性等特征。

(2) 权利人对商业秘密已采取保密措施；

(3) 经营者实施了侵犯商业秘密的行为。

侵犯商业秘密行为是一种常见的不正当竞争行为，因为在现代社会，商业秘密是一个经营者立足市场、参与竞争和谋取利润的极为重要的"资本"，而侵犯他人商业秘密的行为人，则通过不正当的途径或采用不正当的方法窃取、传播或使用他人的商业秘密，损害他人的经济利益或商业信誉，在使他人受损害的同时自己却从中获得非法利益，破坏了正常的竞争秩序。

我国在保护商业秘密方面采用了国际上最先进的"宽保护"，即获取商业秘密的所有不正当手段，都构成违法行为。其中表现最多的就是权利人的职工违反保密约定，侵犯权利人的商业秘密的行为，这里主要指企业的技术人员或者管理人员的"携密跳槽"行为。

在工商总局 1995 年发布的《关于禁止侵犯商业秘密行为的若干规定》中将"携密跳槽"确定为侵犯商业秘密的行为。国家劳动部 1996 年发布的《关于企业职工流动若干问题的通知》、2008 年生效的《劳动合同法》中都有关于"携密跳槽"问题的相关规定。

7. 低价倾销行为

低价倾销行为是指经营者以排挤竞争对手为目的，而采取的以低于成本的价格销售商品的不正当竞争行为。

低价倾销行为的构成要件为：

(1) 行为主体是处于卖方地位的经营者；

(2) 经营者实施了低价倾销行为；

(3) 行为的目的是排挤竞争对手以独占市场。

低价倾销行为主要有两种表现：一是不当有奖销售行为。它是以给予客户一定的物质或其他利益的奖励为手段达成交易，其中"一定的物质或其他利益"超过了法律规定的许可范围。二是低价倾销行为。这种行为的反竞争性十分明显，因为这种行为的实施，有一个明显的特征就是低价倾销总是以排挤或挤垮竞争对手为目的。表面上，销售者是亏本的，但当他占领市场后，却会变本加利地赚取垄断利润。

8. 附加不合理条件的销售行为

附加不合理条件的销售行为是指经营者在销售商品或者提供服务时，违背购买人和接受服务者的意愿，强行要求购买者或者接受服务者购买搭配商品或者接受附加的不合理条件的行为。

附加不合理条件的销售行为的构成要件为：

(1) 经营者实施了附加不合理条件的行为；

(2) 经营者实施附加不合理条件的行为借助了经济上的优势；

(3) 搭售或者附加其他不合理的条件是交易对方不愿接受的。

9. 不正当有奖销售

不正当有奖销售是指经营者在销售商品或者提供服务时，以欺骗或者其他不正当的手段附带性地向购买者提供物品、金钱或者其他经济上的利益的行为。

不正当有奖销售行为包括：

(1) 欺骗性有奖销售；

(2) 利用有奖销售推销质次价高商品；

(3) 奖金额超过 5000 元的抽奖式有奖销售。

10. 商业诋毁行为

商业诋毁行为又称为商业诽谤行为，是指经营者捏造、散布虚假事实，损害竞争对手的商业信誉和商品声誉，以削弱竞争对手的竞争力而为自己取得竞争优势和谋取不当利益的行为。

商业诋毁行为的构成要件为：

(1) 行为主体是经营者；

(2) 经营者实施了商业诋毁行为：捏造、散布虚伪事实，或对于真实事件采用不正当的说法，如对比广告；

(3) 诋毁是行为人故意针对特定竞争对手的行为。

商业诽谤行为是故意损害、贬低他人的商誉，侵害他人商誉权的行为。这也是一种典型的不正当竞争行为，它通过对他人的商誉的损害，贬低他人以抬高自己，削弱他人的竞争能力，使自己在竞争中处于有利地位。

11. 串通招投标行为

串通招投标行为是指在招标投标过程中，投标人之间私下串通抬高标价或者压低标价，共同损害招标人利益；或者招标人与投标人相互勾结，共同排挤其他投标人利益的行为。

串通招投标行为的构成要件为：

(1) 行为主体是招投标人；

(2) 招投标人实施了串通招投标的行为；

(3) 串通招投标的中标无效。

三、不正当竞争行为的监督检查和法律责任

1. 司法机关

不正当竞争行为的监督检查的司法机关，主要指最高人民法院和各级人民法院，其主要职责是：

(1) 处理有关民事纠纷，如经营者根据《反不正当竞争法》第 20 条规定，提请损害赔偿之诉；

(2) 依法追究不正当竞争行为人的刑事责任；

(3) 处理经营者不服行政机关处罚决定的行政争议。

2. 行政机关

不正当竞争行为的监督检查的行政机关有：

(1) 县级以上人民政府的工商行政管理部门；

(2) 县级以上依照法律、行政法规规定的其他职能部门，如知识产权局、证监会、卫生

局、国家质量技术监督局、商务部等。监督检查部门在监督检查不正当竞争行为时享有下列职权：问询权、查询复制权、检查权、处罚权等。

3. 法律责任

违反《反不正当竞争法》涉及的法律责任包括民事责任、行政责任和刑事责任。

第三节　消费者权益保护法

一、消费者权益保护法概述

我国 1993 年 10 月颁布了《消费者权益保护法》(以下简称《消法》)，1994 年 1 月 1 日正式生效。

(一) 消费者的涵义

1. 消费者

消费者是指为生活消费需要而购买、使用商品或者接受服务的人。

《消费者权益保护法》第 2 条规定："消费者为生活消费需要购买、使用商品或者接受服务，其权益受到保护。"消费者作为消费主体，其范围包括一切进行生活消费的个人和消费全体。

2. 消费者的法律特征

(1) 消费者的消费性质属于生活消费，包括物质方面的消费，如衣、食、住、行等；还包括精神消费，如旅游、文化、教育等。

(2) 消费者的消费客体是商品和服务。商品指的是与生活消费有关的并通过流通过程推出的那部分商品，包括加工、未加工的；动产、不动产。

(3) 消费者的主体包括公民个人和进行生活消费的单位。

《消法》附则中规定农民购买生产资料参照《消法》适用。原因是农民购买农业生产资料的目的主要是为了满足自己的生活需要，特别是农民是弱势群体之一，需要特别的保护。

(二) 消费者权益保护法

1. 消费者权益保护法的概念

消费者权益保护法是调整消费者与经营者在市场经济活动中所发生的、有关消费者权益争议关系的法律规范的总称。广义上的消费者权益保护法包括所有有关保护消费者权益的法律、法规，如《产品质量法》、《反不正当竞争法》等。

2. 消费者权益保护法的基本原则

消费者权益保护法的基本原则是指消费者权益保护法律规范，所体现的指导思想和基本准则。主要包括：

(1) 对消费者特别保护的原则；

(2) 消费者保护与社会协调发展的原则；

(3) 鼓励社会监督的原则。

二、消费者权利和经营者义务

1. 消费者的权利

(1) 安全保障权：是指消费者有权要求经营者提供的商品和服务符合保障人身、财产安全的要求，又称"安全权"，包括人身安全权和财产安全权两个方面，这是消费者最重要的权利。

(2) 知情权：是指消费者享有知悉其购买、使用商品或接受服务真实情况的权利。

这里指的真实情况包括：一是商品或者服务的真实来源；二是关于商品或者服务本身的真实信息，包括价格、用途、性能、规格、等级、主要成分、生产日期、有效期限、检验合格证、安全方法说明、售后服务以及服务的内容、规格、费用等有关情况。知情权是消费者权益的重要保障。

(3) 选择权：是指消费者有权根据自己的消费需求、意向和兴趣，自主选择自己满意的商品或服务。选择权是消费者的基本权利，其法理依据是民法的自愿原则。

《民法通则》第 4 条规定："民事活动应当遵循自愿、公平、等价有偿、诚实信用的原则。"在现实生活中，损害消费者选择权的案件大多发生在公用企业的身上。

(4) 公平交易权：是保障消费者能够以自己所付的价款得到同等价值的商品或服务，即"物有所值"。主要表现为：有权获得质量保障、价格合理、计量正确等公平交易条件，且有拒绝经营者强制交易的权利。

(5) 求偿权：消费者因购买、使用商品或接受服务受到人身、财产损害的，享有依法获得赔偿的权利。

由于民事诉讼的举证原则是"谁主张，谁举证"，消费者求偿时，就应当有证据，因此，要注意索要并保存购货凭证、服务单据，或维修情况、三包凭证等。

(6) 结社权：消费者享有依法成立维护自身合法权益的社会团体的权利，如消费者协会。其目的在于通过集体的力量来维护相对弱小的公民个人的合法权益。

(7) 获取知识权：消费者享有获得有关消费和消费者权益保护方面的知识的权利。消费者自身应当努力掌握所需商品或者服务的知识和使用技能，正确使用商品，提高自我保护意识。

(8) 受尊重权：消费者在购买、使用商品时，享有其人格尊严、民族风俗习惯得到尊重的权利。消费者在消费过程中，不受非法搜查、检查、侮辱、诽谤。

例如，超市保安人员即使掌握了顾客偷窃的证据，也只能将其送往司法机关，无权对顾客进行搜身或拘禁。

(9) 监督权：消费者享有对商品和服务以及保护消费者的工作进行监督的权利。

监督权表现为：一是有权检举、控告侵犯消费者权益的行为；二是有权检举、控告国家机关及其工作人员在保护消费者权益工作中的违法失职行为，有权对保护消费者权益的工作提出批评、建议。

《消费者权益保护法》第 6 条规定："保护消费者的合法权益是全社会的共同责任。国家鼓励、支持一切组织和个人对损害消费者合法权益的行为进行社会监督。大众媒体应当做好维护消费者合法权益的宣传，对损害消费者合法权益的行为进行舆论监督。"

2. 经营者的义务

(1) 依法定或者约定履行义务：经营者应依法律、法规的规定履行义务，依约定履行的，约定不得违背法律、法规。

(2) 接受监督的义务：经营者应当听取消费者对其提供的商品或者服务的意见，接受消费者的监督。

(3) 保证安全的义务：是指经营者在经营场所对消费者、潜在的消费者或者其他进入服务场所的人的人身、财产安全依法承担的安全保障义务。

(4) 提供真实信息的义务：经营者应提供真实信息，不得做虚假宣传。

(5) 标明经营者真实名称和标记的义务：租赁他人场地或柜台的，应标明真实名称和标记。展销会举办者、场地和柜台提供者亦应加强监督。

(6) 签发凭证或者单据的义务：经营者应主动提供，顾客索要的凭证或单据，经营者必须出具。

(7) 保障产品质量的义务：商品若存在瑕疵应事先告知。

(8) 承担"三包"义务：按国家规定或与消费者的约定，承担包修、包换、包退或者其他责任的，应当按规定履行，不得无故拖延。

(9) 不得进行不当免责：严格遵守公平交易的义务，不得以格式合同、通知、声明、店堂告示等方式作出对消费者不公平、不合理的规定，或者减轻、免除其损害保护消费者合法权益应当承担的民事责任。

(10) 尊重消费者人格：消费者依法享有人身权，经营者不得以任何理由侵犯消费者的人身权利，不得对消费者进行侮辱、诽谤，不得搜查消费者的身体及其携带的物品，不得侵犯消费者的人身自由。

三、违反消费者权益保护法的法律责任

1. 消费者权益的保护

(1) 消费者权益的国家保护。我国消费者权益的国家保护主要体现为立法保护、行政保护和司法保护。

(2) 消费者权益的社会保护。消费者组织是指由消费者自发组织起来，或者由国家机关以外的其他社会团体组建而来，依法成立的、对商品和服务进行社会监督的、保护消费者合法权益的非营利性社会组织。此外，广播、电视、报刊、网络等大众传播媒介亦起到舆论监督的作用。

(3) 消费者争议的解决。消费者争议的解决又称为消费救济程序，是指为解决消费争议所适用的手段和途径。我国的消费救济程序主要有：协商和解、消费者协会调解、行政申诉、申请仲裁、提起诉讼。

2. 违反消费者权益保护法的法律责任

(1) 责任主体的确定。违反消费者权益保护法一般是商品生产者和销售者，并且二者共负连带责任。

(2) 惩罚性赔偿——双倍赔偿。《消法》第 49 条规定："经营者提供商品或服务有欺诈行为的，应当按照消费者的要求增加其受到的损失，增加赔偿的金额为消费者购买商品的价格或者接受服务的费用的一倍。"

📖 思考练习题

一、名词解释

1. 经济法；2. 反不正当竞争法；3. 消费者权益保护法。

二、简答题

1. 如何理解经济法的调整对象和基本原则？
2. 经济法律关系的构成要素及经济法律关系的保护。
3. 反不正当竞争法规定的不正当竞争行为。
4. 消费者的权利和经营者的义务。

三、案例分析

1996 年，我国民法学家何山以 2900 元的价款在某商行购买了两幅落款为"悲鸿"的国画，商行保证它们是徐悲鸿先生的真迹，并开具了 700 元和 2200 元的发票。后何山怀疑这两幅画是赝品，诉诸北京市西城区人民法院。法院审理后查明，这两幅画均为非法临摹的仿制品。

问题：本案应如何处理？处理的法律依据是什么？

第四章 民 商 法

在汽车保险理赔过程中，不仅涉及到财产权利，还会涉及到人身权利以及侵权责任等。在道路交通安全法的实施过程中，也会涉及到相当多的民事法律规定，如公民的民事二权能、监护、代理、物权、债权(合同之债、侵权行为之债)、继承权等，几乎涵盖了民法的所有内容，而这些内容都需要保险从业人员掌握。

	学 习 目 标
知识目标	➤ 民法的概念和调整对象、民法基本原则、民事权利与民事义务 ➤ 民事主体制度、物权制度、债与合同制度、民事行为制度 ➤ 民事侵权责任制度、保险法与民商法
能力目标	➤ 理解民法基本原则，了解民法的主要内容，培养法律思维习惯 ➤ 明确民事法律关系及其构成，养成自觉依法办事工作习惯 ➤ 了解民事责任、侵权民事责任及其与保险理赔工作的关系

第一节 民商法概述

 引导案例 该人身保险合同是否有效?

案情简介：

2009 年 3 月，孙耀两周岁时母亲病逝。之后，孙耀随舅舅一家人生活。他的日常所需费用主要由在美国的父亲承担。2011 年 5 月，孙耀的父亲回国，之后，孙耀与其父亲一起生活。此前，他的舅舅为他买了一份少儿平安险，并指定自己为受益人。孙耀跟父亲一起生活不久，在一起交通事故中身亡。事发后，孙耀的舅舅及时向保险公司报案，要求给付保险金，但保险公司以孙耀的舅舅对孙耀不具有保险利益为由拒绝给付，孙耀的舅舅申领保险金不成，将保险公司告至人民法院，请求法院判令保险公司向其给付保险金。

案例思考：

本案涉及到的法律规定很多，包括保险利益、代理、抚养、监护、无民事行为能力人等一系列的法律规定。

在西方历史上有的国家是民商法分立，有的国家是民商法合一。但是随着商品经济的不断发展，商业发展的普遍化，民商法合一已成为大多数国家的立法趋势。

我国亦是坚持民商法合一的立法趋势，简单来说，民法是一般法，商法是特别法，民商法是调整民事和商事活动的法律规范的总称。我国目前尚无一部较完整的民法典，而是以《民法通则》为核心法律，辅之以其他单行民事法律法规。民法对商法具有指导的意义，而商法对民法具有补充、变更、限制的作用。坚持民商法合一，立法上，民法之外不再单独制定商法典，而是辅之以单行的商事法律；民法典总则适用于商事特别法，商事单行法有优于民法典使用的效力。

我国保险法的法律地位是归属于商法体系的，但由于商法从属于民法，作为民法的特殊法出现，这样又决定了保险法与民法密不可分的内在联系。

民法通则所规定的民事主体制度、民事客体制度、民事行为制度，以及作为债权制度主要内容的合同法律制度，都是学习保险法所必须明确的内容，在工作生活实践中也是经常会涉及，需要保险从业人员深入理解和掌握。

一、民法概述

《中华人民共和国民法通则》1986 年 4 月 12 日第六届全国人民代表大会第四次会议通过，自 1987 年 1 月 1 日起施行。1980 年 9 月 10 日五届人大第三次会议通过《中华人民共和国婚姻法》，2001 年 4 月 28 日九届人大常委会第二十一次会议通过了修正《关于修改〈婚姻法〉的决定》。1985 年 4 月 10 日六届人大第三次会议通过了《中华人民共和国继承法》，1985 年 10 月 1 日起施行。2007 年 3 月 16 日十届人大第五次会议通过了《中华人民共和国物权法》，2007 年 10 月 1 日正式实施，它是民法的核心内容，具有重要意义。2009 年 12 月 26 日十一届人大第十二次会议通过《中华人民共和国侵权责任法》，于 2010 年 7 月 1 日起实施，这是民法法典化进程的重要一步。

1. 民法的概念和立法目的

(1) 民法的概念。民法是调整平等主体的公民之间、法人之间、公民和法人之间的财产关系和人身关系的法律规范的总称。

(2) 民法的立法目的：

我国《民法通则》第 1 条将"保护公民、法人合法的民事权益"作为其首要任务。民法是以权利为中心的规范体系，我国民法的一切制度都是以权利为中心建立起来的。

例如《民法通则》依次规定了民事权利的主体，取得和行使民事权利的方式，民事权利的种类，民事权利的保护方式，民事权利保护的时间限制等内容，完全是一个以民事权利为中心的体系。因此我国民法是民事权利本位，而不是义务本位或者社会本位。

我国民法体系包括：主体制度、物权制度、债和合同制度、人格权制度、知识产权制度、侵权责任制度、财产继承制度等。

2. 民法的调整对象与特征

民法的调整对象是指民法所调整的社会关系，民法调整的是平等主体间的人身关系和财产关系。民法的特征包括以下两个方面：

(1) 民法的准则。民法只是用法律的形式表现了社会的经济生活条件，调整平等主体间的关系，是民法的本质特征。

① 民法调整的是平等主体之间的财产关系。财产关系是指在物质资料生产、分配、流转和消费过程中所形成的以财产为直接内容的经济关系。民法确认并赋予了民事主体广泛的财产权。财产权包括物权和债权两大类。

物权是静态的权利，财产的占有、支配等财产占有方面的权利，财产所有权是最充分的物权。

债权，是动态的权利，财产的交换和分配等财产流通方面的权利，典型的债权是合同之债。

② 民法调整的对象还包括平等主体之间的人身关系。人身关系是与人身不可分离而又不具有直接物质利益内容的社会关系。民法赋予民事主体的人身权包括人格权和身份权。

人格权包括生命健康权、人身自由权、姓名权、名誉权、肖像权；身份权包括著作权、发明权、商标专用权中的人身权、受抚养权、监护权。

(2) 民法是权利法，这是各国各个不同时期的民法所坚持的基本共性。

民法最基本的职能是对民事权利的确认和保护，民法确认了民事主体享有的人格权，同时赋予了主体广泛的财产权，如债权、物权、知识产权、继承权等。并为这些权利提供了充分的保护。民法以权利为核心，通过民事权利的保障维护个人的人格尊严、价值以及生活的安定，同时还扩大到对宪法及其他法律所确认的公民享有的各种经济文化权利(如劳动权、自由权、环境权、受教育权、休息权等)的保障，当公民的权利受到侵害时，均可借助侵权责任法获得救济。

3. 民法的基本原则

(1) 平等原则。

《民法通则》第 3 条："当事人在民事活动中的地位平等。"这是民事法律关系的本质特征，是民法区别于其他法律的主要标志。

(2) 私法自治原则。

私法自治原则又称"意思自治原则"，是指法律确认民事主体可以自由地基于其意志进行民事活动的基本准则。它在民法各项基本原则中处于核心地位。

(3) 公平原则。

公平原则是正义的道德观在法律上的体现，具有重要意义。民事主体在民事活动中依照公平原则活动，立法者和裁判者在立法和司法活动中更加应当维持民事主体间的利益均衡。

根据民法上的公平原则，当民事主体之间的利益关系因非自愿原因失去平衡时，应该依据公平原则给与特定当事人调整利益的机会。理解和适用公平原则不能仅仅着眼于利益衡量，还要考查利益失衡的原因。法谚曰"对心甘情愿者不存在不公正"，可见公平原则是对意思自治原则的有益补充。

(4) 诚实信用原则。

诚实信用原则要求民事法律关系的主体，应忠诚、守信，做到谨慎维护对方的利益、满足对方的正当期待、给对方提供必要的信息。在缔约时，诚实并不欺不诈，在缔约后，守信并自觉履行义务。民法上的诚实信用原则，是伦理道德准则在法律上的体现。

(5) 公序良俗原则。

公序良俗是公共秩序和善良风俗的合称。公序良俗原则包括两层含义：一是从国家角度定义公共秩序；二是从社会角度定义善良风俗。要求遵守法律、社会公德，不得损害社会公共利益，公序良俗原则是传统民法以及现代民法的一项重要的法律原则，确保社会正义和伦理秩序，是一切民事活动都应当遵循的原则。在现代市场经济社会，它有维护国家社会一般利益及一般道德观念的重要功能。

二、民事法律关系

（一）民事法律关系的概念

1. 明确民事法律关系的重要性

在社会生活中，人与人之间必然发生各种类型的社会关系。民事法律关系是指民法规定的人与人之间的关系，是民法的基本概念。民事法律关系是整个民法逻辑体系展开与构建的基础。民法学在一定意义上就是民事法律关系之学，是以研究民事法律关系的各项要素以及民事法律关系的变动为主要内容的。

2. 民事法律关系的概念

民事法律关系是指由民事法律规范调整所形成的以民事权利和民事义务为核心内容的社会关系，是民法所调整的平等主体之间的财产关系和人身关系在法律上的表现。

民事法律关系的特征体现为：民事法律关系是社会关系的法律化，是具有可诉性的社会关系，具有一定程度的任意性。

（二）民事法律关系的构成要素

1. 民事法律关系的主体

民事法律关系的主体是指参加民事法律活动，享有民事权利和承担民事义务的当事人。包括自然人、法人、其他组织和国家等。

2. 民事法律关系的客体

民事法律关系的客体是指民事权利和民事义务共同指向的对象，包括物、行为和智力成果以及商业标志、人身利益和权利。

例如，所有权、用益物权法律关系的客体是物；担保物权法律关系的客体可以是物也可以是权利，如权利质押；债权法律关系的客体是行为；人身权法律关系的客体是人身权利；知识产权法律关系的客体是智力成果以及商业标志。

3. 民事法律关系的内容

大多数民事法律关系并不是由单一的关系组成的，而是一个由各种法律上相互联系的关系组成的综合体，它是一个整体，是一种"结构"。民事法律关系的内容，主要包括民事主体所享有的权利、可以行使的权力、承担的义务以及受到的其他法律约束等。其中，民事权利和民事义务是民事法律关系的核心内容。

民事权利和义务既相互对立，又相互联系。权利的内容是通过相应的义务来表现的，义务的内容是由相应的权利来限定的。

(1) 民事权利。民事权利包括：① 免受他人侵扰的自由；② 做出自主决定或向他人提出积极主张的自由；③ 受法律保障的并以国家公权力予以保护的自由。

(2) 民事主体可行使的权力。民事主体可行使的权利属于私法上的权力，如监护关系中，监护人对被监护人享有的监护权；代理关系中，代理人享有的代理权；公司法中，公司的经营者享有的经营管理权等。但这种权力与民事权利不同，这种权力的享有者和行使者行使权力时，并非直接为自己谋取利益，而是服务于他人的利益，私法上的权力在这一点上与公权力类似。

(3) 民事义务。民事义务是一种法律上的拘束，基于法律上的规定或当事人的意志产生，通常是要求民事主体为一定行为或不为一定行为，目的是满足相对人目的的实现。

例如，买卖合同中，当事人的民事义务包括：主合同义务(合同法第 135、159 条)、从合同义务(合同法第 136 条)、附随义务(合同法第 60 条)、间接义务(合同法第 119、157、158 条)等。

(三) 民事法律事实

1. 民事法律事实的概念

民事法律事实是指符合民事规范，能够引起民事法律关系发生、变更、消灭的客观现象。民事法律关系是法律规范对社会关系调整的结果。一旦某项法律要件要求的法律事实具备，相应民事法律关系的法律效果就会发生。

例如，一项关于通过买卖取得房屋所有权的法律规范，该规范的法律要件包含以下若干法律事实：须有房屋存在；缔结房屋买卖合同；办理登记手续。以上法律要件中的法律事实若能得到满足，那么房屋所有权移转的法律效果便会发生。

2. 民事法律事实的类型

民事法律事实的种类繁多，民法上根据事实是否与人的意志有关，将其分为事件和行为两大类。

(1) 事件。事件是与人的意志无关的法律事实。事件本是自然现象，只要能引起民事法律关系的变动，就被列为法律事实，如人的死亡、地震等，前者可能导致继承关系的发生，而后者若将房屋震塌导致所有权的消灭，当事人事前若投保，就会使保险赔偿关系发生。

(2) 行为。行为是与人的意志有关的法律事实。行为是法律要件中最常使用的法律事实。行为虽与人的意志有关，但根据意志是否需明确对外作意思表示，行为又被划分为表意行为和非表意行为。

① 民事行为。民事行为是指行为人通过意思表示，旨在设立、变更或消灭民事法律关系的行为。民事行为是实现行为人自由意志的工具，是最主要的民事法律事实。

② 准民事行为。准民事行为是指行为人实施的有助于确定民事法律关系相关事实因素的意思表达或事实通知行为。准民事行为虽不直接引起民事法律关系的变动，但可以为之创造条件。准民事行为包括催告(合同法第47、48 条)和通知(保险法第21 条)等。

③ 事实行为。事实行为是指行为人实施的一定的行为，一旦符合了法律的构成要件，不管当事人主观上是否有确立、变更或消灭某一民事法律关系的意思，都会由于法律的规定，引起一定的民事法律效果的行为。事实行为有合法行为，如拾得遗失物、漂流物，也

有不合法行为，如侵害国家、集体、他人财产的行为。

事实行为也可称为非表意行为。非表意行为是指行为人主观上没有产生民事法律关系的意思表示，客观上却引起法律效果发生的行为，如侵权行为，行为人主观上并没有效果意思，但客观上却导致赔偿的发生。

三、民事主体制度

(一) 自然人的民事主体资格

1. 公民的民事权利能力

公民的民事权利能力是指民事主体依法享有民事权利、承担民事义务的资格。其始于出生，止于死亡。死亡包括生理死亡和宣告死亡。

宣告死亡是指公民下落不明满四年，或因意外事故下落不明满两年，经利害关系人申请，由人民法院宣告下落不明公民为死亡的法律制度。

2. 公民的民事行为能力

公民的民事行为能力是指公民能够通过自己的独立行为取得民事权利和承担民事义务的资格或能力，包括获得权利、承担义务、处分财产和承担财产责任等。

公民行为能力判断的依据是：① 达到一定的年龄，具有一定的社会活动经验；② 正常的精神状态。

(1) 完全民事行为能力。满 18 周岁以上的公民是成年人，具有完全民事行为能力，可以独立进行民事活动，是完全民事行为能力人。年满 16 周岁以上不满 18 周岁的公民，以自己的劳动收入为主要生活来源的、视为完全民事行为能力人。

(2) 限制民事行为能力。年满 10 周岁以上的未成年人和不能完全辨认自己行为的精神病人(包括痴呆人)是限制民事行为能力人，这部分人可以进行与他们的年龄、智力相适应的民事活动。

(3) 无民事行为能力。不满 10 周岁的人和完全不能辨认自己行为的精神病人是无民事行为能力人。这部分人需要进行民事活动时，必须完全由其法定代理人代理。

(二) 法人

1. 法人的概念

(1) 法人是指具有权利能力和行为能力，有独立的财产，并依法享有经济权利和承担经济义务的社会组织。法人的概念起源于罗马法，发展于资本主义生产关系确立后，法人制度是在法律上对经济组织主体资格的一种确认。

(2) 法人的行为是由法人的法定代表人(或其授权的代理人)来实现的，具有不同于其组织成员的完整独立的法律人格，亦独立于投资者。

2. 法人成立的条件

(1) 依法成立：法人成立要符合宪法、法律；按法定程序成立；核准登记或领取营业执照。

(2) 必要的财产和经费：法人必须有独立(支配)的财产，才能取得法人资格。

（3）有自己的名称、组织机构、场所：法人要有固定的从业人员，经营场所，这是经济活动能够正常进行的保证。

（4）能够独立地承担经济责任：这是法人在经济法律关系中具有独立地位的重要表现，也是法人具有独立的经济法律关系主体资格的重要标志。

3. 法人的民事权利能力和民事行为能力

当法人具备相应的成立条件，经由设立程序取得法人资格后，可以在其授权的经营许可的范围之内，以自己的名义，通过自己的行为享有和行使民事权利，设定和承担民事义务。法人的民事行为能力由法人的法定代表人、法人机关或其委托的代理人来实现。

《民法通则》第 38 条规定："依照法律或者法人组织章程规定，代表法人行使职权的负责人，是法人的法定代表人。"

第二节　　民事权利与民事义务

 引导案例

案情简介：

2009 年 7 月某市发生洪水，甲为救助自家和邻居家被洪水围困的财物，未经过乙的同意，使用了乙的小船。事后乙要求甲支付使用费用，为预防甲逃避责任，乙扣留了甲的一辆摩托车。请分别分析甲、乙的行为性质。

案例解析：

本案中甲为了救助自家和邻居家被洪水围困的财物，而采取的使用乙的小船的行为属于紧急避险行为，不构成侵权。因为甲的行为没有给乙造成任何损失，不构成侵权行为，乙就不得索取任何费用，乙不具有要求甲支付费用的请求权，所以乙擅自扣车的行为就不属于自助行为，而当然的属于侵权行为。

民事权利的保护措施，以其性质和保护机关等的不同，可以分为自我保护和国家保护两种。民事权利的自我保护是指权利人自己采取各种合法手段保证自己的权利不受侵犯。法律许可的民事权利的自我保护方法有请求、自卫行为、自助行为等。

一、民事权利

在近代民法中，权利是私法无可争辩的核心概念。从概念的产生看，民法强调具有独立地位的主体间的自主平等关系，强调国家站在"公正"的立场上保护个人的利益。

（一）民事权利概述

1. 民事权利的概念

民事权利是指自然人、法人或其他组织在民事法律关系中享有的具体权益，包括财产权（物权、债权）和非财产权（知识产权、继承权、人身权）等。

民事权利是民法赋予民事主体实现其利益所得的实施行为的界限。权利在本质上是行为的限度，民事权利是权利人意思自由的范围，在此范围内，权利人有充分的自由，可实施任何行为，法律对此给予充分的保障。反之，行为超出法律划定的界限，不仅得不到法律保障，反而要被追究责任。

2. 民事权利的种类

(1) 财产权、人身权(依民事权利的客体所体现的利益而划分)。

人身权是以人身之要素为客体的权利。人身权所体现的利益与人的尊严和人际的血缘联系有关，故人身权与其主体不可分离。人身权可以进一步划分为人格权和身份权。

财产权是以具有经济价值的利益为客体的权利。财产权还可以进一步划分为物权、债权和继承权。当然，继承权是一种特殊的财产权，继承权与身份权相联系，既是一种人身权，也是一种财产权，具有双重性。

(2) 支配权、请求权、形成权、抗辩权(依民事权利的效力特点而划分)。

支配权是对权利客体进行直接的排他性支配并享受其利益的权利。支配权的行使无需他人积极的配合，只要容忍、不行使同样的支配行为即可。人身权、物权、知识产权中财产权等均属于支配权。

请求权是特定人得请求特定他人为一定行为或不为一定行为的权利。请求权人对权利客体不能直接支配，其权利的实现有赖于义务人的协助，没有排他效力。债权是典型的请求权，物权、人身权、知识产权虽为支配权，但在受侵害时，需以请求权作为救济，故请求权可谓是民事权利作用的枢纽。

形成权是依权利人单方意思表示就能使权利发生、变更或者消灭的权利。形成权的独特性在于只要有权利人一方的意思表示就足以使权利发生法律效力。形成权与请求权有密切关系，可谓是请求权发生的前提。撤销权、解除权、追认权、抵销权等都属形成权。

抗辩权是能够阻止请求权效力的权利。抗辩权主要是针对请求权的，通过行使抗辩权，一方面可以阻止请求权效力，另一方面可以使权利人能够拒绝向相对人履行义务。合同中的同时履行抗辩权、不安抗辩权、先诉抗辩权等皆属于抗辩权。

不仅民事请求权之间有着一个内部逻辑和谐的体系，民事请求权与形成权、支配权、抗辩权之间也存在一个以请求权为枢纽的结构体系。

(3) 绝对权与相对权(依民事权利的效力所及相对人的范围划分)。

绝对权就是权利主体是特定的但是义务主体为不特定的人，是权利人之外的一切人，故又称"对世权"。物权、人身权等均属绝对权。

相对权也叫对人权，和对世权相反，权利主体和义务主体都是特定的，相对权对第三人无约束力。债权就是典型的相对权。

(4) 主权利与从权利、原权利与救济权(在相互关联的民事权利中，依各权利的地位划分)。

主权利是不依赖其他权利为条件而能够独立存在的权利，从权利则是以主权利的存在为前提而存在的权利。在担保中，被担保的债权为主权利，而担保权则是从权利。

在基础权利受到侵害时，援助基础权利的权利为救济权，而基础权利则为原权利。民法上有所谓"无救济则无权利"之说，是指救济权是原权的保障，否则权利就难以实现。

（二）财产所有权

1. 财产所有权的概念

财产所有权是指所有人依法对自己的财产享有占有、使用、收益和处分的权利。所有权意味着人对物最充分、最完全的支配，是最完整的物权形式。所有权的内容包括：

(1) 占有权。占有是指对财产的实际控制；

(2) 使用权。使用是指对物的性能的利用；

(3) 收益权。收益又称孳息，是指利用原物所取得的新增经济利益，包括天然孳息和法定孳息。

(4) 处分权。处分是指所有人对其财产依法进行处置的权利。

财产所有权在本质上是一定社会的所有制形式在法律上的表现。财产所有权制度构成了民事法律制度的基石。我国《民法通则》对财产所有权作出了明确的规定。

2. 财产所有权的特征

财产所有权是绝对权、支配权，是静态的完整充分的物权。财产所有权是物权的一种，物权包括：

(1) 自物权。自物权是指基于自己的财产所享有的物权，即财产所有权。

(2) 他物权。他物权是指基于他人的财产所享有的权利，他物权包括：① 用益物权，如地役权、相邻权、地上权、承包经营权；② 担保物权，如抵押权、质权、留置权。

3. 财产所有权的取得及保护

财产所有权的取得途径包括：

(1) 原始取得。通过生产及扩大再生产、国有化、没收、收益(果实、利息)、添附、无主财产收归国有等方式取得。

(2) 继受取得。通过买卖、继承、受赠等方式取得，包括按份共有和共同共有。(《民法通则》第78条)共有人有优先购买权。

财产所有权的保护包括请求确认所有权、恢复原状、返还原物、排除妨碍、损害赔偿等形式。我国《民法通则》第 75 条规定："公民的合法财产受法律保护，禁止任何组织或个人侵占、哄抢、破坏或者非法查封、扣押、冻结、没收。"公民依法对其所有的生产资料和生活资料享有完全的占有、使用、收益和处分的权利。

公民在法律规定的范围内行使其生产资料所有权，从事正当的生产经营活动，或利用其生活资料满足个人的需要，都受法律的保护。任何单位和个人都不得以任何方式无偿平调公民的财产。对于各种非法摊派和收费，公民有权予以拒绝。公民在其所有权受到侵犯时，有权要求侵权行为人停止侵害、返还财产、排除妨害、恢复原状、赔偿损失，或依法向人民法院提起诉讼。

（三）债权

1. 债权的概念

债权是指按照合同的约定或以法律的规定，在当事人之间产生的特定权利和义务关系，享有权利的人是债权人，负有义务的人是债务人。

债权是指得请求他人为一定行为(作为或不作为)的民法上的权利。基于权利义务相对原则，相对于债权者的是债务人，承担民法上的义务。因此债之关系本质上即为民法上的债权、债务关系。

与物权不同，债权是典型的相对权，只在债权人和债务人之间发生效力，原则上债权人和债务人之间的债之关系不能对抗第三人。债发生的原因在民法中主要可分为契约、无因管理、不当得利和侵权行为；债的消灭原因则有清偿、提存、抵销和免除等。

债权既是相对权(特定的当事人)又是请求权(依靠他人履行义务)。债权的特征具体表现为：

(1) 债的主体是特定的；

(2) 债的内容表现为债权实现只有通过请求债务人为一定的行为才能得到实现；

(3) 债的客体是债权人的权利和债务人的义务所指向的对象，又称债的标的。债的客体可以是物，也可以是行为和智力成果。

2. 债的种类

债的种类包括以下四种类型。

(1) 合同之债。"契约"即合同，是当事人设立、变更、终止民事法律关系的协议，是最广泛、最典型的债。

在合同的情形下，法律只是确立了合同行为有效的要件，至于合同行为的内容，法律并不加以规定，因此，合同行为的内容体现的是个人的意志。

但对违约侵权行为而言，法律不但规定了其构成要件，更重要的是，法律还规定了侵权行为发生后导致的法律后果的内容。而这种内容，表现的既不是侵权行为人的意思，也不是被侵权人的意思。在确定侵权赔偿责任时，立法者考虑的是社会意志，因此违约侵权损害赔偿根本不取决于当事人的意见，尽管当事人可以放弃主张赔偿的权利。

(2) 侵权行为所生之债。

侵权行为是民事主体因过失不法，侵害公民或法人的人身权利和财产权利的行为。因侵权行为在侵害人和受害人间产生损害赔偿的债权债务关系，此种侵权行为是债的发生根据之一，所生之债称为侵权行为之债。

近代各国民法对侵权行为之债的规定，均由罗马法上的"私犯"演变而来。罗马法上的私犯是指侵害人身和私人财产的行为，其不包括违约等侵犯债权的行为。第二次世界大战后，《世界人权宣言》将人的精神权利纳入基本人权的范畴，各国民法也始终将侵害精神权利的行为列为侵权行为，并以侵权所生之债的形式对受害者予以财产救济。我国的《民法通则》在立法上充分吸收了各国在民事立法的经验和民法理论成果，所以对侵权行为的规定与其他各国民法基本一致，只是在体例上，将侵权行为列为民事责任发生的原因。

2010 年 7 月 1 日起实施的《侵权责任法》在我国备受关注，进一步完善了我国侵权责任方面的法律规定，与《物权法》一样，核心在于保障私权，极大地完善了我国社会主义民事法律体系，对于统一的民法典的出台有着重要意义。

(3) 不当得利所生之债。

不当得利是指没有法律上或合同上的根据，取得不应获得的利益而使他人受损，而行为人本身并无过错。例如，捡到的钱、售货员多找的钱。因不当得利而产生的当事人之间的权利义务关系，就是不当得利之债。其中取得不当利益的人叫受益人，是不当得利之债的债务人，负有返还不当得利的债务。财产受损失人的叫受害人，是不当得利之债的债权人，享有请求受益人返还不当利益的债权。

不当得利是引起债权债务关系发生的一种法律事实，受益人在得知自己的收益没有合法根据或得知合法根据已经丧失后，有义务将已得的不当利益返还受害人。返还不当得利时，除返还原来所取得的利益外，由此利益所产生的孳息也应一并返还。

(4) 无因管理所生之债。

无因管理是指没有法定的或约定的义务，为避免他人利益受损，自愿为他人管理事务或财务的行为。管理他人事务的人为管理人，事务被管理的人为本人。无因管理之债发生后，管理人享有请求本人偿还因管理事务而支出的必要费用的债权，本人负有偿还该项费用的债务。无因管理是一种法律行为，为债的发生根据之一。无因管理之债的产生是基于法律规定，而非当事人意思。

无救济则无权利，民法对民事权利的保护，主要体现在救济制度上，即赋予当事人救济权，许可当事人在某些场合依靠自身力量实施自力救济，更着重于为权利人提供公力救济。

民事权利的救济包括公力救济和自力救济两种。公力救济就是权利人通过行使诉讼权，诉请法院依民事诉讼和强制执行程序保护自己权利的措施。公力救济包括确认之诉、给付之诉、形成之诉。自力救济是权利人依靠自己的力量强制他人捍卫自己权利的行为，包括自卫行为和自助行为。前者如紧急避险和正当防卫等，后者如公共汽车售票员扣留逃票的乘客等。由于自力救济易演变为侵权行为，故只有在来不及援用公力救济而权利正有被侵犯的现实危险时，才允许被例外使用，以弥补公力救济的不足。自力救济包括请求、自卫行为、自助行为等。自卫包括正当防卫和紧急避险。

二、民事义务

1. 民事义务的概念

民事义务是当事人为实现他方的权利而受行为限制的界限。义务是约束的依据，权利则是自由的依据。对民事义务，因其有法律的强制力，义务人必须履行，若过失而不履行时，要承担由此而产生的民事责任。

2. 民事义务的类型

民事义务依不同标准可划分为各种类型。

(1) 法定义务与约定义务(依义务产生的原因划分)。

法定义务是直接由民法规范规定的义务，如对物权的不作为义务、对父母的赡养义务等。约定义务是按当事人意思确定的义务，如合同义务等，约定义务以不违反法律的强制性规定为界限，否则法律不予承认。

(2) 积极义务与消极义务(依行为方式划分)。

以作为的方式履行的义务为积极义务，以不作为方式实施的义务为消极义务。

(3) 基本义务与附随义务。

在合同中，基于诚实信用原则还有所谓的附随义务，这是依债的发展情形所发生的义务，如照顾义务、通知义务、协助义务等。

三、《物权法》

2007年10月1日起施行的《中华人民共和国物权法》，是为了维护国家基本经济制度，维护社会经济秩序，明确物的归属，发挥物的效用，保护权利人的物权。《物权法》的颁布，进一步完善了我国民事权利制度，使我国民事法律制度法典化的进程又向前迈进了一步。我国《物权法》共计247条。

物权法是调整有形财产支配关系的法律，是对财产进行占有、使用、收益和处分的最基本准则，是民法典的重要组成部分。调整无形财产关系的法律主要有合同法、商标法、专利法、著作权法等法律。物权是一种重要的财产权，与债权、知识产权等其他财产权不同，物权的客体主要是动产和不动产。

1. 物权法的概念

《物权法》第1条规定：物权是指合法权利人依法对特定的物享有直接支配和排他的权利，包括所有权、用益物权和担保物权。本法所称物，包括不动产和动产。

民法上的物是指存在于人体之外，占有一定的空间，能够为人力所支配并且能够满足人类某种需要，具有稀缺性的物质对象。不动产指在空间占有固定的位置，移动后会影响其价值的物，如土地以及建筑物等土地附着物；动产指不动产以外的物，包括能够为人力所控制的电、气、光波、磁波等物。

国务院2011年颁布了最新的《国有土地上房屋拆迁管理条例》，对于拆迁做了许多新的规定，关于拆迁主体、强制拆迁、拆迁补偿都作出了新的规定，是我们国家保护公民合法私有财产的重大进步，但是与物权法的法律精神仍有较大差距。

2. 物权法的主要内容

我国《物权法》包括以下几个方面的内容：

(1) 总则：基本原则；物权的设立、变更、转让和消灭；物权的保护。

(2) 所有权：一般规定；国家、集体、私人所有权；业主的建筑区分所有权；相邻关系；共有；所有权取得的特别规定。

(3) 用益物权：一般规定；土地承包经营权；建设用地使用权；宅基地使用权；地役权。

(4) 担保物权：一般规定；抵押权；质权；留置权。

(5) 占有。

(6) 附则。

3. 物权法的主要应用

物权法涉及我们生活的方方面面，诸如住宅小区车库归谁所有、企业改制中国有资产流失、一物二卖、相邻关系、建筑用地使用权期限等，尤其是登记按件收费、小区车库优先满足业主需要等，这些基本规定与物权平等保护的基本原则结合起来，体现了我国市场经济特色，反映了中国国情。正如孟子言，"有恒产者有恒心"，人民的物质财富能够得到真正切实有效的保护，整个社会才能够形成一种鼓励创造财富的积极氛围。

第三节 民事行为制度和代理制度

 引导案例 该民事行为是否有效?

案情简介:

甲从国外带回一架照相机。好友乙看望甲时,见到该照相机爱不释手,便向甲提出:"给我吧。"甲说:"先拿去用吧。"乙走时将照相机带走,后将相机卖给了丙。三个月后,甲问乙:"你何时将照相机还我?"乙说:"你不是送给我了?"双方为此发生纠纷,诉至法院。

问:该案涉及哪些基本理论?该案应该如何处理?

案例解析:

(1) 本案涉及民事行为中的意思表示的解释以及无权处分和善意取得制度。

(2) 本案中甲说"先拿去用吧",实际上是拒绝了乙"给我吧"的要约,而提出了一项新的要约,乙走时将照相机带走则是通过行为做出承诺,所以甲乙之间属于借用关系。乙在借用期间占有甲的照相机,又将照相机卖给不知情的丙,乙属于无权处分行为,但是丙根据善意取得制度可以取得照相机的所有权。甲不能向丙主张返还照相机,只能向乙主张不当得利返还请求权或者侵权损害赔偿请求权。

一、民事行为制度概述

1. 民事行为概念

民事行为是指公民或者法人设立、变更、终止民事权利和民事义务的合法行为。民事行为是以意思表示为要素发生民事法律后果的行为,这种行为包括民事法律行为、无效民事行为、可变更或可撤销的民事行为、效力未定的民事行为。例如:订立合同、遗嘱、结婚、收养、买卖、保险、继承等。民法以私法自治或意思自治为原则之一,允许自由创设,只要不违反法律的根本精神或强制性规定即可。

2. 准民事行为

准民事行为是一种表意行为,但其效力非基于表意人的表意,而是基于法律的规定。而民事行为是基于当事人的意思表示而发生民法上效力的表意行为。准民事行为可分为催告、通知以及宽恕。

(1) 催告。如我国《合同法》第48条规定:"相对人可以催告被代理人在一个月内予以追认。被代理人未作表示的,视为拒绝追认。"

(2) 通知。如我国《公司法》第103条规定:"召开股东大会会议,应当将会议召开的时间、地点和审议的事项于会议召开20日前通知各股东。"

(3) 宽恕。如《最高人民法院关于贯彻执行<中华人民共和国继承法>若干问题的意见》第13条规定:"继承人虐待被继承人情节严重的,或者遗弃被继承人的,如以后确有悔改表现，而且被虐待人、被遗弃人生前又表示宽恕，可不确认其丧失继承权。"

宽恕是一种以道德感情为表意内容的行为，在此为法律所认可并吸收，就成为可发生法律后果的行为。

二、民事法律行为的效力

1. 民事法律行为有效的条件

根据《民法通则》第 55 条的规定，民事行为有效的条件包括：

(1) 行为人具有相应的民事行为能力。如法人的民事行为能力是指法律或章程规定的业务范围或核准等级的营业范围。

(2) 意思表示真实。意思表示是指表意人将其希望发生某种法律效果的内心意志，通过一定的方式表现于外部的行为，是民事行为的核心要素。不真实的意思表示包括欺诈、胁迫或乘人之危。

(3) 内容不得违反法律和社会公共道德(公序良俗原则)。

2. 无效的民事行为

根据《民法通则》第 58 条的规定，无效的民事行为包括：

(1) 无民事行为能力人实施的民事行为。

(2) 限制民事行为能力人依法不能独立实施的民事行为。

(3) 一方以欺诈、胁迫的手段或者乘人之危，使对方在违背真实意思的情况下所为的民事行为。

欺诈是指故意告知对方虚假情况，或者故意隐瞒真实情况，诱使对方基于错误判断做出意思表示。

胁迫是指以给自然人及其亲友的生命健康、荣誉、财产等造成损害或者以给法人、其他组织的名誉、荣誉、财产等造成损害为要挟，迫使对方做出违背真意的意思表示。

乘人之危是指行为人利用对方当事人的急迫需要或者危难处境，迫使其做出违背真实意思的意思表示。

(4) 恶意串通，损害国家集体或第三者利益的。

(5) 违反法律或社会公共利益的。

(6) 以合法形式掩盖非法目的的。

三、代理制度

1. 代理的概念和种类

(1) 代理是指代理人以被代理人的名义，在代理授权范围内，与第三人进行或实施的民事法律行为，其行为的法律后果直接由被代理人承担。

(2) 代理的特征。代理有以下特征：

① 以被代理人的名义进行活动；

② 在被代理人授权的范围内；

③ 具有法律意义的行为；

④ 法律后果由被代理人承担。

代理人在代理授权范围内进行代理的法律后果直接归被代理人，代理人与第三人确立的权利义务关系(甚至是代理的不良后果和损失)，均由被代理人承受，从而在被代理人和第三人之间确立了法律关系。

(3) 代理的种类。依产生的根据不同分为：

① 委托代理：是指代理人依照被代理人授权进行的代理。因委托代理中，被代理人是以意思表示的方法将代理权授予代理人的，故又称"意定代理"。

② 法定代理：是指根据法律直接规定而产生代理权的代理，如代理无诉讼行为能力的当事人进行诉讼。

③ 指定代理：是指代理人的代理权，根据人民法院或其他机关的指定而产生的代理，如在民事诉讼中，当事人一方为无行为能力人或限制行为能力人而没有法定代理人，或法定代理人之间相互推诿，或法定代理人与被代理人之间有利害冲突的，由法院另行指定代理人的代理。根据我国《民法通则》第16、17条的规定，人民法院及村民委员会等有权为未成年或精神病人指定监护人，也就是指定法定代理人。由于指定代理人的机关及代理权限都是由法律直接规定的，因此，指定代理不过是法定代理的一种特殊类型。

2. 无效代理

① 无代理权：包括超越代理权、代理权已终止、无权代理。

无权代理如经被代理人追认时有追溯力，代理即自始有效，无权代理即成为有效代理；被代理人本人知道，但不做否认表示，视为同意，由被代理人承担代理的法律后果。如未经被代理人追认，则无权代理人应自己承担法律后果。未经追认的无权代理行为所造成的损害，由无权代理人承担赔偿责任。

② 自己代理：是指代理人以被代理人名义与自己进行民事活动的行为。

③ 双方代理：是指同一代理人代理双方当事人进行同一项民事活动的行为。

④ 复代理(转委托代理)：是指代理人为了被代理人的利益，转托他人实施代理行为。转委托应事先征得被代理人的同意，但在紧急情况下，代理人为保护被代理人利益而转委托的除外。

⑤ 代理人与第三人恶意串通，损害被代理人利益的行为，代理人应当承担民事责任，第三人和代理人负连带责任。

表见代理制度是基于本人的过失或本人与无权代理人之间存在特殊关系，使相对人有理由相信无权代理人享有代理权而与之为民事法律行为，代理行为的后果由本人承受的一种特殊的无权代理，是属于广义的无权代理。可见，表见代理中有外表授权的特征，所谓外表授权是指具有授权行为的外表或假象，而无实际授权。

在法学理论上，普遍认为表见代理是广义上的无效代理，但在我国的司法实践中，无权代理可以发生与有权代理同样的法律后果。当然"善意"的交易相对人应当承担举证责任。

3. 保险代理

(1) 保险代理人：是指根据保险人的委托，在保险人授权的范围内代为办理保险业务，并依法向保险人收取代理手续费的单位或者个人。截止到 2009 年 11 月，我国保险业代理人总数为 256 万人。保险代理人与保险公司是委托代理关系，保险代理人在保险公司授权范围内代理保险业务的行为所产生的法律责任，由保险公司承担。

(2) 保险公估人：是指依照法律规定设立，受保险公司、投保人或被保险人委托办理保险标的的查勘、鉴定、估损以及赔款的理算，并向委托人收取酬金的公司。公估人的主要职能是按照委托人的委托要求，对保险标的进行检验、鉴定和理算，并出具保险公估报告，其地位相对独立，不代表任何一方的利益，使保险赔付趋于公平、合理，有利于调解保险当事人之间在保险理赔方面的矛盾。

(3) 保险经纪人：是指基于投保的利益，为投保人与保险人订立保险合同提供中介服务，并依法收取佣金的机构。在经济发达国家，保险经纪人在保险市场中占有重要的地位。

第四节　民事责任制度

 引导案例　将车借给朋友，肇事是否担责？

案情简介：

甲的朋友乙借用甲的车子去火车站接人，因为车速过快，不小心在路上撞倒一个行人丙，被交警部门认定要负全部责任。请问，如果乙本身有驾驶执照，他肇事导致的赔偿责任，甲是否也有可能要负担？

案例解析：

按照《侵权责任法》第49条规定，因租赁、借用等情形造成机动车所有人与使用人不是同一人时，发生交通事故后属于该机动车一方责任的，由保险公司在机动车强制保险责任限额范围内予以赔偿。不足部分，由机动车使用人承担赔偿责任；机动车所有人对损害的发生有过错的，承担相应的赔偿责任。

由此可见，如果车主甲在借出车辆时没有过错的话，是不需要承担赔偿责任的。这里所谓的"过错"，包括明知借车人醉酒或者没有驾驶证、明知车辆有事故隐患而不告知等情形。

一、民事责任概述

1. 民事责任的概念

民事责任是以财产责任为主、对民事违法行为所应承担的一种法律责任。民事责任具体是指自然人或法人在民事活动中，因违反法律或合同规定的民事义务，实施了民事违法行为，从而侵害了他人的财产或人身权利时，依法应当承担的法律后果。

民事责任属于法律责任的一种，是保障民事权利和民事义务实现的重要措施，是民事主体因违反民事义务所应承担的民事法律后果。它主要是一种民事救济手段，旨在使受害人被侵犯的权益得以恢复。

2. 民事责任的种类

违反民事义务的行为包括作为和不作为，因而导致承担的民事责任有：

① 违约责任。违约责任是指不履行、不适当履行或不完全履行合同中规定的义务的民事责任。

② 侵权行为的民事责任。

③ 不履行法定义务(如抚养)的民事责任。在刑事诉讼中如果提起附带民事诉讼，则犯罪人除服刑外，还要承担民事责任。

3. 承担民事责任的条件

承担民事责任一般必须同时具备两个条件：① 要有民事违法行为的存在。② 违法行为人要有过错，包括故意与过失，又称过错责任原则。但是，随着在工业交通等领域民事侵权责任的日益增多，经济交往情况的复杂化，工业污染、社会公害日益严重，为了维护受害人的利益，立法原则上相应地提出了无过错责任原则。

我国《民法通则》规定："没有过错，但法律规定应当承担民事责任的，应当承担民事责任。"在司法实践中，这一规定的实施在交通事故等民事案件中发挥了重要作用。

4. 民事责任的免除

民事责任是对违反民事义务的自然人或法人提出的必须履行其民事义务的行为要求，具有国家强制性。民事责任在一定条件下可以免除，具体包括：

① 不可抗力：是指不能预见、不能避免并不能克服的客观情况，如地震、水灾、战祸等。

② 正当防卫：是指为了保护国家、集体、他人或自己的合法权益免受正在进行的违法行为的侵害，对侵害人进行必要限度的反击行为。

③ 紧急避险：是指在发生了某种紧急危险时，为了避免造成更大的财产损害和人身伤害，而不得不对他人的财产或人身造成一定的损害(见自力救助)的行为。

5. 承担民事责任的方式

在我国，公民和法人承担民事责任的主要方式有：

停止侵害、排除妨碍、消除危险、返还财产、恢复原状、修理、重作、更换、赔偿损失、支付违约金、消除影响、恢复名誉、赔礼道歉等。

二、《侵权责任法》

2009 年 12 月 26 日，十一届全国人大常委会第十二次会议表决通过了《侵权责任法》，明确规定侵害他人人身权益，造成他人严重精神损害的，被侵权人可以请求精神损害赔偿。《侵权责任法》自 2010 年 7 月 1 日起施行。

《侵权责任法》与《物权法》一样，核心在于保障私权、在社会主义法律体系中起支架作用的法律，是对包括生命权、健康权、隐私权、专利权、继承权等一系列公民的人身、财产权利提供全方位的保护，许多内容是法律上首次明确规定，标志着我国民商事法律体系的进一步完善。

一般而言，《侵权责任法》应当以绝对权保护为中心，作为相对权的债权应当由《合同法》予以保护。但是在特殊情况下，当债权受到不法侵害，侵权责任与违约责任发生竞合时，债权人可行使选择权(《合同法》第 122 条)。

(一)《侵权责任法》概述

1.《侵权责任法》的内容

《侵权责任法》的内容包括：一般规定；侵权责任构成和责任方式；侵害人身权和财产权的侵权责任；免责事由；关于责任主体的特殊规定；特殊侵权责任(产品责任、机动车交通事故责任、医疗损害责任、环境污染责任、高度危险责任、物件损害责任、动物致害责任)；损害赔偿(人身损害赔偿、财产损害赔偿、精神损害赔偿)；侵权纠纷的解决。

2.《侵权责任法》的保护对象

传统侵权责任法仅保护人身权、财产权等绝对民事权利，但随着经济的发展，其保护对象的范围逐渐扩大为民事权益。民事权益通常是指受法律保护的权利与利益。《侵权责任法》第 2 条对我国侵权责任法的保护对象做了列举：

"侵害民事权益，应当依照本法承担侵权责任。

本法所称民事权益，包括生命权、健康权、姓名权、名誉权、荣誉权、肖像权、隐私权、婚姻自主权、监护权、所有权、用益物权、担保物权、著作权、专利权、商标专用权、发现权、股权、继承权等人身、财产权益。"

3. 侵权行为

侵权行为源于罗马法的"私犯"概念，又称侵害，系指非法实施的一切行为。其内涵丰富，弹性极大。既包含狭义的"放肆"、"侮辱"，也包含广义的"不法"与"犯罪"，还涵括极为抽象的"不公平"或"非正义"。延及现代，学界对侵权行为的界定，存在不同观点，难以形成统一而权威的概念。在这里，侵权行为是指不法侵害他人权益，依法律的规定应对所生损害承担民事责任的行为。而违法性是绝大多数侵权行为的本质属性，而且，侵权行为是依法应当承担侵权责任的行为。

4. 侵权行为分类

对于侵权行为的类型，《民法通则》做出了基本规定，《侵权责任法》做出了特殊规定。具体如下：

(1) 一般侵权行为和特殊侵权行为。一般侵权行为是指法律对赔偿责任要件无特殊规定，适用法律关于侵权责任构成的一般规定。

特殊侵权责任是指由法律在侵权责任主体、主观构成要件、举证责任的分配等方面有特殊规定的致人损害行为。我国《民法通则》对十余类特殊侵权责任做出了规定，新颁布的《侵权责任法》也对十余种特殊侵权责任做出了详细规定。

(2) 作为的侵权和不作为的侵权。这是以行为人是否负有作为义务为标准划分的。

作为侵权行为又称积极侵权行为，是指违反对他人负有的不作为义务，以积极作为的方式侵害他人的合法权益的行为，如殴伤他人、盗版行为等。

不作为侵权行为又称消极侵权行为，是指行为人违反作为义务而致使他人权益损害的行为，如在公共场所施工，未设警示标志而致使损害发生。

(二) 侵权损害赔偿责任的构成要件

1. 侵权责任形式

(1) 大陆法系民法上的侵权责任形式只有损害赔偿一种。

(2) 我国《侵权责任法》第 15 条规定了多元化的侵权责任损害赔偿方式，具体包括：停止侵害、排除妨碍、消除危险、返还财产、恢复原状、赔偿损失、赔礼道歉、消除影响、恢复名誉。

2. 侵权损害赔偿责任的构成要件

侵权损害赔偿责任的构成要件包括下面四个要件：

① 侵害行为；

② 损害事实；

③ 因果关系；

④ 主观过错。

3. 侵权损害赔偿责任的归责原则

侵权损害赔偿责任的归责原则有：

(1) 过错责任原则(《侵权责任法》第 6 条)，此原则居主导地位，若无过错则无责任，"谁主张，谁举证"。

(2) 过错推定责任原则(《侵权责任法》第 6 条、第 58 条)，它是指基于法律的特别规定，推定加害人存在过错，加害人能够证明自己没有过错的除外，如医疗责任故事。

(3) 严格责任原则(《侵权责任法》第 7 条)，它是指基于法律的特别规定，受害人能够证明所受损害是加害人的行为或者物件所致，加害人就应当承担民事责任，加害人能够证明存在法定抗辩事由的除外。该责任有明确的法律限制，如产品责任、环境污染和高度危险责任。

(4) 公平责任(《民法通则》第 106 条、第 132 条，《侵权责任法》第 24 条、第 32 条)，它是指加害人和受害人对造成的损害事实均没有过错，而根据公平的观念，责令加害人或受益人对受害人所受的损失予以赔偿。

(5) 无过错责任原则(《民法通则》第 106 条、《侵权责任法》第 7 条)，它是指基于法律的特别规定，加害人对其行为造成的损害没有过错也应当承担民事责任。

侵权责任的免责事由包括：受害人的过错、第三人过错、不可抗力、正当防卫、紧急避险、受害人的同意等。

(三) 特殊侵权责任

侵权责任法与传统的民法理论相比较，有 11 点变化，即规范了 11 种特殊情况的侵权责任。2010 年 7 月 1 日，我国《侵权责任法》正式实施，其中，有一些全新的打破传统理论与做法的规定，今后法院对于侵权纠纷的审理会有所改变。

(1) 合法行为造成的损害也得赔偿。传统规定及理论认为，承担侵权责任必须同时具备四个构成要件：行为人行为违法、行为人有过错、有损害的结果、违法行为与损害结果之间有因果关系。

而《侵权责任法》第 6 条规定："行为人因过错侵害他人民事权益，应当承担侵权责任。"即已经将"行为人行为违法"排除在外。

(2) 故意驾车撞人致残，保险公司照样理赔。

2006 年 3 月 1 日国务院发布的《机动车交通事故责任强制保险条例》第 22 条规定："有下列情形之一的，保险公司在机动车交通事故责任强制保险责任限额范围内垫付抢救费用，并有权向致害人追偿：

① 驾驶人未取得驾驶资格或者醉酒的；

② 被保险机动车被盗抢期间肇事的；

③ 被保险人故意制造道路交通事故的。有前款所列情形之一，发生道路交通事故的，造成受害人的财产损失，保险公司不承担赔偿责任。"

但是，《侵权责任法》第 52 条规定："盗窃、抢劫或者抢夺的机动车发生交通事故造成损害的，由盗窃人、抢劫人或者抢夺人承担赔偿责任。"其中仅将盗窃、抢劫或者抢夺机动车发生交通事故造成的损害，排除在保险公司赔偿之外，而未将无证和醉酒驾驶、被保险人故意制造道路交通事故纳入保险公司免赔范围。

(3) 交通事故受伤，任何人都能得到救治。

《侵权责任法》第 53 条规定："机动车驾驶人发生交通事故后逃逸，该机动车参加强制保险的，由保险公司在机动车强制保险责任限额范围内予以赔偿；机动车不明或者该机动车未参加强制保险，需要支付被侵权人人身伤亡的抢救、丧葬等费用的，由道路交通事故社会救助基金垫付。道路交通事故社会救助基金垫付后，其管理机构有权向交通事故责任人追偿。"

据世界卫生组织报告，全世界每年因道路交通事故死亡人数大约 125 万人，造成的损失每年约达 500 亿美元。机动车交通事故案件占我国法院受理的侵权案件的三分之一，因此完善侵权制度，首先涉及的内容就是机动车交通事故责任。

(4) 民用航空实行特殊赔偿。

《侵权责任法》第 71 条规定："民用航空器造成他人损害的，民用航空器的经营者应当承担侵权责任，但能够证明损害是因受害人故意造成的，不承担责任。"意思是指除非行为人自杀、自残，否则民用航空器的经营者都必须对损害担责。

(5) 高空抛物将牵连无辜。

《侵权责任法》第 87 条规定："从建筑物中抛掷物品或者从建筑物上坠落的物品造成他人损害，难以确定具体侵权人的，除能够证明自己不是侵权人的外，由可能加害的建筑物使用人给予补偿。"也就是说，如果一人在楼顶抛石块致人受伤，可能导致全体住户担责。

(6) 不再区分医疗事故与医疗过错。

《侵权责任法》第 54 条规定："患者在诊疗活动中受到损害，医疗机构及其医务人员有过错的，由医疗机构承担赔偿责任。"即无论是医疗事故还是医疗过错，只要医疗机构及其医务人员有过错就得赔偿。同时，改变了以往实行"举证责任倒置"，即完全由医疗机构举证证明自己"清白"才能免责的做法，转为必须由患者证明医疗机构有过错，否则医疗机构免责。下列情形推定医疗机构有过错：① 违反法律、行政法规、规章以及其他有关诊疗规范的规定；② 隐匿或者拒绝提供与纠纷有关的病历资料；③ 伪造、篡改或者销毁病历资料。

(7) 故意逗引烈性宠物受伤，主人也须赔偿。

《侵权责任法》第 80 条规定："禁止饲养的烈性犬等危险动物造成他人损害的，动物饲养人或者管理人应当承担侵权责任。"无论受害人有无过错、过错大小，动物饲养人或者管理人都得担责。

(8) 网络侵权应当担责。

《侵权责任法》第 36 条规定："网络用户、网络服务提供者利用网络侵害他人民事权益的，应当承担侵权责任。"该条规定首次为发帖者、跟帖者、人肉搜索者、网络博客等网络用户及网络服务提供者名誉侵权、著作权侵权的处理提供了依据。

(9) 群众性活动的组织者应尽安全保障义务。

《侵权责任法》第 37 条规定："宾馆、商场、银行、车站、娱乐场所等公共场所的管理人或者群众性活动的组织者，未尽到安全保障义务，造成他人损害的，应当承担侵权责任。"这一全新的规定，使日后集会、游行及各种商业活动的组织者，必须就自己的不当行为承担民事责任。

(10) 缺陷产品应当召回。

《侵权责任法》第 46 条规定："产品投入流通后发现存在缺陷的，生产者、销售者应当及时采取警示、召回等补救措施。未及时采取补救措施或者补救措施不力造成损害的，应当承担侵权责任。"该条款弥补了缺陷产品召回及其责任承担的空白。该法第 47 条还明确规定，明知产品存在缺陷仍然生产、销售，造成他人死亡或者健康严重损害的，被侵权人有权请求相应的惩罚性赔偿。

(11) 确定死亡赔偿金的特例——关于以相同数额确定死亡赔偿金。

《侵权责任法》第 17 条规定："因同一侵权行为造成多人死亡的，可以以相同数额确定死亡赔偿金。"该条款被部分人解读为关于"同命同价"的规定。目前，我国死亡赔偿金的计算仍以差异化为原则，以相同数额确定死亡赔偿金只是特例。

思考练习题

一、名词解释

1. 民法；2. 民事二权能；3. 法；4. 财产所有权；5. 债权；6. 代理权；7. 民事法律事实。

二、问答题

1. 简述民法的基本原则。

2. 简述公民的民事主体资格。

3. 简述民事法律关系的构成。

4. 简述民法通则规定的无效代理。

5. 简述侵权责任法规定的特殊侵权责任。

三、论述题

民法的本质和特征是什么？公民的民事权利的救济方法有哪些？

四、案例分析与讨论

1. 胎儿父亲不幸身亡　怀孕女友向保险公司讨钱的法律依据(来源：法律百事通)

非婚胎儿的父亲在一起道路交通事故中不幸身亡，怀孕女友将保险公司告上法庭，要求支付胎儿抚养费。南阳市中级法院终审判决非婚遗腹胎儿获得抚养费 3 万余元。以判决方式给非婚胎儿提前赋予"预留权"在全国还是首例。

2010 年 2 月 25 日 13 时，南召县赵某驾驶轿车和黄某外出与一辆重型货车相撞，发生交通事故，造成二人死亡。2010 年 4 月 12 日，赵某已怀孕女友及亲属将肇事一方诉至法院。经法庭主持调解，双方达成一致意见，即投保方在保险公司的保险理赔款全部归受害方所有，理赔多少与实际车主和登记车主无关。肇事车辆在中国人民财产保险股份有限公司南阳市分公司(保险公司)办理了 60 万元的各类保险。

法院审理期间，原告赵某已怀孕女友及亲属要求保险公司赔偿人身损害赔偿金、赡养费、死亡赔偿金、精神损失费、胎儿生活费等共计 26 万元，车辆损失 13.84 万元。被告保险公司辩称：原告要求胎儿赔偿费用，应待胎儿出生后，经亲子鉴定确实是亡者之子才能确定赔偿。

法院判决保险公司赔偿胎儿抚养费。

法庭查明，赵某与女友未办理结婚证；2009 年 11 月 16 日，两人按当地习俗结为夫妻；2010 年 1 月 12 日，经医院诊断女友怀孕。

法院认为，《道路交通安全法》第 76 条规定：机动车发生交通事故，造成人身伤亡、财产损失的，由保险公司在机动车第三者责任强制保险责任限额范围内予以赔偿；不足部分，机动车双方都有过错的，按照各自过错的比例分担责任。

我国《婚姻法》第 25 条 1 款规定："非婚生子女享有与婚生子女同等的权利，任何人不得加以侵害和歧视。"

《继承法》第 28 条规定："遗产分割时，应当保留胎儿的继承份额。"

这些规定，明确说明胎儿(子女)不论是婚生还是非婚生，均受法律保护。对胎儿抚养权利的保护，属于人身权延伸保护的范畴。胎儿在未出生前虽尚不具有民事权利能力，但出于胎儿必定出生的既定事实，胎儿抚养费的"预留权"体现了我国民法的"公平原则"和"有损害即有救济"的裁判原则，应将胎儿列入被抚养人范围之内。

法院遂判决被告保险公司赔偿原告丧葬费、精神损害抚慰金等计 11 万元；赔偿原告被抚养人生活费、死亡赔偿金等 12 万元；赔偿原告怀孕胎儿抚养人生活费 34441.16 元。

胎儿抚养费可由保险公司先行赔付，赔款暂由法院保管，待胎儿出生后为活体，且由女方提供亲子鉴定，证明系死者子女时，由胎儿母亲领回赔款。反之，则由法院将赔款退回保险公司。

一审判决后，保险公司对一审涉及胎儿赔偿部分不服，提出上诉。近日，南阳市中级法院作出了驳回上诉，维持原判的终审判决。

问题：请详细说明法院审理本起交通事故理赔案件时涉及的法律部门和法律规定。

2. 代理合同应如何处理？

某瓷器公司产品积压，急于推销，便派推销员去各地推销，并约定按推销产品总额的百分比发给奖金。推销员陈某找到在百货公司当业务员的丁某让其帮忙，丁某虽明知本公司刚进了一批瓷器，领导不会同意进货，但陈某以前帮助过丁某，此次为了报答，便用自己手中盖过章的空白合同书与陈某签订了一份 5 万元的购买瓷器的合同。瓷器公司按规定发货，并通过银行托收货款，百货公司领导得知此事后，坚持其从未授权予丁某，拒收货、拒付款，瓷器公司则认为，合同上盖了百货公司的章，怎能说没授权呢？

问题：该合同有效吗？是否为无权代理？谈谈你的体会。

第五章　刑　法

在汽车保险与理赔过程中，在极特殊情况下，也会涉及到犯罪问题，如交通肇事罪、保险欺诈罪。在违法与犯罪，罪与非罪的区分过程中，就需要对刑法中关于犯罪构成的规定有详细的了解，因为当事人是否存在过错，其行为是否构成犯罪，一般来说会影响到责任的认定以及保险理赔结果。另外，正当防卫和紧急避险常出现在保险理赔的案例中，本章在此，对于犯罪、犯罪构成等刑法基本问题，给予详细的介绍。

学　习　目　标	
知识目标	➤　犯罪的概念及特征、刑法基本原则 ➤　犯罪构成及犯罪构成要件
能力目标	➤　了解犯罪的特征及构成犯罪必备的基本要件 ➤　了解汽车保险理赔中涉及的主要保险犯罪及醉驾入刑的规定

第一节　刑法概述

 引导案例　对紧急避险造成的损失，车主能否从保险公司获得赔偿？

案情简介：

甲驾车行驶的速度较快，在路口转弯时，甲借着超车的机会想驶入对面车道。恰在此时，迎面驶来了一辆小轿车，等甲发现时，已来不及刹车了。眼看就要相撞的时候，小轿车司机乙立即猛打方向盘避让甲驾驶的车辆，结果导致自身车辆侧翻，车身受损，副驾驶位的乘客受重伤。

经过交警现场勘察，认定甲在此次交通事故中应承担全部责任。由于投保了车辆保险，事故发生后，甲便向投保的保险公司报了案。交警处理完毕后，甲带上相关的资料到保险公司申请理赔，要求保险公司按照第三者责任险的有关赔偿规定赔付此次交通事故中自己应支付的费用。保险公司委派相关人员认真审查了事故的全过程后拒绝理赔，甲不服，遂将保险公司诉至人民法院，要求法院判令保险公司按照第三者责任险的有关赔偿规定赔付此次交通事故中自己应支付的费用。

案例解析：

本案保险公司认为，事故中双方车辆没有发生碰撞，第三者的损失不属于直接损毁，不在保险责任范围内，所以不能赔偿。

法院经审理认定：乙在两车就要相撞的危险时刻采取了紧急避险的措施，致使自己的车辆及人员遭受了重大损失，而这个损失完全是由于保险车辆的过错引起的。

根据《民法通则》的规定，这个损失应该由被保险人承担。而这个损失又属于被保险人投保的机动车辆第三者责任险的责任范围。所以，保险公司应依约承担赔偿责任。处理本案的法律依据为：

(1)《刑法》第 21 条关于紧急避险的规定："为了使财产或权益免受正在发生的危险，不得已损害另一较小的合法权益的行为，造成损害的，不负刑事责任。"

(2)《民法通则》第 129 条规定："因紧急避险造成损害的，由引起险情发生的人承担民事责任。"因此，本案乙的损失应由甲来承担。

(3) 按照《保险法》第 65 条规定："保险人对责任保险的被保险人给第三者造成的损害，可以依照法律的规定或者合同的约定，直接向该第三者赔偿保险金；责任保险的被保险人给第三者造成损害，被保险人未向该第三者赔偿的，保险人不得向被保险人赔偿保险金。"

一、刑法的概念

1979 年我国颁布《刑法》，1997 年修订，由 192 条增至 452 条，修改后的《刑法》是一部较统一、完备的刑法典。2011 年 2 月 25 日全国人大常委会通过了刑法修正案(八)。

1. 刑法的概念

刑法是关于犯罪及其刑罚的法律，是指国家制定的有关哪些行为是犯罪和对犯罪人适用何种刑罚的法律。刑法有广义与狭义之分。

广义刑法是指一切刑事法律规范的总称，狭义刑法仅指刑法典，即《中华人民共和国刑法》。

刑法还可分为普通刑法和特别刑法。普通刑法是指具有普遍效力的刑法，实际上是指刑法典。特别刑法仅指适用于特定的人、时、地、事(犯罪)的刑法。在我国，也就是指单行刑法和附属刑法。

2. 刑法的效力范围

(1) 时间效力：从 1997 年 10 月 1 日开始实施，实行从旧兼从轻原则；

(2) 空间效力："凡在中华人民共和国领域内犯罪的，法律另有规定外，都适用本法。"中华人民共和国领域具体包括领陆、领水、领空、浮动领土。

3. 犯罪及其特征

犯罪是指严重危害社会，触犯刑法并应受刑罚处罚的行为。犯罪的特征有：

(1) 具有严重的社会危害性。行为具有社会危害性，是犯罪的基本特征。

犯罪的社会危害性是指犯罪对国家和人民利益所造成的危害。犯罪的本质特征在于它对国家和人民利益所造成的危害。如果某种行为根本不可能对社会造成危害，刑法就没有必要把它规定为犯罪；某种行为虽然具有一定的社会危害性，但是情节显著轻微危害不大的，也不认为是犯罪。由此可见，犯罪的社会危害性是质和量的统一。

(2) 具有刑事违法性。刑事违法性是指触犯刑律，是指某一个人的行为符合刑法总则所规定的犯罪构成要件，是对犯罪行为的否定性法律评价。在罪刑法定原则下，没有刑事违法性，也就没有犯罪。

在法理上，违法行为可以分为民事违法行为、行政违法行为和刑事违法行为，此外还有诉讼违法行为。

(3) 法益侵害性。法益侵害性是指对于刑法所保护的利益的侵害。这里所谓刑法所保护的利益，就是法益。刑法法益是关系社会生活的重要利益，我国刑法第 13 条关于犯罪概念的规定中作了明文列举，具体如下：

国家主权、领土完整和安全、人民民主专政的政权和社会主义制度、社会秩序和经济秩序、国有财产或者劳动群众集体所有的财产、公民私人所有的财产、公民的人身权利、民主权利和其他权利。上述法益，可以分为国家法益、社会法益和个人法益。这些法益被犯罪所侵害而为刑法所保护，因此，法益侵害性揭示了犯罪的社会内容实质。

法益侵害具有两种情形：一种是实际侵害，另一种是危险。危险是犯罪的预备行为、未遂行为和中止行为，都是没有造成法益侵害的实际侵害结果，是指行为因其具有法益侵害的危险而被处罚。

(4) 具有应受惩罚性。应受惩罚性是犯罪的重要特征，它表明国家对于具有刑事违法性和法益侵害性的行为的刑罚惩罚。犯罪是适用刑罚的前提，刑罚是犯罪的法律后果。如果一个行为不应受刑罚惩罚，也就意味着它不是犯罪。

根据刑法第 13 条关于犯罪概念的但书规定，某种行为情节显著轻微的不认为是犯罪。

应受刑罚惩罚与是否实际受到刑罚惩罚，这是两个不同的概念。某一行为如果缺乏应受刑罚惩罚性，就不构成犯罪。但犯罪不一定都实际受到刑罚惩罚。中国刑法第 37 条规定："对于犯罪情节轻微不需要判处刑罚的，可以免予刑事处罚。"这种免予刑事处罚是以行为构成犯罪行为前提的。

二、刑法的原则

1. 罪刑法定原则

罪刑法定原则的基本含义是法无明文规定不为罪、法无明文规定不处罚。

1789 年法国《人权宣言》第 8 条规定："法律只应规定确实需要和显然不可少的刑罚，而且除非根据在犯罪前已制定和公布的且系依法施行的法律以外，不得处罚任何人。"

在《人权宣言》这一内容的指导下，1810 年《法国刑法典》第 4 条首次以刑事立法的形式明确规定了罪刑法定原则。

由于这一原则符合现代社会民主与法治的发展趋势，至今已成为世界各国刑法中最普遍、最重要的一项原则。

三权分立说是罪刑法定原则的重要理论基础，法国著名启蒙思想家孟德斯鸠在洛克的影响下，以英国君主立宪政体为根据，提出了较为完整的分权学说。他把政权分为立法权、司法权和行政权。认为这三种权力应当由三个不同的机关来行使，并且互相制约。

在我国，罪刑法定原则是反对封建社会的君主专制和罪刑擅断的结果，是刑事法治、依法治国的体现。

2. 罪刑相当原则

罪刑相当原则又称罪刑相适应原则，是指"刑罚的轻重，应当与犯罪分子所犯罪行和承担的刑事责任相适应。"罪刑相当原则是指根据罪行的大小，决定刑罚的轻重。罪重的量刑则重，罪轻的量刑则轻。

罪刑相当的观念可以追溯到古代社会的"同态复仇"。著名思想家孟德斯鸠曾指出："惩罚应有程度之分，按罪大小，定刑罚的轻重。"

罪刑相当原则的重要理论基础是报应主义，古典学派多以此为基础。

报应主义的核心思想是犯罪为刑罚的绝对原因，刑罚是犯罪的必然结果，是惩罚犯罪的唯一手段。刑罚通过惩罚犯罪，使受到犯罪侵害的道德秩序和法律秩序得以恢复，社会正义和公平理念得以实观。

报应主义的倡导者以德国古典哲学家康德、黑格尔和宾丁为代表。康德主张的是"等量报应"的原则，黑格尔则相反，认为根据这种观点很容易得出刑罚上同态复仇的荒诞不经的结论，主张从犯人的行为中去寻找刑罚的概念和尺度，以便做到罪刑均衡。黑格尔的这一观点被称为"等值报应论"。

由此可见，刑事法律原则的起源，与人文哲学、伦理道德有着密切的关系。

3. 适用刑法人人平等原则

我国宪法确立的社会主义法制原则是"法律面前人人平等原则"，任何组织和个人，都必须遵守宪法和法律的规定，都不具有超越宪法和法律的特权，这是宪法原则在刑法中的体现。适用刑法人人平等是指对任何人犯罪，在适用法律上一律平等。不允许任何人有超越法律的特权。适用刑法人人平等，主要体现为：定罪上一律平等；量刑上一律平等；执行刑罚上一律平等。

第二节　犯罪构成要件

 引导案例　因投保公司的职员的个人犯罪行为造成损失，保险人能否拒赔?

案情简介：

某市汽贸公司与某汽车制造厂签订分期付款购买 100 台某型号轿车的购销合同后，向某保险公司投保分期付款购车保证保险合同。保险公司予以承保，并将汽车制造厂列为被保险人。该保险合同将"购车人的犯罪行为"列为免责条款。投保人汽贸公司支付第二期车款前，汽贸公司财务经理将购车款骗走外逃，致使汽贸公司无力支付汽车制造厂剩余车款。被保险人汽车制造厂向保险公司提出赔偿要求，保险公司以购车人的犯罪行为为由拒赔。汽车制造厂不服，遂提起诉讼。

案例解析：

法院审理认为，作为本案所涉及的保证保险合同的投保人，汽贸公司是具有独立法人资格的经济实体，而其财务经理将购车款骗走外逃完全是其个人犯罪行为，与汽贸公司的经营行为无关，故不属于保证保险合同中的免责条款所述的"购车人的犯罪行为"，判保险公司承担保险责任。本案例涉及的是犯罪构成要件中，犯罪主体的问题。

犯罪构成就是犯罪构成的要件，依照刑法规定，是指决定某一具体行为构成犯罪所必需的一切主观要件和客观要件的总和。实际上就是指刑法规定的犯罪成立的条件，是使行为人承担刑事责任的根据。犯罪构成的理论在刑法学的理论体系中占有核心的地位。

任何一种犯罪的成立都必须具备四个方面的构成要件，即犯罪主体、犯罪主观方面、犯罪客体和犯罪客观方面。

一、犯罪的主体

犯罪主体是指实施危害社会的行为、依法应当负刑事责任的自然人和单位。

自然人主体是指达到刑事责任能力的自然人。单位主体是指实施危害社会行为并依法应负刑事责任的公司、企业、事业单位、机关、团体。

（一）自然人主体

一般说来，自然人犯罪要求达到刑事责任年龄并具备刑事责任能力。刑事责任能力是指行为人对自己行为的辨认能力与控制能力。所谓具有刑事责任能力，是指同时具有辨认能力与控制能力；如果缺少其中一种能力，则属于没有刑事责任能力。据青少年身心发展状况、文化教育发展水平、智力发展程度将刑事责任年龄划分为三个阶段：

1. 完全刑事责任能力

(1) 已满 16 周岁，为负完全刑事责任时期。完全刑事责任能力，需达到刑事责任年龄要求的已满 16 周岁，并具有刑事责任能力。

(2) 有辨认和控制自己的行为的能力。间歇性精神病人在精神正常的时候犯罪的，应当负刑事责任。醉酒的人犯罪应当负刑事责任。

2. 相对无刑事责任能力

(1) 14 周岁至 16 周岁，为负相对刑事责任时期，只对故意杀人、故意伤害致人重伤或死亡、强奸、抢劫、贩卖毒品、放火、爆炸、投毒罪承担刑事责任。

(2) 尚未完全丧失辨认或者控制自己行为能力的精神病人犯罪的，应当负刑事责任，但是可以从轻或者减轻处罚。

3. 完全无刑事责任能力

(1) 不满 14 周岁，为完全不负刑事责任时期，情节较重的，送工读学校、少管所。

(2) 经法定程序鉴定，完全不能辨认或控制自己行为的精神病人。

应当注意，对于无责任能力的判断，应同时采用医学标准与心理学标准。首先判断行为人是否患有精神病，其次判断是否因为患有精神病而不能辨认或者不能控制自己的行为。前者由精神病医学专家鉴定，后者由司法工作人员判断。

司法工作人员在判断精神病人有无责任能力时，除了以精神病医学专家的鉴定结论为基础外，还应注意以下几点：

第一，要注意审查精神病的种类以及轻重程度，因为精神病的种类与轻重程度对于判断精神病人是否具有刑事责任能力具有极为重要的意义。

第二，要在精神病人的左邻右舍中调查其言行与精神状况。

第三，要进一步判断精神病人所实施的行为与其精神病之间有无直接联系。

此外，对于青少年还有一个相对减轻刑事责任时期：

刑法规定，对于已满 14 周岁不满 18 周岁的人犯罪应当从轻或减轻处罚。不满 16 周岁，而不予处罚的，责令其家长或监护人加以管教，必要时可由政府收容教养。以上规定体现了法律对青少年犯罪是以教育为主的精神。

(二) 单位犯罪

根据刑法第 30 条规定，单位犯罪这一概念中的单位，是指公司、企业、事业单位、机关、团体，这也是单位犯罪的主体。单位这个概念比法人更为广泛，除法人以外还包括非法人团体。虽然单位一词在以往我国社会生活中曾经被广泛使用，甚至是一个使用率极高的用语，但严格地说，它并不是一个法律用语，从法律上讲，单位犯罪应称为法人犯罪。

二、犯罪的主观方面

犯罪的主观方面是指犯罪主体对自己的行为危害社会的结果所持有的心理态度，一般包括：故意犯罪和过失犯罪。而犯罪的目的和动机只是选择性要件，不是必备要件。

1. 故意犯罪

故意犯罪是指明知自己的行为会发生危害社会的结果，希望或放任这种结果的发生的心理态度。直接故意是指有必然性，希望并积极追求；间接故意是指有可能性，放任、任其自然，既不积极追求也不设法避免。

2. 过失犯罪

过失犯罪是指应当预见自己的行为可能会发生危害社会的结果，因疏忽大意而没有预见，或已经预见但轻信能够避免，以致发生这种结果，例如司机超速行驶造成的交通肇事罪。

三、犯罪的客体

犯罪客体是指犯罪行为所危害的为我国刑法所保护的社会关系，包括犯罪的一般客体、同类客体、直接客体。

1. 一般客体

一般客体是指一切犯罪所共同侵犯的客体，通常是指我国刑法所保护的整个社会主义社会关系。犯罪的一般客体体现了一切犯罪的共性。

2. 同类客体

同类客体是指某一类犯罪所共同侵犯的客体，通常是指刑法所保护的社会主义社会关系的某一部分或者某一方面。

例如，危害国家安全罪的同类客体是国家主权、领土完整和安全等；侵犯财产罪的同类客体是公、私财产关系。

3. 直接客体

直接客体是指某一种犯罪所直接侵犯的具体的社会主义社会关系，就是指刑法所保护的社会主义社会关系的某个具体部分。

例如，杀人罪的直接客体是他人的生命权利；伤害罪的直接客体是他人的健康权利等。直接客体是每一个具体犯罪构成的必要要件，是决定具体犯罪性质的重要因素。

四、犯罪的客观方面

犯罪的客观方面是指犯罪行为和由这种犯罪行为所引起的危害社会的结果及其因果关系。它包括危害行为和危害结果，犯罪的时间，地点。犯罪的方法(手段)也是少数犯罪的必备条件。犯罪客观方面具体表现为：

(1) 危害行为。危害行为包括作为和不作为两种形式。不作为是指消极不实施自己应当实施的行为或所负的特定义务。

(2) 危害社会的结果。这是选择性要件，不要求结果必然出现。

(3) 因果关系。行为人的行为与结果之间存在内在的必然联系。

概括起来，犯罪客观条件分为两类：一类是必要条件，是指任何犯罪都必须必备的条件，如危害行为。另一类是选择条件，是指某些犯罪所必须必备的条件或者是对行为构成因素的特别要求。前者指危害结果，后者指包括时间，地点，方法(手段)，如交通肇事罪、醉驾入刑对于时间地点的要求，都属于后者。下面以抢劫罪为例，分析其犯罪构成的要件：

我国刑法第 263 条规定："以暴力、胁迫或者其他方法抢劫公私财物的，是抢劫罪。"根据这一条的规定，结合刑法总则的一些规定，抢劫罪的犯罪构成，就是下列要件的有机结合：

① 抢劫罪侵犯的是公私财物所有权；

② 实施抢劫的行为人必须是达到刑事责任年龄，具有刑事责任能力的人实施；

③ 实施犯罪的方法必须是以暴力、胁迫等手段劫取财物；

④ 行为人主观上是故意犯罪，并且具有非法占有财物的故意。

只有这些主客观要件的统一，才能构成抢劫罪。

五、排除犯罪的事由

(一) 正当防卫

1. 正当防卫(刑法第 20 条)

正当防卫是指通过给正在进行的不法侵害的人造成一定损害的方法，来保护国家和社会公共利益、本人或他人权益的合法行为。正当防卫与紧急避难、自助行为皆为权利的自力救济的方式。但需要注意避免防卫过当，正当防卫不能超过必要限度，以足以制止不法侵害为限。

正当防卫的本质在于制止不法侵害，保护合法权益。它有以下基本特征：

正当防卫既是法律赋予公民的一种权利，又是公民在道义上应尽的义务，是一种正义行为，应受到法律的保护。正当防卫虽然在客观上对不法侵害人造成了一定的人身或者财产的损害，在本质上是为制止不法侵害、保护合法权益，与犯罪有本质的区别。

当然，在正当防卫过程中，要注意避免超过必要的范围，造成防卫过当。

2. 防卫过当

防卫过当是指防卫明显超过必要限度造成重大的损害应当负刑事责任的犯罪行为。

我国刑法第 20 条第 2 款规定："正当防卫明显超过必要限度造成重大损害的，应当负刑事责任，但是应当减轻或者免除处罚。"

我国刑法第 20 条第 3 款规定，对于正在进行的行凶、杀人、抢劫、强奸、绑架以及其他严重危及人身安全的暴力犯罪，由于这些不法侵害行为性质严重，且强度大，情况紧急，因此，采取正当防卫行为造成不法侵害人伤亡和其他后果的，不属于防卫过当，不负刑事责任。

总之，正当防卫不负刑事责任，它的主要意义在于保障社会公共利益和其他合法权利免受正在进行的不法侵害，鼓励公民和正在进行的不法侵害作斗争，震慑犯罪分子，使其不敢轻举妄动，是公民与正在进行的不法侵害作斗争的法律武器。

(二) 紧急避险

1. 紧急避险(刑法第 21 条)

紧急避险是指为了使法律所保护的权益免受正在发生的危险，不得已而采取损害另一较小权益，以保护较大权益免遭危险损害的行为。紧急避险不适用于职务上、业务上有特定责任的人。

2. 紧急避险的本质

紧急避险的本质是避免现实危险、保护较大合法权益。紧急避险的客观特征是，在法律所保护的权益遇到危险而不可能采取其他措施予以避免时，不得已损害另一较小合法权益来保护较大的合法权益。

3. 紧急避险的主观特征

行为人认识到合法权益受到危险的威胁，出于保护国家、公共利益、本人或者他人的人身、财产和其他合法权利，免受正在发生的危险的目的，而实施避险行为。

可见，紧急避险行为虽然造成了某种合法权益的损害，但联系到具体事态来观察，从行为的整体来考虑，该行为根本没有社会危害性，也根本不符合任何犯罪的构成要件。

第三节　与汽车保险有关的犯罪

一、交通肇事罪

交通肇事罪是指违反道路交通管理法规，发生重大交通事故，致人重伤、死亡或者使公、私财产遭受重大损失，依法被追究刑事责任的犯罪行为。交通肇事罪是一种过失危害公共安全的犯罪，根据我国刑法理论，任何一种犯罪的成立都必须具备四个方面的构成要件，即犯罪主体、犯罪主观方面、犯罪客体和犯罪客观方面，所以，我们仍用犯罪构成的四要件来阐述交通肇事罪的特征。

(一) 交通肇事罪的犯罪构成要件

1. 犯罪的主体要件

交通肇事罪犯罪的主体为一般主体，是指凡年满 16 周岁、具有刑事责任能力的自然人均可构成。主体不能理解为在上述交通运输部门工作的一切人员，也不能理解为仅指火车、汽车、电车、船只、航空器等交通工具的驾车人员，而应理解为一切直接从事交通运输业务和保证交通运输的人员以及非交通运输人员。

2. 犯罪的主观方面

交通肇事罪犯罪的主观方面表现为过失，包括疏忽大意的过失和过于自信的过失。

这种过失是指行为人针对自己的违章行为，可能造成的严重后果的心理态度而言的。行为人在违反规章制度上可能是明知故犯，如酒后驾车、强行超车、超速行驶等，但对自己的违章行为可能发生重大事故造成严重后果，应当预见而因疏忽大意，没有预见，或者虽已预见，但轻信能够避免，以致造成了严重后果。本罪的认定范围必须为公共交通管理范围，如果在学校、社区等不属于交通部门管理地方肇事伤人致人死亡，则应定过失伤人、过失致人死亡罪，若出于故意则是故意伤人或杀人罪。

3. 交通肇事罪的犯罪客体

交通肇事罪的犯罪客体是交通运输的安全。交通运输是指与一定的交通工具和交通设备相联系的铁路、公路、水上及空中交通运输，其特点是与广大人民群众的生命财产安全紧密相连，一旦发生事故，就会危害到不特定多数人的生命安全。造成公、私财产的广泛破坏，所以，其行为本质上是危害公共安全罪。

4. 交通肇事罪的客观方面

在交通运输活动中违反交通运输管理法规，因而发生重大事故，致人重伤、死亡或者使公、私财产遭受重大损失的行为。本罪的客观方面是由以下四个相互不可分割的因素组成的：

(1) 必须有违反交通运输管理法规的行为。在交通运输中实施了违反交通运输管理法规的行为，这是发生交通事故的原因，也是承担处罚的法律基础，如《城市交通规则》、《机动车管理办法》、《中华人民共和国海上交通安全法》等，违反上述规则就可能造成重大交通事故。

在实践中，违反交通运输管理法规行为主要表现为违反劳动纪律或操作规程、玩忽职守或擅离职守、违章指挥、违章作业，或者违章行驶等。例如，公路违章的有：无证驾驶、强行超车、超速行驶、酒后开车，这些违章行为的种种表现形式，可以归纳为作为与不作为两种基本形式，不论哪种形式，只要是违章，就具备构成本罪的条件。

(2) 必须发生重大事故，致人重伤、死亡或者使公、私财产遭受重大损失的严重后果。这是构成交通肇事罪的必要条件之一。行为人虽然违反了交通运输管理法规，但未造成上述法定严重后果的，不构成本罪。

(3) 严重后果必须由违章行为引起，两者之间存在因果关系。本罪必须是行为人有违章行为，造成严重后果，而且在时间上存在先行后续关系，否则不构成本罪。

(4) 违反规章制度，致人重伤、死亡或者使公、私财产遭受重大损失的行为，必须发生在从始发车站、码头、机场准备载人装货至终点车站、码头、机场旅客离去、货物卸完的整个交通运输活动过程中。从空间上说，必须发生在铁路、公路、城镇道路和空中航道上；从时间上说，必须发生在正在进行的交通运输活动中。

如果不是发生在上述空间、时间中，而是在工厂、矿山、林场、建筑工地、企业事业单位、院落内作业，或者进行其他非交通运输活动，如检修、冲洗车辆等，一般不构成本罪。检察院 1992 年 3 月 23 日《关于在厂(矿)区机动车造成伤亡事故的犯罪案件如何定性处理问题的批复》中指出：

在厂(矿)区机动车作业期间发生的伤亡事故案件，应当根据不同情况，区别对待；在公共交通管理范围内，因违反交通运输规章制度，发生重大事故，应按刑法第 113 条规定处理。违反安全生产规章制度，发生重大伤亡事故，造成严重后果的，应按刑法第 114 条规定处理；在公共交通管理范围外发生的，应当定重大责任事故罪。由此可见，对于这类案件的认定，关键是要查明它是否发生在属于公共交通管理的铁路、公路上。

(二) 交通肇事罪的罪与非罪的界限

交通肇事罪的罪与非罪的界限关键是要查清行为人是否有主观过错，是否实施了违反交通运输管理法规的行为，违反交通运输管理法规的行为与重大交通事故是否具有因果关系等。

倘若没有违法行为或者虽有违法行为但没有因果关系，如事故发生纯属被害人不遵守交通规则，乱穿马路造成，或由自然因素如山崩、地裂、风暴、洪水等造成，则就不应以本罪论处。

当然，事故发生并不排除可能存在多种原因或有其他介入因素，这里就更应该认真分析原因及其介入行为对交通事故发生的作用。只有查清确实与行为人的违规行为具有因果关系，则才可能以本罪论处，否则，就不应以该罪治罪而追究刑事责任。

例如，行为人高速超车后突然发现前方几十米处有人穿越马路，便打方向盘试图避开行人，但出于车速过快，致使车冲入人行道而将他人压成重伤。此时，行人穿越马路作为介入因素仅是发生本案的条件，肇事的真正原因则是违章超速行车，因此应当认定行为与结果具有因果关系从而可以认为构成本罪。

(三) 交通肇事逃逸的认定

《最高人民法院关于审理交通肇事刑事案件具体应用法律若干问题的解释》(以下简称《解释》)第 3 条指出，交通运输肇事后逃逸是指行为人具有本解释第 2 条第 1 款规定和第 2 款第一至第五项规定的情形之一，在发生交通事故后，为逃避法律追究而逃跑的行为。

所谓交通肇事逃逸，就是行为人在交通运输肇事中具有以下情形并因逃避法律追究而逃跑的行为：

(1) 死亡一人或者重伤三人以上，负事故全部或者主要责任的；

(2) 死亡三人以上，负事故同等责任的；

(3) 造成公共财产或者他人财产直接损失，负事故全部或者主要责任，无能力赔偿数额在 30 元万以上的；

(4) 酒后、吸食毒品后驾驶机动车辆致一人以上重伤，负事故全部或者主要责任的；

(5) 无驾驶资格驾驶机动车辆致一人以上重伤，负事故全部或者主要责任的；

(6) 明知是安全装置不全或者安全机件失灵的机动车辆而驾驶致一人以上重伤，负事故全部责任或者主要责任的；

(7) 明知是无牌证或者已报废的机动车辆而驾驶致一人以上重伤，负事故全部或者主要责任的；

(8) 严重超载驾驶致一人以上重伤，负事故全部或者主要责任的。

(四) 交通肇事罪的刑事责任

根据刑法第 133 条的规定，对交通肇事罪规定了两个不同的刑级(量刑档次)：

1. 发生重大事故

违反交通运输管理法规，因而发生重大事故，致人重伤、死亡或者使公、私财产遭受重大损失的，处 3 年以下有期徒刑或者拘役。

此处所谓"发生重大事故"，根据《解释》第 2 条第 1 款规定，是指具有以下情形之一的：

(1) 死亡一人或者重伤三人以上，负事故全部或者主要责任的；

(2) 死亡三人以上，负事故同等责任的；

(3) 造成公共财产或者他人财产直接损失，负事故全部或者主要责任，无能力赔偿数额在 30 万元以上的。

2. 交通肇事致一人以上重伤

《解释》第 2 条第 2 款规定：交通肇事致一人以上重伤，负事故全部或者主要责任，并具有下列情形之一的，以交通肇事罪定罪处罚：

(1) 酒后、吸食毒品后驾驶机动车辆的；

(2) 无驾驶资格驾驶机动车辆的；

(3) 明知是安全装置不全或者安全机件失灵的机动车辆而驾驶的；

(4) 明知是无牌证或者已报废的机动车辆而驾驶的；

(5) 严重超载驾驶的；

(6) 为逃避法律追究逃离事故现场以及其他特别恶劣情节的。

根据《刑法》第 133 条的规定，犯交通肇事罪的，处 3 年以下有期徒刑或者拘役；交通运输肇事后逃逸或者有其他特别恶劣情节的，处 3 年以上 7 年以下有期徒刑；因逃逸致人死亡的，处 7 年以上有期徒刑或无期徒刑。

《刑法》第 6 条规定：行为人在交通肇事后为逃避法律追究，将被害人带离事故现场后隐藏或者遗弃，致使被害人无法得到救助而死亡或者严重残疾的，应当分别依照刑法第 232 条、第 234 条第 2 款的规定，以故意杀人罪或者故意伤害罪定罪处罚。

新《道路交通管理法》第 77 条规定："车辆在道路以外通行时发生的事故，公安机关交通管理部门接到报案的，参照本法的有关规定办理"，这一规定扩大了适用交通规则认定事故责任的范围，也就相应扩大了交通肇事罪的范围。因此，不论车辆事故发生于何种场所，只要交通管理部门适用交通安全法认定事故责任，认为构成犯罪的，一律按照交通肇事罪认定处罚。如果不是或不能适用交通安全法认定事故车辆责任的，可以其他罪处罚。一般而言，适用有关生产安全规章认定责任的，以重大责任事故罪处罚；适用生活常理认定责任的，只能以过失致人死亡罪、过失重伤罪定罪处罚。

二、危险驾驶罪

1. 危险驾驶罪

《刑法修正案(八)》由第十一届全国人大常委会第十九次会议在 2011 年 2 月 25 日通过，自 2011 年 5 月 1 日起施行。此次修订是历次修订中规模最大的一次，其中最受社会关注的是将醉酒驾驶等具有严重危害社会性的行为，列入刑事追责的范围。

《刑法修正案(八)》第 22 条规定，在刑法第 133 条后增加一款，作为第 133 条的一个内容："在道路上驾驶机动车追逐竞驶，情节恶劣的，或者在道路上醉酒驾驶机动车的处拘役，并处罚金。有前款行为，同时构成其他犯罪的，依照处罚较重的规定定罪处罚。"

关于"醉驾入刑"的内容，根据《刑法修正案(八)》及司法解释的规定如下：

(1) 醉驾未造成损害后果或损害后果较轻，按危险驾驶罪论处；

(2) 如果发生严重损害后果，可能同时构成危险驾驶罪、交通肇事罪或以危险方法危害公共安全罪，择一重罪论处；

(3) 假如行为人醉酒后又有追逐竞驶、无证驾驶或驾驶不合格车辆等行为，造成交通事故的，可被认定为以危险方法危害公共安全罪。从保险合同角度而言，这就是故意制造保险事故。

2. 完全排除了因醉驾致本人伤亡事故的保险责任的规定

2011 年 4 月 28 日，最高法、最高检发布《关于执行〈刑法修正案(八)〉确定罪名的补充规定》，将《刑法修正案(八)》第 22 条罪名确定为危险驾驶罪。

在《刑法修正案(八)》实施后，醉酒驾驶机动车即使未造成交通事故，也要按危险驾驶罪论处。处罚力度不仅加大，而且，在犯罪主观状态上属于故意犯罪。按照《保险法》第 45 条规定："因被保险人故意犯罪或者抗拒依法采取的刑事强制措施导致其伤残或者死亡的，保险人不承担给付保险金的责任。投保人已交足二年以上保险费的，保险人应当按照合同约定退还保险单的现金价值。"由此可见，该规定将故意犯罪列为保险的绝对免责事项。因此，自 2011 年 5 月 1 日以后，驾驶人即使购买了"驾意险"或其他含有以人身意外为赔付条件的保险产品，只要被保险人是因醉驾发生的自身伤亡事故，即使保险合同没有相关免责约定，保险公司也不承担保险责任。

3. 在一定范围内排除了因醉驾致第三方损害的保险责任

根据交强险条款，在醉驾情形下，保险公司只对第三方的抢救费用承担垫付责任，其他损失不承担赔偿责任。根据商业车险条款，保险公司对醉驾发生的责任事故，一概不承担保险责任。在保险实务中，在"醉驾入刑"之前，这类保险纠纷进入司法程序后，法院往往以商业车险条款中的醉驾免责条款无效为由(未严格履行说明义务)，要求保险公司承担保险责任。

"醉驾入刑"后，为部分案件排除相关保险责任提供了更充分的理由。如前文所述，保险法规定将故意犯罪列为保险的绝对免责事项，属于法定免责事项，在司法实践中就不会再有争议了。而以危险方法危害公共罪，同时可以被视为故意制造保险事故。《保险法》第 27 条第 2 款规定："投保人、被保险人故意制造保险事故的，保险人有权解除合同，不承担赔偿或者给付保险金的责任；除本法第 43 条规定外，不退还保险费。"据此，保险公司依法不承担保险责任。为防范道德危险，对于故意行为造成的损害，保险人不承担责任。

三、保险诈骗罪

(一) 保险诈骗罪概述

1. 保险诈骗罪概念

保险欺诈几乎同保险业一样古老，与保险业一样同生共存。对于保险欺诈，国际上一般也称为保险犯罪。严格的说，保险欺诈较保险犯罪含义更为宽泛。

事实上，保险当事人双方都可能构成保险欺诈。凡保险关系中投保人一方不遵守诚信原则，故意隐瞒有关保险标的的真实情况，诱使保险人承保，或者利用保险合同内容，故意制造或捏造保险事故造成保险损害，以谋取保险赔付金的，均属投保方欺诈。我们在此仅探讨投保方的欺诈。

所谓保险欺诈，是指投保人、被保险人或受益人以骗取保险金为目的，以虚构保险标的，编造保险事故或保险事故发生原因，夸大损失程度，故意制造保险事故等手段，致使保险人陷于错误认识而向其支付保险金的行为。随着我国改革开放的深入，保险作为社会保障体系的一个重要组成部分得到了迅速发展，但随着保险事业的发展，保险欺诈行为也凸显出来，并成为当前保险业最大威胁之一。

2. 保险欺诈产生的原因

产生保险欺诈这一负面效应的原因是：

(1) 不良动机者恶意利用保险内在运行机理的特殊性质。

保险运行的基本原理是组织社会千家万户、各行各业的忧患者，分险种类别组合成各个基本同质的群体，并按各类风险出险率以及损失平均值计收保险费，从而筹集起相当规模的保险基金，用以补偿或给付少数遭受灾难者，实现"一人困难，众人分担"的保险目的，这本是极有意义之事。然而保险对个别投保人或被保险人而言，其交付的保险费是很小一部分，而一旦发生保险事故则可获得众人的帮助，最终可获取较大数额的保险金。保险制度的这一运行机制特点不可否认会被不良用心投保人恶意利用，企图谋骗保险金。

马克思曾经说过，如果有300%的利润，就会有人铤而走险，敢冒上绞刑架的危险。事实也正如此，保险发展的历史表明从近代人身保险制度诞生的第一年起就发生了这类风险。而保险业也正是在与保险欺诈的斗争中发展、繁荣和普及壮大的。

(2) 商品经济、市场经济条件下还不能消除经济犯罪。

保险是商品经济的产物，并伴随商品经济的发展而发展。在此经济背景下，保险才得以积累起全社会范围的基金规模，才得以具备足够抵御不可抗力可保风险的偿付力，为人们提供丰富多样的保障。而随着保险事业的发展，险种的增多以及保险金额的迅速提高，保险欺诈一旦得逞其诱惑力不啻更大。况且商品经济条件下人们的价值观念和社会的法制建设都还未能达到消除经济犯罪的地步，保险欺诈也基本呈现逐步增多的趋势。

据有关资料显示，保险业发达的美国，当前的保险犯罪仅次于毒品犯罪，仅1994年医疗保险中的欺诈就导致美国人寿保险公司估500亿美元的损失。另据日本警方统计，日本以意外伤害、健康保险实施欺诈的案件，1982年为600件，1985年竟高达994件，欺诈金额也激增到18.98亿日元。人身保险由于投保人和被保险人可以分离，使那些不法分子就可以瞒着被保险人投保以死亡为给付条件的人寿险，并特约意外伤害险，同时又由于人身保险不会构成重复保险，保险公司要就每份合同各自履行规定的责任，使不法分子会更青睐人身险，乘机主动多头进行高额投保，谋骗巨额保险金。财产保险中的机动车辆保险也是不良动机投保的主要险种。震惊我国保险界的特大欺诈案，其犯罪特征很有代表性，广东胡氏四兄弟多次到各家保险公司投得机动车辆险，并伪造证明材料，在两年时间里，从9个保险营业网点先后34次骗取近200万元的保险赔款。世界其他各国，美国、日本、瑞典、德国、英国也都有此类保险欺诈案的案件记载和总结。

显然保险欺诈是客观存在的，虽为少数(世界保险平均骗赔率为万分之一)，但一旦得逞必然会损害众多善意投保人和被保险人的合法权益，损害保险的公正性和公平互助性，损害保险公司的整体利益和社会声誉，影响保险的社会功效，背离创办保险的宗旨。因此，防范保险欺诈是国际保险界应共同研究的主题，我们有必要在分析其原因之后，对保险欺诈的具体表现加以分类剖析。

(二) 保险诈骗犯罪的法律特征及犯罪构成

同传统的经济诈骗相比，保险诈骗罪有其显著的法律特征：

1. 犯罪主体多元化

保险诈骗不仅涉及自然人，并且涉及法人(单位)。从当前的司法实践看，一些特大保险诈骗案往往由法人(单位)实施或参与实施。

2. 社会危害的多重性

保险诈骗不仅侵犯了保险人的合法权益和整个社会的财产，破坏了国家的金融秩序，而且对他人的人身安全也构成了极大的威胁，如在人身保险中，有的投保人、受益人为了谋取巨额保险金而不惜铤而走险，故意杀害被保险人。

3. 诈骗数额巨大

与其他民事欺诈不同，保险领域内的诈骗往往以巨额保险金为行为指向。这在团伙作案、集团作案、跨国作案、法人(单位)作案中表现得尤为明显，因而其危害性更为严重。

4. 具有极强的隐蔽性

保险诈骗打着合法保险合同的幌子而制造假象，从中骗取赔偿金；保险人的经营对象遍及整个社会，难以对每个投保人都十分注意，而保险诈骗在制造违法事件的时间上有选择性，只要在合同有效期内，随时都可以进行，所以它有极强的隐蔽性。

5. 犯罪黑数较高

所谓犯罪黑数，是指客观存在的犯罪活动中，没有被揭露或没有受到司法机关查处的比数。在所有诈骗行为中，保险诈骗犯罪的黑数是最高的。究其原因，除了本身具有极强的隐蔽性，在短时间内难以受到司法机关的追究外，主要是许多人并不认为欺诈是一种严重的犯罪。一些人认为欺诈保险公司只是一种"公众游戏"，似乎是可以原谅的。而在保险欺诈者看来，这只是一种"扯平，账务"的方式。

(三) 保险诈骗犯罪构成

根据我国新刑法的规定，保险诈骗罪的构成必须同时具备如下要件：

(1) 保险诈骗罪侵犯的客体是复杂客体，即保险公司的财产所有权和国家的金融秩序。

① 保险欺诈侵犯了我国的保险制度，这是本罪区别于一般诈骗罪和其他金融诈骗罪的本质所在。行为人实行保险欺诈，骗取保险金，其行为直接侵犯了保险制度。

② 保险诈骗破坏了国家的金融秩序。

(2) 保险诈骗的主体为特殊主体，一般只能由投保人、被保险人或受益人构成。

根据刑法第 198 条的规定，自然人和单位都可以成为本罪的主体。保险事故的鉴定人、证明人、财产评估人故意提供虚假证明文件，为他人诈骗提供条件的，以保险诈骗罪的共犯论处。

(3) 保险诈骗罪的客观方面表现为违反保险法规，采取虚构保险标的、保险事故或者制造保险事故等方法，骗取较大数额保险金的行为。

据此，保险诈骗罪具有三方面的特征：

① 已实施了保险诈骗行为。

② 保险人受蒙蔽而进行理赔。保险诈骗是结果犯罪，即保险诈骗罪既遂，犯罪人不仅实施了诈骗行为，而且必须使保险人受骗进行了赔付。

③ 骗取数额较大的保险金。

(4) 保险诈骗罪的主观方面必须是故意，并具有非法占有保险金之目的，过失不构成本罪。保险诈骗的故意既可以是事前故意即产生在投保之前，也可以是事后故意即产生于投保之后。

(四) 认定保险诈骗罪应当注意的问题

认定保险诈骗罪，总的标准是其犯罪构成的四个要件，同时，在本罪的司法裁量中，以下三个问题值得注意：

1. 保险诈骗罪与非罪行为的区别

根据刑法典第 198 条的规定，诈骗保险金数额较大的，才构成保险诈骗罪。由此可见，保险诈骗罪与非罪行为区别的关键在于骗取保险金的数额是否达到了较大。对于骗取数额较小的保险金，情节轻微、危害不大的行为，可用一般的违反保险法的规定处理。

2. 保险诈骗罪与一般诈骗罪的区别

保险诈骗与一般诈骗有着共同点：在客观方面，两者的犯罪手法在本质上是一致的；在主观方面，都有诈骗故意，且具有非法占有公、私财物的目的。两者的区别主要在于主体不同：保险诈骗罪的主体是特殊主体；后者则为一般主体，即任何达到刑事责任年龄，具有刑事责任能力的人均可构成。除此之外，两者在犯罪客体方面亦有所不同：前者侵犯的是复杂客体，即保险公司的财产所有权和国家金融秩序；后者侵犯的是简单客体，仅为公、私财产所有权。

3. 保险诈骗罪中的一罪与数罪的问题

由于保险诈骗可能是采用恶性制造保险事故的手段来进行的，因而故意人为地制造保险事故往往不仅构成保险诈骗罪，而且还会触犯刑法典的其他条文，构成其他犯罪。

根据刑法第 198 条第 2 款的规定，"行为人故意造成财产损失的保险事故或者是故意造成被保险人死亡、伤残或者疾病，同时构成其他犯罪的，依照数罪并罚的规定处罚。"例如，行为人为骗取保险金而故意制造财产损失的保险事故，如纵火、损毁等，可能还构成危害公共安全罪或侵犯财产罪中的一罪或数罪；或者行为人为骗取保险金而故意致人死亡、伤残或疾病的，可能同时构成故意杀人、故意伤害、虐待或遗弃等侵犯公民人身权利、民主权利罪。正是考虑到上述保险欺诈行为的严重危害性，新刑法对这些犯罪分子实行数罪并罚予以严惩。

(五) 汽车保险诈骗实例

 ## 案例一：出险未报假案，维修时报假案

案情简介：

被保险人陈小姐报案称：其驾驶标的车于 2010 年 04 月 12 日晚上 18 时 58 分在深圳市宝安区西城路因未保持安全车距，不慎追尾前方第三者车辆，造成两车损失事故。

现场情况：

(1) 查勘员到达时，现场未移动，事故车辆紧贴在一起。

(2) 标的车为宝马3系，损失严重。

疑点分析：

(1) 从标的车右前叶子板受损痕迹来看，明显是与直角物体刮碰造成的，而第三者车辆的后杠为弧形体态，由此断定：标的车的碰撞损伤痕迹不是与被保险人所指的第三者车辆碰撞所造成。

(2) 分开两车后，测量两车碰撞痕迹高度，偏差太大，两车接触部位高度明显不一致。

(3) 根据以上情况推定，本次事故并非当事人所述的追尾事故，此地也非事故的第一现场。

处理方法：

(1) 查勘员首先对现场进行调查取证，在取到足够的证据(录音或制作笔录等)后，才与客户表明查勘意见，心平气和地将收取的证据明确告知当事人，碰撞痕迹明显不吻合，此次损失与事实不符。

(2) 经与被保险人沟通，陈小姐最终承认本次事故非第一现场。之前其驾车追尾了另一辆货车，当时有急事就没有报保险处理，后来去修理厂维修，因为维修费用太高，是修理厂业务员教她这么做的。现场的第三者车辆也是修理厂借来的。希望不要对其进行追究，同意在查勘单签字按手印并注明放弃索赔。

处理依据：

《保险法》第27条规定：保险事故发生后，投保人、被保险人或者受益人以伪造、变造的有关证明、资料或者其他证据，编造虚假的事故原因或者夸大损失程度的，保险人对其虚报的部分不承担赔偿或者给付保险金的责任。

 ## 案例二：补漆粉笔作油漆，伪造碰损伤

案情简介：

保险公司接到报案，标的车当事人称倒车时不慎撞到第三者的车，造成双方车辆受损。

现场勘验：

(1) 标的车与第三者的车均停放在事故现场。

(2) 标的车与第三者车均有大量旧损。

(3) 标的车与第三者车刮痕上均有对方车辆颜色的"油漆"。

疑点分析：

(1) 出险地点是很空旷的一个停车场，肇事双方为什么那么轻易就发生碰撞？

(2) 撞击后为什么未停止运动？

(3) 用手擦拭双方车辆上的油漆，发现系用粉笔所划。

处理方法：

(1) 对标的车及第三者车辆进行碰撞测量。

(2) 对标的车及第三者车辆受损部位进行查验，发现双方车辆上的油漆用手和纸巾轻轻

擦拭便发生脱落，仔细查勘，辨认出所谓油漆其实是车漆涂改粉笔涂划上去的。

(3) 现场客户强烈要求开单并要求受理此案，查勘员用事实对客户进行说明后，坚决进行了拒赔处理。

处理依据：

《保险法》第 27 条：未发生保险事故，被保险人或者受益人谎称发生了保险事故，向保险人提出赔偿或者给付保险金请求的，保险人有权解除合同，并不退还保险费。

投保人、被保险人故意制造保险事故的，保险人有权解除合同，不承担赔偿或者给付保险金的责任；除本法第 43 条规定外，不退还保险费。

保险事故发生后，投保人、被保险人或者受益人以伪造、变造的有关证明、资料或者其他证据，编造虚假的事故原因或者夸大损失程度的，保险人对其虚报的部分不承担赔偿或者给付保险金的责任。

 思考练习题

一、名词解释

1. 刑法；2. 犯罪构成；3. 正当防卫；4. 紧急避险。

二、问答题

1. 概述犯罪构成的要件。

2. 概述刑法的基本原则。

3. 概述对交通肇事罪的判断。

三、讨论题

对保险诈骗罪罪与非罪的识别。

四、案例分析

1. 车主的老友当面把车开走失踪，是诈骗还是抢夺？

孙某于 2008 年 6 月与保险公司签订了车辆保险合同。9 月某日，孙某与六年未见面的老友冼某巧遇，孙某喜出望外，当即驾车载冼某去当地有名的酒店吃饭。饭后，冼某以孙某喝酒过多为由，主动提出开车送冼某回家。孙某没有考虑太多，就将车钥匙交给了冼某。但是，孙某没有想到冼某将车驶出停车场后，加速油门把车开走了。孙某追了几百米不能追上，打电话也联系不上冼某，无奈之下孙某只好向公安机关报了案。

3 个月过去后，车辆还是没有下落。于是孙某拿着公安机关的证明，要求保险公司予以理赔。保险公司认为孙某是自愿将车钥匙交给冼某的，此种情况不属于车辆的盗抢险，因此对孙某的车辆不承担盗抢险责任。双方为此发生纠纷。

孙某遂起诉到人民法院，请求法院判令保险公司对其车辆损失承担赔偿责任。

请问：本案如何处理？请说明理由。

2. 发生交通事故，肇事方逃逸的，投保人能否向保险人索赔？

2008 年 7 月 14 日，黄先生驾货车在上海 A8 沪杭调整公路上正常行驶时，无端被一小客车追尾，黄先生急忙靠边停下来准备找对方理论，谁知小客车竟然逃逸。

当时因天雨路滑，大家的车速都不是很快，车损也不是很严重。而黄先生的货车根本撵不上对方，所以只能报警。

但交警来后，也无法查证是哪部车子追尾黄先生的货车，最后不得不草草结案。黄先生在咨询了保险律师后，向办案交警提出出具事故认定书的申请，交警在 10 天内为黄先生开出了交通事故认定书。

黄先生凭此认定书以及修车发票、修理清单找自己的保险公司，要求索赔车损险，保险公司以逃逸车辆追尾保险车辆依法应负全责为由，向黄先生发出拒赔通知。

黄先生不服，诉至法院，要求保险公司承担赔偿责任。

请问：保险公司是否承担赔偿责任？为什么？

第三编

保险合同法

第六章　合　同　法

　　合同法是民商法的重要组成部分，是市场经济的基本法，是商品流通往来的纽带和桥梁。它涉及生产、生活各个领域，与企业的经营和人民群众的生活密切相关，对企业及社会经济组织的意义重大。

　　合同法与保险合同法是一般法与特殊法的关系，因此，只有先学好合同法的基本规定，理解合同法的基本精神，才能为学好保险合同法打好基础。本章内容主要包括合同的基本原则，合同的订立、履行、变更、转让及终止，还包括合同的有效、无效及违约责任等内容。

学　习　目　标	
知识目标	➢ 合同的概念、特征，合同法的基本原则 ➢ 合同订立的过程、形式，合同的内容及效力、无效和可撤销的合同，合同的履行、变更、转让、终止 ➢ 违约责任及争议的解决
能力目标	➢ 掌握合同订立的过程、形式及主要条款 ➢ 明确合同有效订立的条件、无效合同、可撤销的合同及后果 ➢ 了解缔约过失责任，合同的担保、代理

第一节　合同法概述

 引导案例　本案是欺诈还是违约?

案情简介：

　　甲：某县京兰开发公司　乙：邻县打井队

　　甲乙订立了一份铅丝的购销合同，乙按照合同约定预付了部分货款。后来，甲既不付货也不退款，纠纷诉至法院。经法院调查，甲是从事山区野生植物资源开发的公司法人，它超越了经营范围。但签订合同后，甲多方派人采购，一直未能购到。不供货不退款，是因为其资金周转不开。

　　对于此案，有两种观点：

一种观点认定甲为欺诈行为；另一种观点认为甲不是欺诈，应按违约处理。问你是如何看待的？理由是什么？

案例解析：

这是一个超越经营范围订立的合同。上述两种观点都不对。甲超越经营范围订立的合同属于无行为能力而订立的，合同因主体不合格而无效。

(1) 根据所掌握的事实材料，甲没有欺骗对方及诈取财物的故意；

(2) 甲公司的行为也不能认为是违约，因为违约的前提是合同有效；

(3) 对于无效订立的合同，不需履行。但甲方应付主要责任，应向对方退回货款及利息。

一、合同与合同法

(一) 合同

1. 合同的概念

合同又称"契约"，是平等主体的自然人、法人及其他组织之间，设立、变更、终止民事权利义务关系的协议。此类合同是产生债的一种最为普遍和重要的根据，故又称债权合同。

我国《合同法》第 2 条规定："本法所称合同是平等主体的自然人、法人、其他组织之间设立、变更、终止民事权利义务关系的协议。婚姻、收养、监护等有关身份关系的协议，适用其他法律的规定。"

2. 合同的特征

依法成立的合同即具有法律效力，在双方当事人之间就产生了权利、义务关系，或使原有的民事法律关系发生变更或消灭。当事人一方或双方未按合同履行义务，就要依照合同法及相关法律承担违约责任。合同具有如下特征：

① 合同是一种民事法律行为，即需要两个或两个以上的当事人互为意思表示；

② 合同是双方当事人意思表示一致的结果，表示达成协议；

③ 合同以发生、变更、终止民事法律关系为目的；

④ 合同当事人地位平等。

3. 合同的种类

(1) 双务合同与单务合同。

双务合同是指缔约双方相互承担义务，双方的义务与权利相互关联、互为因果的合同，如买卖合同、承揽合同、委托合同、保管合同。

单务合同是指仅由当事人一方负担义务，而他方只享有权利的合同，如赠与合同、自然借款(无偿有偿都是单务)等合同均为典型的单务合同。

(2) 有偿合同与无偿合同。

有偿合同是指合同当事人一方因取得权利需向对方偿付一定代价的合同。

无偿合同是指当事人一方只取得权利而不偿付代价的合同，故又称恩惠合同。

前者如买卖、互易合同等，后者如赠与、使用合同等。有些合同既可以是有偿的也可以是无偿的，由当事人协商确定，如委托、保管等合同。一般而言，双务合同都是有偿合同，单务合同原则上为无偿合同，但有的单务合同也可为有偿合同，如有息贷款合同。

(3) 诺成合同与实践合同。

以当事人双方意思表示一致，合同即告成立的为诺成合同。

除双方当事人意思表示一致外，尚须实物给付，合同始能成立的为实践合同。

(4) 要式合同与非要式合同。

凡合同成立须依特定形式始为有效的为要式合同；反之，则为非要式合同。

例如，公民间房屋买卖合同除用书面形式订立外，尚须在国家主管机关登记过户才能成立，房屋买卖合同属要式合同。

(5) 主合同与从合同。

凡不依他种合同的存在为前提而能独立成立的合同，称为主合同。

凡必须以他种合同的存在为前提才能成立的合同，称为从合同。

例如，债权合同为主合同，保证该合同债务履行的保证合同为从合同。从合同以主合同的存在为前提，主合同消灭时，从合同原则上亦随之消灭。

(6) 为订约当事人利益的合同与为第三人利益的合同。

根据订立的合同是为谁的利益，可将合同分为为订约当事人利益的合同与为第三人利益的合同。

所谓为订约当事人利益的合同，是指仅订约当事人享有合同权利和直接取得利益的合同。所谓为第三人利益的合同，是指订约的一方当事人不是为了自己，而是为第三人设定权利，使其获得利益的合同。在这种合同中，第三人既不是缔约人，也不通过代理人参加订立合同，但可以直接享有合同的某些权利，可直接基于合同取得利益，如为第三人利益订立的保险合同。

(7) 有名合同与无名合同。

有名合同是指法律对某类常见合同冠以名称，并设定具体规则的合同。除了有名合同之外的其他合同，都是无名合同，是非典型性合同。

我国《合同法》规定了 15 种合同：买卖合同，供用电、水、气、热力合同，赠与合同，租赁、融资合同，加工承揽合同，建设工程合同，运输合同，技术合同，仓储保管合同，委托合同，行纪合同，居间合同等，都是有名合同，或称常见合同，法律对其有明确的规范与约束。

(二) 合同法

1. 合同立法

合同法是关于市场交易规则的法律，不仅与经营者的经营活动密切相关，也与人民群众的生活密切相关，是"适用频率最高"的法律之一。

合同法是民事法律制度的组成部分，保险合同法的签订也要遵守合同法的基本规定，二者相当于普通法与特别法的关系。

1999 年修改通过，并于 1999 年 10 月 1 日起施行的《中华人民共和国合同法》，总结并修正了之前的三部合同法(《经济合同法》、《涉外经济合同法》、《技术合同法》的内容)，吸收了改革实践中的经验，并参考了国外大量的有关立法资料，新《合同法》内容共 23 章，428 个条文，用于维护社会主义经济秩序，保护公平交易。

2．立法宗旨

《中华人民共和国合同法》的立法宗旨是：

① 保护合同当事人的合法权益；

② 维护社会经济秩序；

③ 促进社会主义现代化建设；

④ 促进经济可持续发展。

3．合同法与保险合同法

合同法与保险合同法是普通法与特别法的关系，任何具体的合同，都应遵循合同法的基本规定，不应与合同法的立法精神和基本原则相违背；在合同法基本规定的基础上，保险合同法有特殊规定和要求的，优先遵从保险合同法的规定。

二、合同法的基本原则

合同法的基本原则是制定和执行合同法的总的指导思想，是合同法的灵魂；合同法的基本原则是合同法区别于其他法律的标志，集中体现了合同法的基本特征。合同法的基本原则有：

1．平等、自愿原则

平等、自愿原则指的是当事人的民事法律地位平等，包括订立和履行合同两个方面，一方不得将自己的意志强加给另一方。

平等、自愿原则是民事法律的基本原则，是区别于行政法律、刑事法律的重要特征，也是合同法其他原则赖以存在的基础。

自愿，既表现在当事人之间，因一方欺诈、胁迫订立的合同无效或者可以撤销，也表现在合同当事人与其他人之间，任何单位和个人不得非法干预。

自愿原则是法律赋予的，同时也受到其他法律规定的限制，是在法律规定范围内的"自愿"，如法律规定的禁止流通物，如枪支弹药，即使是自愿买卖也是不允许的。

而对于国家根据需要下达指令性任务或者国家订货任务的，有关法人、其他组织之间应当依照有关法律、行政法规规定的权利和义务订立合同，不能"自愿"不订立。这里讲的是实体法的内容，都是法律的强制性规定，涉及社会公共秩序。

法律限制的另一方面是程序法的规定。例如，法律规定当事人订立某类合同，需经批准；转移某类财产，主要是不动产，应当办理登记手续。那么，当事人依照有关法律规定，应当办理批准、登记等手续，不存在个人"自愿"办理或不办理。

2．公平原则

《合同法》第 5 条规定，当事人应当遵循公平原则确定各方的权利和义务。

公平原则既表现在整个社会的交易秩序方面，更表现在个别的具体合同之中，任何一个合同都应当遵循公平原则，体现公平原则的精神。

公平原则既表现在订立合同时的公平，显失公平的合同可以撤销；也表现在发生合同纠纷时公平处理，既要切实保护守约方的合法利益，也不能使违约方因较小的过失承担过重的责任；还表现在极个别的情况下，因客观形势发生异常变化，履行合同使当事人之间的利益重大失衡时，用以公平地调整当事人之间的利益。

保险合同是典型的格式合同，而格式合同的签定，也必须遵守公平原则。

《合同法》第39条规定，采用格式条款订立合同的，提供格式条款的一方应当遵循公平原则确定当事人之间的权利和义务，并采取合理的方式提请对方注意免除或者限制其责任的条款，按照对方的要求，对该条款予以说明。

《合同法》第40条规定，格式条款一方免除其责任、加重对方责任、排除对方主要权利的，该条款无效。

《合同法》第41条规定，对格式条款的理解发生争议的，应当按照通常理解予以解释。对格式条款有两种以上解释的，应当作出不利于提供格式条款一方的解释。格式条款和非格式条款不一致的，应当采用非格式条款。

3. 诚实信用原则

诚实信用主要包括三层含义：一是诚实，要表里如一，因欺诈订立的合同无效或者可以撤销；二是守信，要言行一致，不能反复无常，也不能口惠而实不至；三是从当事人协商合同条款时起，就处于特殊的合作关系中，当事人应当恪守商业道德，履行相互协助、通知、保密等义务。

诚实信用原则在合同法上的适用面愈来愈宽。除合同履行时应当遵循诚实信用原则以外，合同法规定诚实信用还适用于订立合同阶段，即前契约阶段，也适用合同终止后的特定情况，即后契约阶段。

《合同法》第42条规定，当事人订立合同过程中有下列情形之一，给对方造成损失的，应当承担损害赔偿责任：

(1) 假借订立合同，恶意进行磋商；

(2) 故意隐瞒与订立合同有关的重要事实或者提供虚假情况；

(3) 有其他违背诚实信用原则的行为。

《合同法》第43条规定，当事人在订立合同过程中知悉的商业秘密，无论合同是否成立，不得泄露或者不正当地使用。泄露或者不正当地使用商业秘密给对方造成损失的，应当承担损害赔偿责任。

合同法该条规定的是缔约过失责任，承担缔约过失责任的基本依据是其违背了诚实信用原则。

《合同法》第92条规定，合同的权利义务终止后，当事人应当遵循诚实信用原则，根据交易习惯履行通知、协助、保密等义务。该条讲的是后契约义务，履行后契约义务的基本依据也是基于诚实信用原则。

4. 遵守法律，不得损害社会公共利益原则

《合同法》第7条规定，当事人订立、履行合同，应当遵守法律、行政法规，尊重社会公德，不得扰乱社会经济秩序，损害社会公共利益。

合法原则是对公序良俗原则的吸纳，若当事人遵守社会公德，不违背社会公共利益，就不会违背合法原则。

遵守法律主要指的是遵守法律的强制性规定。法律的强制性规定基本涉及的是社会公共利益，一般都已纳入行政法律关系或者刑事法律关系的范畴。

法律的强制性规定是国家通过强制手段来保障实施的那些规定，如纳税、工商登记，不得破坏竞争秩序等规定。法律的任意性规定是当事人可以选择适用或者排除适用的规定，基本涉及的是当事人的个人利益或者团体利益。依照合同法的规定，对合同中的某个问题，当事人有争议，或者发生合同纠纷后，当事人没有约定或者达不成补充协议的，又没有交易习惯等可以解决时，最后的武器就是法律的任意性规定。

合同法中的规定，除有关合同效力的规定以及《合同法》第38条有关指令性任务或者国家订货任务等规定外，绝大多数都是任意性规定。

合同法基本原则有两大作用：一是指导作用。用于指导司法人员及合同当事人的司法实践活动；二是补充作用。用于就合同法的某个问题，法律缺乏具体规定时，当事人可以根据合同法基本原则确定解决方法，司法机关也可以根据合同法基本原则解决各类合同纠纷。

第二节 合同的订立

合同的订立又称缔约，是指合同当事人为设立、变更、终止财产权利义务关系而进行协商，达成协议的过程。

合同须由当事人各方意思表示一致才能成立，这个协商以达成同意的过程就是合同的订立过程。在签订合同之前，首先要注意审查民事主体的民事法律资格：

(1) 对于社会组织需审查，① 是否有法人资格或营业执照；② 是否在经营范围内活动。

(2) 对于自然人需审查，① 是否有民事行为能力；② 经办人是否有法定资格，如法定代表人或经授权的代理人资格；③ 其活动是否在授权委托书的权限范围内。

《合同法》第9条规定："当事人订立合同，应当具有相应的民事权利能力和民事行为能力。""当事人依法可以委托代理人订立合同。"按照这一规定，订立合同的当事人必须是具有相应民事权利能力和民事行为能力的自然人、法人或其他组织。

一、合同订立的程序

《合同法》第13条规定："当事人订立合同，采取要约、承诺方式。"依此规定，合同的订立包括要约和承诺两个阶段。

(一) 要约

要约是指一方当事人以缔结合同为目的，向对方当事人提出合同条件，希望对方当事人接受的意思表示。发出要约的一方称要约人，接受要约的一方称受要约人。

1. 要约

根据我国《合同法》第14条规定，要约是希望和他人订立合同的意思表示，要约中必须表明要约经受要约人承诺，要约人即受该意思表示约束。

2. 要约的要件

要约的要件必须包含以下几方面：

① 要约目的明确，以缔结合同为目的；

② 要约明确受约束(负责)；

③ 要约内容确定，是指要约具备合同主要条款，能够在当事人之间建立债权债务关系。

3. 要约的效力

(1) 要约的生效。

《合同法》第16条规定："要约到达受要约人时生效。"要约实际送达给特定的受要约人时，要约即发生法律效力。

要约人不得在事先未声明的情况下撤回或变更要约，否则构成违反前合同义务，要承担缔约过失的损害赔偿责任。

要约的送达客观上要求传递到受要约人处即可，而不管受要约人主观上是否实际了解到要约的具体内容。例如：要约以电传方式传递时，受要约人收到后因临时有事未来得及看其内容，要约也生效。

(2) 要约的撤回。

要约的撤回是指要约人在发出要约后，于要约到达受要约人之前取消其要约的行为。

《合同法》第17条规定："要约可以撤回。撤回要约的通知应当在要约到达受要约人之前或者同时到达受要约人。"在此情形下，被撤回的要约实际上是尚未生效的要约。

(3) 要约的撤销。

要约的撤销是指在要约发生法律效力后，要约人取消要约从而使要约归于消灭的行为。要约的撤销不同于要约的撤回(前者发生于要约生效后，后者发生于要约生效前)。

《合同法》第18条规定，要约可以撤销。撤销要约的通知应当在受要约人发出承诺通知之前到达受要约人。

《合同法》第19条规定，有下列情形之一的，要约不得撤销：

① 要约人确定了承诺期限或者以其他方式明示要约不可撤销的；

② 受要约人有理由认为要约是不可撤销的，并且已经为履行合同做了准备工作。

允许要约人有权撤销已经生效的要约，必须有严格的条件限制。如果法律上对要约的撤销不作限制，允许要约人随意撤销要约，那么必将在事实上否定要约的法律效力，导致要约性质上的变化，同时也会给受要约人造成不必要的损失。

要约的撤销与撤回在法律效力上是等同的，二者的区别在于行为发生时间的不同，法律上的要求不同。

4. 要约与要约邀请的区别

要约邀请又称引诱要约，是指一方邀请对方向自己发出要约的法律行为。

要约与要约邀请的区别在于：

(1) 要约邀请是指一方邀请对方向自己发出要约，而要约是一方向他方发出订立合同的意思表示。

(2) 要约邀请是一种事实行为，而非法律行为。要约是希望他人和自己订立合同的意思表示，是法律行为。

(3) 要约邀请只是引诱他人向自己发出要约，在发出邀请的要约邀请人撤回邀请时，只要未给善意相对人造成利益的损失，邀请人并不承担法律责任。以下四个法律文件为要约邀请：寄送的价目表、拍卖公告、招标公告、招股说明书。而拍卖、悬赏广告则一般被认定为要约。

(二) 承诺

1. 承诺的概念

承诺是指受要约人在规定期限内做出的同意接受要约的全部条件而缔结合同的意思表示。

2. 承诺的要件

承诺的要件包括以下几方面：

① 受要约人完全同意(一旦做出实质性变更，就构成新要约或反要约)；

② 承诺由受要约人发出；

③ 承诺在规定期限内做出。

 案例

案情简介：

甲：某机械厂　　乙：某电炉厂

08 年 8 月，甲向乙发信，联系购买一台电子感应炉，规格为 2T，执行国家定价，委托供方代办托运，9 月发货。

乙接函后，即复函称：电炉有货，规格 1T，若有异议，请于 9 月 1 日前提出，否则将于 9 月发货。甲后来一直未作答复。乙于 9 月初发货，但甲以合同未成立为由拒收。

问题：双方购销合同是否成立？理由是什么？

解析：这是一个关于要约与承诺的合同，甲乙之间的购销合同尚未成立。理由：

(1) 甲发出的信属于要约行为；

(2) 乙回函的行为属于反要约，因他对要约的主要内容即标的物的规格做了重大修改，所以不属于承诺行为；

(3) 甲对反要约并未作出承诺；

(4) 乙在反要约中的附带条件是无约束力的，要约对受要约人无法律约束力。因此，双方之间的合同并未成立。

(三) 合同的特殊订立方式

合同的订立一般都要经过要约和承诺的过程，但是在实践中，根据合同性质的不同，有很多合同是特定形式订立的，如一方当事人事先就已经拟定好合同内容的。采取特殊方式订立的合同，具体包括招标投标形式订立的合同，因拍卖形式订立的合同，因悬赏广告而发生的合同关系，还有保险合同中保险人所填写的保险单，就是典型的格式合同。

采用格式条款订立合同是一种比较常见的合同特殊订立形式。

格式条款合同是当事人一方为了重复使用而预先拟定，并在订立合同时未与对方协商条款的合同，如飞机票、保险单、水电、供暖费等。在国际贸易中，大型公司往往有几条格式条款，不允许协商，提出者往往处于优越地位，会有些不公平条款，如免除自己的责任，排除对方的权利等。保险合同一般都是以格式合同形式出现的。

格式合同应遵循公平原则，若给对方造成较大损失的，免责无效。

 ## 引导案例　轿车保险理赔纠纷

案情简介：

甲：保险公司　乙：投保人王某

09 年 8 月，王某购买了一辆新款轿车。按规定，他在当地一家保险公司办理了车险。

同年 10 月，王某外出时车被严重撞坏了，按照保险公司的要求将车拖至保险公司下属的修理厂修理。王某了解到该修理厂条件较差，无法修好该车，便提出更换修理厂，甲方不同意，称按合同规定只能到其下属的修理厂。过了 4 个月，车仍未修好，双方协商不成，王某诉诸法院。

案例解析：

本案保险公司采用的是格式合同

《合同法》第 39～41 条规定，格式合同是为重复使用而预先拟定的未与对方协商条款的合同。其中，提供方免除其责任、加重对方责任、排除对方主要权利的条款无效。

本案中保险公司的这一不平等条款实际上剥夺了被保险人的求偿权利。作为消费者，应认真研读每一条款，对用词含糊的条款要求解释，并表示异议，提出修改、增补的要求。

二、合同的订立形式

1. 口头形式

当事人通过口头协商、电话协商订立的合同，称为口头合同。

口头合同简便易行，在日常生活中广泛运用，但不足之处是发生纠纷时，纠纷双方难于举证，不易分清责任。

2. 书面形式

书面形式是指合同书、信件以及数据电文(包括电报、电传、传真、电子数据交换和电子邮件)等以有形的表现所载内容的形式。当事人协商同意的有关合同的文书、电报、图标等都是合同的组成部分。

《合同法》修改前的《经济合同法》规定，经济合同除即时清结者外，一律采用书面合同。因为一旦发生纠纷，举证方便，容易分清责任，也便于管理机关监督检查。

3. 公证形式

合同公证是指当事人约定或依照法律的规定，由国家公证机关对合同内容加以审查公正。公证机关对合同内容的真实性、合法性进行审查确认后，在合同书上加盖公证印鉴，以兹证明。经公证的合同具有很强的证据力，除有相反的证据外，不能推翻。

4. 批准形式

有些合同须经国家有关主管机关审查批准方为有效。当事人应提交所签订的书面合同及有关文件，经审查批准后才生效。法律规定需要批准而没有经过批准的合同，没有法律效力。

5. 登记形式

当事人约定或依照法律规定，将合同提交国家登记主管机关登记。

合同登记一般用于不动产，如房屋是不动产，取得、变更房屋所有权是以房屋产权登记为标志的，这与动产不同。但某些特殊的动产，如船舶等，法律也要求其转让时要进行登记。合同的订立方式包括两种形式：自行订立和代理订立。

代理订立的需要明确对方有代理权，取得正式合格的代理人资格，如有经过公证机关公证的授权委托代理书。

三、合同的成立

(一) 合同成立的时间

合同成立的时间依订立形式的不同而不同：

(1) 书面形式。合同以书面形式订立的，自双方当事人签字或者盖章时合同成立。

(2) 信件、数据电文。合同以信件、数据电文形式订立的，可以在合同成立之前要求签订确认书，签确认书时合同成立。

(二) 合同成立的地点

通常承诺生效的地点为合同成立的地点：

(1) 以合同书形式订立的合同，承诺地为合同成立地点。

(2) 采用数据电文形式的合同，收件人的主营业地、经常居住地为合同成立地点；若当事人另有约定的遵约定。

(3) 未采用书面形式的合同，若一方已履行合同主要义务，对方接受的，合同成立。

例如：天津的甲公司以电子邮件的形式在北京向南京的乙公司发出要约，乙公司发电子邮件予以承诺。甲公司董事长在英国收到电子邮件，合同成立地在哪里？

合同成立地在天津。甲公司只要打开电脑，无论天涯海角都能收到信息。收到地就为承诺地，具有不确定性，因此应当以甲公司(收件人)主营业地为承诺地。《合同法》第34条第2款所说的收件人，是指承诺收件人。

四、先合同义务与缔约过失责任

(一) 先合同义务

先合同义务又称"前合同义务"或"先契约义务"，是指在要约生效后合同生效前的缔约过程中，缔约双方基于诚信原则而应负有的告知、协力、保护、保密等合同附随义务。

古典合同法理论认为，只有在合同生效后，当事人才负有合同义务。然而现实生活中，许多纠纷发生在合同订立过程中，而此时合同未生效，依照古典合同法理论，缔约当事人的利益得不到保护，这违背了法律的正义、公平理念，基于此，业内开始了对先合同义务的理论研究。

先合同义务存在于缔约过程，其起止时间分别为"要约生效"与"合同生效"时。先合同义务突出的特征在于义务的法定性与附随性。作为合同附随义务，先合同义务的产生与存续依赖于缔约行为及当事人对合同生效之期待。先合同义务法律制度的价值在于体现民法平衡、正义的理念与诚信精神。

《合同法》第 42 条规定："当事人在订立合同过程中有下列情形之一，给对方造成损失的，应当承担损害赔偿责任。"

① 假借订立合同，恶意进行磋商；

② 故意隐瞒与订立合同有关的重要事实或者提供虚假情况；

③ 有其他违背诚实信用原则的行为。

《合同法》第 43 条规定：当事人在订立合同过程中知悉的商业秘密，无论合同是否成立，不得泄露或者不正当地使用。泄露或者不正当地使用该商业秘密给对方造成损失的，应当承担损害赔偿责任。

(二) 缔约过失责任

1. 概念

缔约过失责任是指在合同订立过程中，一方因违背其依据的诚实信用原则所产生的义务，致使另一方的信赖利益受到损失，并应承担损害赔偿责任。缔约过失责任是一种新型的责任制度，具有独特和鲜明的特点：

这种责任只能产生于缔约过程之中，是对依诚实信用原则所负的先合同义务的违反，是造成他人信赖利益损失所负的损害赔偿责任，也是一种弥补性的民事责任。

2. 缔约过失责任包括

① 合同未成立；

② 无效合同；

③ 合同被撤销；

④ 合同未生效。

3. 缔约过失责任构成要件

缔约过失责任的构成要件包括：

① 当事人违反先合同义务；

② 当事人主观上有过错；

③ 客观上造成了对方当事人的损害，并有损失。

4. 缔约过失责任的适用

缔约过失责任适用的《合同法》第 42 条规定：

① 假借订立合同进行恶意磋商。

② 故意隐瞒与订立合同有关的重要事实或者提供虚假情况。

③ 有其他违背诚实信用原则的行为。

有以上情形之一的，给对方造成损失的，应当承担损害赔偿责任。

（三）先合同义务与缔约过失责任的区别

先合同义务是缔约当事人在缔约过程中依法承担的彼此基于诚信原则产生的遵守信用义务。

缔约过失责任是指在合同订立过程中，一方当事人故意或者过失地违反先合同义务，造成对方当事人信赖利益的损失时，依法应当承担的责任。

二者的区别在于义务和责任的不同，两者之间是前因和后果的关系。

下面我们介绍一个关于先合同义务的案例。

李某经营的饭馆准备转让，其价格比较优惠，刘某有购买的意思，并与李某进行了商谈。此时，陈某也有一饭馆要转让。他得知此事后，想让刘某买自己开办的饭馆，于是故意以高价购买李某的饭店为由向李某做出意思表示，并进行了长时间的谈判。而陈某则暗地里与刘某签订了转让协议。之后，陈某找借口不与李某签订饭馆买卖合同，造成李某饭馆卖不出去，最终不得不以更低的价格卖给别人。此后，当李某得知陈某的所作所为之后，认为自己在饭馆转让过程中所受的损失是由陈某的行为造成的，遂诉至法院。

这是一个假借订合同，恶意磋商，使对方受损的案例，陈某应负缔约过失责任。

可见，缔约过失责任是在订立合同过程中，因当事人一方的过错给对方造成损害的，有过错的一方当事人应承担的民事责任，这是区别于违约责任、侵权责任的重点所在。

第三节　合同的内容与担保

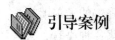 **引导案例**

案情简介：

甲乙双方口头约定购销合同，甲方向乙方购买 10 万瓶劣酒，货价 20 万元，交款提货，并约定乙方需加贴名牌商标，以便甲方冒充名酒出售。合同履行时，甲方以手头拮据为由，只付了 10 万元便提走了全部货物。乙方一再催讨无着，诉至法院。

问：(1) 该合同是否有效？理由何在？

(2) 双方各自返还财物，是否可行？为什么？

(3) 应如何处理双方的经济责任？

案例解析：

这是一个内容违法的合同。

(1) 确认合同无效。理由是标的违法。

(2) 双方返还财物不可行。理由是违反国家和社会公共利益，并且双方对于合同的订立都有主观故意。

(3) 应追缴 10 万瓶劣酒和已收的 10 万元货款，并视情节处以罚款。

一、合同的主要条款

合同的条款是合同双方当事人权利义务的具体体现，也就是合同的内容。

合同的条款是否齐备、准确，决定了合同能否成立、生效以及能否顺利地履行、实现订立合同的目的。

合同中首先应明确写明当事人的名称或姓名、住所。这是因为：当事人是合同的主体，合同中如果不清楚记载当事人详细信息，谁与谁做交易都搞不清楚，就无法确定权利的享有和义务的承担，发生纠纷时难以解决，特别是在合同涉及多方当事人的时候更是如此。

合同的主要条款，根据合同性质的不同会有所不同，但一般情况下，其应当包括以下内容：标的，数量，质量，价款或者报酬，履行期限、地点和方式，违约责任，解决争议的方法。

1. 标的

标的是指权利义务所指向的对象，是一切合同的必备条款。没有标的，合同不能成立，合同关系无法建立。

合同的种类很多，合同的标的也多种多样：

(1) 物。如依不同的分类，物有生产资料与生活资料、种类物与特定物、可分物与不可分物、限制流通物、禁止流通物与自由流通物、货币与有价证券等。

(2) 行为。如提供劳务的行为，运输合同中承运人的运输行为，保管与仓储合同中的保管行为，接受委托进行代理、居间、行纪行为等。

(3) 智力成果。如商标、专利、著作权、技术秘密等。

合同对标的的规定应当清楚明白、准确无误，对于名称、型号、规格、品种、等级、花色等都要约定得细致、准确、清楚，防止出现差错。特别是对于不易确定的无形财产、劳务、工作成果等更要尽可能地描述准确、明白。订立合同中还应当注意各种语言、方言以及习惯称谓的差异，避免不必要的麻烦和纠纷。

2. 数量

数量是标的的具体化，应清楚、明确。

在大多数的合同中，数量是必备条款，没有数量，合同是不能成立的。

许多合同只要有了标的和数量，即使对其他内容没有规定，也不妨碍合同的成立与生效。因此，数量是合同的重要条款。

对于有形财产，数量是对单位个数、体积、面积、长度、容积、重量等的计量；对于无形财产，数量是个数、件数、字数以及使用范围等多种量度方法；对于劳务，数量为劳动量；对于工作成果，数量是工作量及成果数量。

一般而言，合同的数量要准确，选择使用共同接受的计量单位、计量方法和计量工具。根据不同情况，要求不同的精确度，允许适当的尾差、磅差、超欠幅度、自然耗损率等，如国际货物买卖，规定有"短装溢条款"的正负尾数。

在拟写合同时，要注意描述用语，要求准确、清晰，不能含混不清，如大概、基本上、大部分等词汇应避免使用。

3．质量

质量是指标的的具体特征，包括标的的名称、品种、规格、型号、等级、标准、性能、款式、技术要求等，须符合标准化法及有关质量管理法规。

实践中许多合同纠纷都是因质量问题引起的，因此，合同中应当对质量问题尽可能地规定细致、准确和清楚。

对于国家有强制性标准规定的，必须按照规定的标准执行；有专业标准的，按专业标准执行；有企业标准的，按照企业标准执行。

当事人可以约定质量检验的方法、质量责任的期限和条件、对质量提出异议的条件与期限等。若发现质量问题，应及时主张权利。

4．价款或酬金

价款一般是指对提供财产的当事人支付的货币，如买卖合同的货款、租赁合同的租金、借款合同中借款人向贷款人支付的本金和利息等。

酬金一般是指对提供劳务或者工作成果的当事人支付的货币，如运输合同中的运费、保管合同与仓储合同中的保管费以及建设工程合同中的勘察费、设计费和工程款等。

合同应按国家有关规定应订明价款或酬金的数额、计算标准、结算方式和程序。

如果有政府定价和政府指导价的，要按照规定执行。

在合同中，价格应当规定清楚、计算价款或者报酬的方法应明确。有些比较复杂的合同，货款、运费、保险费、保管费、装卸费、报关费以及一切其他可能支出的费用，由谁支付都要规定清楚。

5．履行的期限、地点和方式

(1) 期限：时间点或时间段。

履行期限是指合同中规定的当事人履行义务的时间界限。

履行期限直接关系到合同义务完成的时间，涉及当事人的期限利益，也是确定合同是否按时履行或者迟延履行的客观依据。

不同的合同，其履行期限的具体含义是不同的。买卖合同中卖方的履行期限是指交货的日期、买方的履行期限是交款日期，运输合同中承运人的履行期限是指从起运到目的地卸载的时间，工程建设合同中承包方的履行期限是从开工到竣工的时间。

因此，合同中的期限条款应当尽量明确、具体，或者明确规定计算期限的方法。

(2) 地点：关系到履行的费用、时间、风险责任，亦是确定诉讼管辖的依据。

履行地点是指当事人履行合同义务和对方当事人接受履行的地点。不同的合同，履行地点不同，如买卖合同中，买方提货的，在提货地履行；卖方送货的，在买方收货地履行。在工程建设合同中，在建设项目所在地履行。运输合同中，从起运地运输到目的地为履行地点。

履行地点通常是确定运费由谁负担、风险由谁承担以及所有权是否转移、何时转移的依据，也是在发生纠纷后确定由哪一地法院管辖的依据。因此，履行地点在合同中应当规定得明确、具体。

(3) 履行方式。

履行方式是指当事人履行合同义务的具体方法。不同的合同，履行方式不同。

买卖合同的履行方式是交付标的物，承揽合同的履行方式是交付工作成果。履行可以是一次性的，也可以是在一定时期内分期、分批的。运输合同按照运输方式的不同可以分为公路、铁路、海上、航空等方式。

履行方式还包括价款或者报酬的支付方式、结算方式等，如现金结算、转账结算、同城转账结算、异地转账结算、托收承付、支票结算、委托付款、限额支票、信用证、汇兑结算、委托收款等。

履行方式与当事人的利益密切相关，应当从方便、快捷和防止欺诈等方面考虑，采取最为适当的履行方式，并且在合同中应当明确规定。

6. 违约责任

违约责任是指当事人一方或者双方不履行合同或者不适当履行合同，依照法律的规定或者按照当事人的约定应当承担的法律责任。合同应当具有预见性，如违约金、赔偿金的规定应在合同中载明。

违约责任是促使当事人履行合同义务，使对方免受或少受损失的法律措施，也是保证合同履行的主要条款。

违约责任在合同中非常重要，因此，有关合同的法律对于违约责任一般都已经作出较为详尽的规定。但法律的规定是原则性的，即使较为具体也不可能面面俱到，照顾到各种合同的特殊情况。因此，当事人为了特殊的需要，为了保证合同义务严格按照约定履行，也为了更加及时地解决合同纠纷，可以在合同中约定违约责任，如约定定金、违约金、赔偿金额以及赔偿金的计算方法等。

7. 合同争议的解决方法

合同争议的解决方法是指对合同条款发生争议时的解释以及法律适用等。解决争议的方法主要有：

一是双方通过协商和解，二是由第三人进行调解，三是通过仲裁解决，四是通过诉讼解决。当事人可以约定解决争议的方法，依照仲裁法的规定，如果选择适用仲裁解决争议，除非当事人的约定无效，否则即排除了法院对其争议的管辖。但是，如果仲裁裁决有问题，可以依法申请法院撤销仲裁裁决或者申请法院不予执行。当事人选择和解、调解方式解决争议，都不能排除法院的管辖，当事人仍然可以提起诉讼。

涉外合同的当事人约定采用仲裁方式解决争议的，可以选择中国的仲裁机构进行仲裁，也可以选择在外国进行仲裁。涉外合同的当事人还可以选择解决他们的争议所适用的法律，当事人可以选择使用中国的法律、港澳地区的法律或者外国的法律。但我国法律对有些涉外合同的法律适用有限制性规定的，应依照其规定执行。

解决争议的方法的选择对于纠纷发生后当事人利益的保护是非常重要的，当事人应该慎重对待。合同中，若选择了仲裁为解决争议的方法，但具体选择哪一个仲裁机构要规定得清楚，不能笼统规定"采用仲裁解决"，否则将无法确定仲裁协议条款的效力。

按照当事人的意愿在合同中特别约定的条款，也是合同的主要条款。

二、合同的担保

所谓担保合同，是指为促使债务人履行其债务，保障债权人的债权得以实现的协议。

担保合同是一种重要的民事合同，担保合同是一种从合同，具体由担保法规范。

担保法，广义上是指调整担保活动中有关当事人之间发生的担保关系的法律规范总称。《中华人民共和国担保法》规定的担保方式有保证，抵押，留置，质押和定金五种。1995年6月30日由八届人大通过，自1995年10月1日实施。

1．担保合同的特征

(1) 从属性。被担保的合同关系是一种主法律关系，为之而设立的担保关系是一种从法律关系。担保合同的订立目的是保障所担保的债务履行，保护交易安全和债权人利益。

我国《担保法》第5条第1款规定："担保合同是主合同的从合同。主合同无效，担保合同无效。"

我国《担保法》第5条第1款还规定："当事人约定担保合同不从属于被担保的合同的，若被担保的合同无效，担保合同并不因之而无效。"

《担保法》第14条和第59条也明确规定了最高额保证和最高额抵押，允许为将来存在的债权预先设定保证或者抵押权。

(2) 补充性。担保合同的补充性是指合同债权人所享有的担保权或者担保利益。担保合同的补充性主要体现在以下两个方面：

一方面，担保合同是责任财产的补充。担保合同一经有效成立，就在主合同关系的基础上补充了某种权利义务关系，从而使保障债权实现的责任财产得以扩张，或使债权人就特定财产享有了优先权，增强了债权人的债权得以实现的可能性。

另一方面，担保合同是效力的补充。在主合同关系因适当履行而正常终止时，担保合同中担保人的义务并不实际履行。只有在主债务不履行时，担保合同中担保人的义务才履行，使主债权得以实现。

(3) 相对独立性。担保合同从其涵义上来说，是指为保障债权的实现由当事人在平等、自愿、公平、诚实信用的原则基础上设立的合同。

2．担保合同的内容特点

债权担保的内容是指担保权与担保义务组成的权利义务关系。

债权人的担保权因人的担保和物的担保的性质不同，表现出不同的属性。在人的担保即保证中，担保权是一种债权性的请求权，属债权范围；而在物的担保中，则是一种物权性的优先受偿权，故也称为担保物权，两者间的效力相差较大。与此相对应，担保义务人的义务在人的担保中，实为一种债务，而于物的担保中则是一种物权负担。

3．担保的种类

担保的种类比较多，具体如下：

(1) 保证。保证是债务人以外的第三人为债务人履行债务而向债权人所做的一种担保，是指保证人和债权人约定，当债务人不履行债务时，保证人按照约定履行债务或者承担责任的行为。

(2) 抵押。抵押在银行或地产界称为按揭，是指提供私人资产(不论是否为不动产)作为债务担保的行为，多发生于购买房地产时银行借出的抵押贷款或在典当商折现非不动产的物品。

(3) 质押。质押也称质权，就是债务人或第三人将其动产移交债权人占有，将该动产作为债权的担保，当债务人不履行债务时，债权人有权依法就该动产卖得价金优先受偿。

质权分为动产质权和权利质权两种。

动产质权是指可移动并因此不损害其效用的物的质权；权利质权是指以可转让的权利为标的物的质权。

权利质权标的物包括汇票、本票、支票、债券、存款单、仓单、提单，以及依法可以转让的股份、股票。

抵押与质押最主要的区别就是抵押不转移抵押物，而质押必须转移占有质押物，否则就不是质押而是抵押。另一个区别就是，质押无法质押不动产(如房产)，因为不动产的转移不是占有，而是登记。

(4) 定金。定金是指在合同订立或在履行之前支付的一定数额的金钱作为担保的担保方式。当事人约定的定金金额不得超过主合同标的额的 20%。如果超过 20%，则超过部分无效。

定金的法律效力表现为：

① 给付定金方不履行合同义务的，无权请求返还定金。

② 接受定金方不履行合同义务的，双倍返还定金。

③ 当事人一方不完全履行合同的，应按照未履行部分所占合同约定内容的比例，适用定金罚则。

(5) 留置。留置权是指债权人按照合同的约定占有债务人的动产，债务人不按照合同约定的期限履行债务的，债权人有权依照法律规定留置财产，以该财产折价或者以拍卖、变卖该财产的价款优先受偿。

三、合同的特殊条款

合同的特殊条款是指法律规定或按合同性质必须具备的条款。例如：

(1) 借款合同。

《合同法》第 196 条规定：借款合同是借款人向贷款人借款，到期返还借款并支付利息的合同。

《合同法》第 197 条规定：借款合同采用书面形式，但自然人之间借款另有约定的除外。借款合同的内容包括借款种类、币种、用途、数额、利率、期限和还款方式等条款。

需要注意借款合同的用途，若出借人明知借款人是为了进行非法活动而签订的借款合同无效，如出借人明知借款人借款是为了赌博、吸毒、贩卖毒品等非法活动的，法律不予保护。

(2) 租赁合同。

《合同法》第 212 条规定：租赁合同是出租人将租赁物交付承租人使用、收益，承租人支付租金的合同。

《合同法》第 213 条规定：租赁合同的内容包括租赁物的名称、数量、用途、租赁期限、租金及其支付期限和方式、租赁物维修等条款。

合同中需要注意写明租赁的用途、维修保养费用的支付方等，防止日后发生纠纷，互相推卸责任。

房屋租赁合同是指房屋出租人将房屋提供给承租人使用，承租人定期给付约定租金，并于合同终止时将房屋完好地归还出租人的协议。

房屋租赁合同遵守一般的合同格式，合同内容应包含房屋租赁双方当事人的个人信息，所租赁房屋的情况以及租赁双方的权利义务等。主要包括房屋地址、居室间数、使用面积、房屋家具电器、层次布局、装饰设施、月租金额、租金缴纳日期和方法、租赁双方的权利义务、维修保养费用、租约等。

(3) 建筑工程承包合同。

签订建筑工程承包合同需要注意遵守国家相应的环保排污规定，合同中应加入废水废气等排污处理条款。

建设工程承包合同亦称基本建设承揽合同，指一方(承包人，即勘察、设计或施工单位)按期完成并交付他方(发包人，即建设单位)所委托的基本建设工作，而发包人按期进行验收和支付工程价款或报酬的合同。

第四节　合同的效力

一、合同的生效

合同的生效是指已经成立的合同发生相应的法律效力，并能产生合同当事人所期望的法律后果。合同是否生效，取决于是否符合法律规定的有效条件。在一般情况下，当事人依法就民事权利、义务达成一致，形成合意，合同成立并生效。

合同生效意味着双方当事人享有合同中约定的权利和承担合同中约定的义务，任何一方不得擅自变更和解除合同。一旦当事人一方不履行合同规定的义务，另一方当事人可寻求法律保护。合同生效后，对合同当事人之外的第三人也具有法律约束力，第三人(包括单位、个人)均不得对合同当事人进行非法干涉，合同当事人对妨碍合同履行的第三人可以请求法院排除妨害；合同生效后，合同条款成为处理合同纠纷的重要依据。合同成立是合同生效的前提条件，合同生效是当事人双方订立合同实现预期目标必然要追求的结果。

(一) 合同的有效要件

《民法通则》第 55 条对民事行为的有效条件明确规定：法律行为应当具备的条件包括：行为人具有相应的民事行为能力；意思表示真实；不违反法律或社会公共利益。

在具体签订合同时，应当根据这个原则，审查以下方面：

1. 主体合法

主体合法需要审查当事人的主体资格，缔约时，当事人双方应有相应的民事权利能力和民事行为能力。

《民法通则》第 42 条规定："企业法人应当在核准登记的经营范围内从事经营"。

2．标的合法

标的合法是指合同标的确定不违反国家限制性规定，如禁止流通物、限制流通物的相关规定。若合同标的违法则会导致合同无效。

3．内容合法

内容合法是指合同中当事人双方权利义务公平，不违反法律和社会公共利益。

(1) 不违反法律。这里的"法律"应从宽解释为法律和行政法规，即不得违反国家法律和行政法规的强制性规定。

(2) 不违反社会公共利益，即不违反公序良俗。对于表面上合法，但实质上损害了社会公共利益的合同，都会被认定为无效合同。

4．程序与形式合法(符合法定形式和程序)

合同订立程序与形式要符合法定程序，当事人双方意思表示真实一致。

合同符合法定形式，按法律、行政法规规定应当办理批准、登记等手续才生效的，自批准、登记时生效，双方当事人在合同中约定合同生效时间的，以约定为准。

(二) 附条件和附期限的合同

1．附条件合同

附条件合同是指当事人选定某种成就与否并不确定的将来事实，作为控制合同效力发生与消灭附款的合同。

合同法规定，当事人对合同的效力可以约定附条件。附生效条件的合同，自条件成立时生效。附解除条件的合同，自条件达成时失效。当事人为自己的利益不正当地阻止条件成就的，视为条件成就；不正当地促成条件成就的，视为条件不成就。

2．附期限合同

附期限合同是指当事人对合同的效力可以约定附期限的合同。

合同法规定，附生效期限的合同，自期限届至时生效。附终止期限的合同，自期限届满时失效。

二、效力待定的合同

效力待定合同又称可追认的合同，是指合同虽然已经订立，但因欠缺合同生效的要件，其效力能否发生尚不确定，而需经有权人追认才能生效的合同。

1．限制民事行为能力人订立的合同

《合同法》第 47 条规定：限制民事行为能力人订立的合同，经法定代理人追认后，该合同有效，但纯获利益的合同或者与其年龄、智力、精神健康状况相适应而订立的合同，不必经法定代理人追认。

经法定代理人追认后，合同有效。合同相对人可以催告法定代理人在 1 个月内予以追认。法定代理人未作追认的，视为拒绝追认。

当然，无民事行为能力人只能由其法定代理人代理订立合同。若无民事行为能力人订

立的数额微小的合同，经其法定代理人许可或事后追认方可生效。

2. 无代理权人订立的合同

无权代理的合同是指无代理权的人代理他人与相对人订立的合同。

无权代理主要包括行为人无代理权，超越代理权范围的代理或者代理权终止后的代理。在这几种情况下，行为人以被代理人名义订立的合同，未经被代理人追认，对被代理人不发生效力，由行为人承担责任。

3. 无处分权人处分他人财产订立的合同

《合同法》第 51 条规定：无处分权的人处分他人财产，经权利人追认或者无处分权的人订立合同后取得处分权的，该合同有效。

(1) 只有经权利人追认或者无处分权的人事后取得处分权的，合同才有效。

(2) 在此之前，该合同的效力处于待定状态。

4. 自己代理和双方代理订立的合同

自己代理合同是指代理人以被代理人名义与自己订立的合同。

这种合同的内容实质上是由代理人一人决定的，非双方当事人的协议，很有可能损害被代理人的利益，若被代理人追认，仍可有效，反之，则为无效代理的合同。

双方代理也是代理人一人决定的合同，只不过是代理人以被代理人的名义同自己代理的其他人订立的合同，不能充分反映双方当事人的意志，结果同上，若经追认仍可有效。

三、可 撤 销 的 合 同

1. 概念

可撤销的合同是指虽经当事人协商成立，但由于当事人的意思表示并非真意，经向法院或仲裁机关请求可以消灭其效力的合同。

《合同法》第 54 条规定："下列合同，当事人一方有权请求人民法院或者仲裁机构变更或者撤销：

(1) 因重大误解订立的；

(2) 在订立合同时显失公平的。

一方以欺诈、胁迫的手段或者乘人之危，使对方在违背真实意思的情况下订立的合同，受损害方有权请求人民法院或者仲裁机构变更或者撤销。

当事人请求变更的，人民法院或者仲裁机构不得撤销。"

2. 合同被撤销后的结果

合同被撤销后，其结果如下：

(1) 因该合同取得的财产，应当予以返还。

(2) 不能返还或者没有必要返还的，应当折价补偿。

(3) 有过错的应当赔偿对方因此所受到的损失。

(4) 双方都有过错的，应当各自承担相应的责任。

四、无效合同

 引导案例　因欺诈订立的合同

案情简介:

甲: 某房地产开发公司　乙: 购房者李某

2011 年, 甲公司在楼房尚未建成前, 多次推出广告, 声称买某某花园一处住宅, 便可拥有面积为 150 平米的绿地。

乙方李某动心, 2012 年初, 找到甲方售楼处了解详情, 工作人员出示设计图, 表示楼建成后, 准备在其周围修建约 600 平米的草坪花园, 乙满意交付了定金五万元。

年底交付楼房时, 乙发现周围仅有 60 平米空地且并未绿化, 遂拿广告与其交涉。

公司认为, 合同中未规定上述广告内容, 公司无提供绿地义务。乙于是起诉, 要求双倍返还定金。

案例解析:

这是一个利用虚假广告, 欺诈订立的合同。

(1) 被告甲方不提供绿地的行为不构成违约, 广告内容未被写入合同文本。

(2) 被告甲方实施了欺诈行为, 提供虚假广告, 故意隐瞒真实情况, 诱使对方做出错误意思表示。

(3) 原告可以以欺诈为由请求法院宣告合同无效。

(4) 被告应根据定金罚则双倍返还定金。

被告行为违反《广告法》, 可由广告监督机关处理, 处以广告费一至五倍的罚款。

无效合同是指虽经当事人协商成立, 但因不符合法律要求而不予承认和保护的合同。无效合同从订立的时候起就没有法律效力。若合同部分无效不影响其余部分效力的, 其余部分仍然有效。

(一) 导致合同无效的事由

导致合同无效的原因有很多, 以下情形签订的合同, 自始无效。

① 一方以欺诈、胁迫的手段订立的合同, 损害国家利益的合同;

② 恶意串通, 损害国家、集体或者第三人利益的合同;

③ 以合法形式掩盖非法目的签订的合同;

④ 损害社会公共利益的合同;

⑤ 违反法律、行政法规的强制性规定的合同。

(二) 无效合同财产后果的处理

《合同法》第 58 条规定:"合同无效或者被撤销后, 因该合同取得的财产, 应当予以返还; 不能返还或者没有必要返还的, 应当折价补偿。有过错的一方应当赔偿对方因此所受到的损失, 双方都有过错的, 应当各自承担相应的责任。"

《合同法》第 59 条还规定："当事人恶意串通，损害国家、集体或者第三人利益的，因此取得的财产收归国家所有或者返还集体、第三人。"

归纳起来，无效合同的处理包括：

① 返还财产。

② 折价补偿。

③ 赔偿损失。

④ 收归国库所有或返还第三人。

第五节 合同的履行、变更和解除

一、合同的履行原则

合同的履行是指合同义务得到全面、适当地执行，合同权利人的权利得到充分的实现，如交付约定的标的物，完成约定的工作，提供约定的服务等。

履行合同就其本质而言，是指合同的全部履行。只有当事人双方按照合同的约定或者法律的规定，全面、正确地完成各自承担的义务，才能使合同债权得以实现，也才使合同法律关系归于消灭。无论是完全没有履行，或是没有完全履行，均与合同履行的要求相悖，当事人均应承担相应的责任。

合同的履行除应遵守平等、公平、诚实信用等民法基本原则外，还应遵循以下合同履行的特有原则，是指实际履行原则、适当履行原则、协作履行原则、经济合理原则和情势变迁原则。

1. 实际履行原则

实际履行原则是指当事人按照合同规定的标的履行合同义务的原则。

本原则的含义是指合同履行时，应当按合同标的履行，合同的标的具有不可代替性，合同标的是合同权利义务指向的对象，不能用违约金、赔偿金等代替。

《合同法》第 110 条规定了实际履行的除外情况：

当事人一方不履行非金钱债务或者履行非金钱债务不符合约定的，对方可以要求履行，但有下列情形之一的除外：

① 法律上或者事实上不能履行；

② 债务的标的不适于强制履行或者履行费用过高；

③ 债权人在合理期限内未要求履行的。

2. 适当履行原则

适当履行原则是指当事人应依合同约定的标的、质量、数量，由适当主体在适当的期限、地点，以适当的方式，全面完成合同义务的原则。

本原则要求合同履行时，不仅标的要实际履行，其他各个方面的内容都应当按照合同的规定执行，例如：主体适当是指当事人必须亲自履行合同义务或接受履行，不得擅自转让合同义务或合同权利，让其他人代为履行或接受履行。

3．协作履行原则

协作履行原则是指在合同履行过程中，双方当事人应互助合作共同完成合同义务的原则。

合同是当事人双方的民事法律行为，尤其在保险合同当中，履行合同义务，不仅仅是债务人一方的事情，债务人实施给付，需要债权人积极配合受领给付，才能达到合同目的。

协作履行原则也是诚实信用原则在合同履行方面的具体体现，协作履行的要求：

① 债务人履行合同债务时，债权人应适当受领给付。

② 债务人履行合同债务时，债权人应创造必要条件、提供方便。

③ 债务人因故不能履行或不能完全履行合同义务时，债权人应积极采取措施防止损失扩大，否则，应就扩大的损失自负其责。

4．经济合理原则

经济合理原则是指在合同履行过程中，应讲求经济效益，以最少的成本取得最佳的合同效益。在市场经济社会中，交易主体都是理性地追求自身利益最大化的主体，因此，如何以最少的履约成本完成交易过程，一直都是合同当事人所追求的目标。

5．情势变迁原则

所谓情势变迁，是指在合同成立后，非由于当事人自身的过错，而是由于事后发生的意外情况致使当事人在订约时所谋求的商业目的受到挫折。如果仍然坚持履行原来的合同，将会产生显失公平的结果，有悖诚实信用的原则，因此，对于未履行的合同义务，当事人取得予以免除或者变更的责任。

情势变迁原则的适用条件是：

① 必须有情势变迁的事实；

② 情势变迁必须发生与法律行为成立后和消灭之前；

③ 情势变迁须未被当事人所预料，且无法预料；

④ 情势变迁须因不可归责于当事人的事由发生；

⑤ 因情势变迁，使得维持原有合同关系的效力会显失公平。

根据这一原则，合同的效力可能发生两种改变：或者维持原合同基本关系，仅就不公平之处予以变更，如增减给付、延期给付等；或者当部分纠正仍不足以排除不公平的后果时，终止合同关系，解除合同。

情势变迁是当代合同法中的一个极富特色的法律原则，为各国司法界普遍采用。我国法律虽然没有规定情势变迁原则，但在司法实践中，这一原则已为司法裁判所采用。因此，情势变迁原则，既是合同变更或解除的一个法定原因，更是解决合同履行中情势发生变化的一项具体规则。

二、合同履行中的抗辩权

广义上的抗辩权是指妨碍他人行使其权利的对抗权，至于他人所行使的权利是否为请求权在所不问。而狭义的抗辩权则是指专门对抗请求权的权利，亦指权利人行使其请求权时，义务人享有的拒绝其请求的权利。

合同履行中的抗辩权，是指符合法定条件时，当事人一方对抗对方当事人行使请求权，暂时拒绝履行其债务的权利，包括同时履行抗辩权、先履行抗辩权和不安抗辩权。

我国《民法通则》、《合同法》均未对抗辩权下一个明确的定义。只有我国的《担保法》第 20 条第 2 款对抗辩权做了明确的规定，它将抗辩权定义为："抗辩权是指债权人行使债权时，债务人根据法定事由，对抗债权人行使请求权的权利。"很显然，这是从狭义的角度给抗辩权所下的定义。

1. 同时履行抗辩权

《合同法》第 66 条规定："当事人互负债务，没有先后履行顺序的，应当同时履行。一方在对方履行之前有权拒绝其履行要求。一方在对方履行债务不符合约定时，有权拒绝其相应的履行要求。"

2. 先履行抗辩权

《合同法》第 67 条规定："当事人互负债务，有先后履行顺序，先履行一方未履行的，后履行一方有权拒绝其履行要求。先履行一方履行债务不符合约定的，后履行一方有权拒绝其相应的履行要求。"

3. 不安抗辩权

不安抗辩权是指当事人互负债务，有先后履行顺序的，先履行的一方有确切证据表明另一方丧失履行债务能力时，在对方没有履行或者没有提供担保之前，有权中止合同履行的权利。规定不安抗辩权是为了切实保护当事人的合法权益，防止借合同进行欺诈，促使对方履行义务。

我国《合同法》第 68 条规定："应当先履行债务的当事人，有确切证据证明对方有下列情形之一的，可以中止履行：(一) 经营状况严重恶化；(二) 转移财产、抽逃资金，以逃避债务；(三) 丧失商业信誉；(四) 有丧失或可能丧失履行债务能力的其他情形。当事人没有确切证据中止履行的，应当承担违约责任。"

上述法律规定都有一个共同特点，就是指有先给付义务的一方当事人行使不安抗辩权后，相对方的请求权依然存在，只不过其效力暂时受到阻碍。因此，一旦相对方在合理期限内提出充分的担保，抗辩权立即消灭，有先给付义务的一方当事人应依合同履行自己的给付义务。

三、合同的保全

合同的保全是指法律为防止因债务人财产的不当减少，致使债权人债权的实现受到危害，允许债权人行使撤销权或代位权，以保护其债权的制度。

债权人的代位权着眼于债务人的消极行为，当债务人有权利行使而不行使，以致影响债权人权利的实现时，法律允许债权人代债务人之位，以自己的名义向第三人行使债务人的权利；债权人的撤销权则着眼于债务人的积极行为，当债务人在不履行其债务的情况下，实施减少其财产而损害债权人债权实现的行为时，法律赋予债权人有诉请法院撤销债务人所为行为的权利。

债权人有了代位权和撤销权这两项权利，就可以用来保全债务人的总财产，增强债务人履行债务的能力，以达到实现其合同债权的目的。中国《合同法》第 73 条、第 74 条分别规定了债权人代位权制度和债权人撤销权制度，虽然规定的内容比较简略，但填补了中国民事立法的空白，意义重大。

1．代位权

《合同法》第 73 条规定："因债务人怠于行使其到期债权，对债权人造成损害的，债权人可以向人民法院请求以自己的名义代位行使债务人的债权，但该项债权专属于债务人自身的除外。

代位权的行使范围以债权人的债权为限。债权人行使代位权的必要费用，由债务人负担。"

2．撤销权

《合同法》第 74 条规定："因债务人放弃其到期债权或者无偿转让财产，对债权人造成损害的，债权人可以请求人民法院撤销债务人的行为。债务人以明显不合理的低价转让财产，对债权人造成损害，并且受让人知道该情形的，债权人也可以请求人民法院撤销债务人的行为。"

撤销权的行使范围以债权人的债权为限。债权人行使撤销权的必要费用，由债务人承担。撤销权自债权人知道或者应当知道撤销事由之日起一年内行使，自债务人的行为发生之日起五年内没有行使撤销权的，该撤销权消灭。

四、合同的变更和转让

1．合同变更的概念

(1) 狭义的合同变更是指合同内容的某些变化，是在主体、标的、法律性质不变的条件下，在合同没有履行或没有完全履行之前，由于一定的原因，由当事人对合同约定的权利义务进行局部调整。

(2) 广义的合同变更是指除包括合同内容的变更外，还包括合同主体的变更，即由新的主体取代原合同的某一主体，这实质上是合同的转让。

我国《合同法》第五章有相关规定，合同的变更仅指合同内容的变更，是合同关系的局部变化，如标的数量的增减、价款的变化、履行时间、地点、方式的变化，而不是合同性质的变化。

2．合同变更的条件

合同变更须依当事人双方的约定或者依法律的规定并通过法院的判决或仲裁机构的裁决发生。合同变更主要是当事人双方协商一致的结果。

我国《合同法》第 77 条第 1 款规定："当事人协商一致，可以变更合同。"

在协商变更合同的情况下，变更合同的协议必须符合民事法律行为的有效要件，任何一方不得采取欺诈、胁迫的方式来欺骗或强制他方当事人变更合同。如果变更合同的协议不能成立或不能生效，则当事人仍应按原合同的内容履行。

根据《合同法》第54条的规定，因重大误解订立的合同以及订立合同但显失公平的合同，当事人一方有权请求人民法院或者仲裁机构变更或者撤销；一方以欺诈胁迫的手段或者乘人之危，使对方在违背真实意思的情况下订立的合同，但不损害国家、集体或者第三人利益的，受损害方有权请求人民法院或者仲裁机构变更或者撤销合同。

3．合同变更的法定方式

我国《合同法》第77条第2款规定："法律、行政法规规定变更合同应当办理批准、登记等手续的，依照其规定。"

依此规定，如果当事人在法律、行政法规规定变更合同应当办理批准、登记手续的情况下，未遵循这些法定方式的，即便达成了变更合同的协议，也是无效的。

4．合同变更的效力

合同变更的实质在于使变更后的合同代替原合同，因此，合同变更后，当事人应按变更后的合同内容履行。

合同变更原则上是未来发生效力，未变更的权利义务继续有效，已经履行的债务不因合同的变更而失去合法性。

合同的变更不影响当事人要求赔偿的权利。原则上，提出变更的一方当事人应承担因合同变更给对方当事人造成的损失。

五、合同权利义务的终止

(一) 合同权利义务的终止

1．根据《合同法》第91条规定，合同权利义务终止的情形包括：
① 债务已经按照约定履行；
② 合同解除；
③ 债务相互抵销；
④ 债务人依法将标的物提存；
⑤ 债权人免除债务；
⑥ 债权债务同归一人；
⑦ 法律规定或者当事人约定终止的其他情形。

2．合同后义务

根据《合同法》第92条规定，合同的权利义务终止后，当事人应当遵循诚实信用原则，根据交易习惯履行通知、协助、保密等义务。

(二) 合同的解除

1．合同解除的概念

(1) 合同的解除是指在合同有效成立后，当事人双方通过协议或者一方行使约定或法定解除权的方式，使当事人设定权利义务关系终止的行为。

(2) 合同解除适用于有效成立的合同。

(3) 合同解除不是自动解除，必须有当事人的解除行为。

《合同法》第 93 条规定："当事人协商一致，可以解除合同。

当事人可以约定一方解除合同的条件。解除合同的条件成就时，解除权人可以解除合同。"

2．合同解除的条件

《合同法》第 94 条规定，下列情形发生，合同解除。

(1) 因不可抗力致使不能实现合同目的的。

(2) 在履行期限届满之前，当事人一方明确表示或者以自己的行为表明不履行主要债务的。

(3) 当事人一方迟延履行主要债务，经催告后在合理期限内仍未履行的，对方可以解除合同。

(4) 当事人一方迟延履行或者有其他违约行为致使严重影响订立合同所期望的经济利益的，对方可以不经催告解除合同。

(5) 法律规定的其他情形。

《合同法》第 95 条规定："法律规定或者当事人约定解除权行使期限，期限届满当事人不行使的，该权利消灭。法律没有规定或者当事人没有约定解除权行使期限，经对方催告后在合理期限内不行使的，该权利消灭。"

第六节　违约责任

 引导案例　乘坐出租车受伤案

案情简介：

王女士乘坐的出租车，途径一大桥与一辆货车相撞，发生交通事故，造成王女士腿部骨折受伤。后交警部门作出《交通事故责任认定书》，认定王某并未违反交通规则，本次事故责任由货车司机负全责。

王女士康复后，要求出租车司机承担赔偿责任，遭到拒绝，出租公司认为王女士应向货车司机索赔。

问：损害赔偿责任应由谁来承担？

案例解析：

王女士乘坐出租车公司的出租车，便与出租车公司形成了客运消费合同关系。按照《消费者权益保护法》、《合同法》、《民法通则》的规定，出租车公司应当及时、准确地将王小姐安全地送达目的地。但在运输过程中发生了交通事故，给王女士造成了损害，就应当依照契约关系承担违约责任和侵权责任。由于出租车司机在交通事故中不承担责任，出租车公司所遭受的损失，应由其向第三方(货车司机)另行追偿。

一、违约责任的概述

1．违约责任的概念

违约责任是违反合同义务的后果，是指合同当事人一方不履行合同义务或履行合同义务不符合合同约定所应承担的民事责任。民法通则第 111 条、合同法第 107 条对违约责任均做了概括性规定。

《合同法》第 107 条规定：当事人一方不履行合同义务或履行合同义务不符合约定的，应当承担违约责任。这是一种严格责任，不考虑有无过错。

2．违约责任的类型

根据不同划分标准，可将违约行为做以下分类：

(1) 单方违约与双方违约。双方违约是指双方当事人分别违反了自己的合同义务。合同法第 120 条规定，当事人双方都违反合同的，应当各自承担相应的责任。可见，在双方违约情况下，双方的违约责任不能相互抵消。

(2) 根本违约与非根本违约。以违约行为是否导致另一方订约目的不能实现为标准，违约行为可作此分类。其主要区别在于，根本违约可构成合同法定解除的理由。

(3) 不履行、不完全履行与迟延履行。

不完全履行是指债务人虽然履行了债务，但其履行方式不符合债务的本旨，包括标的物的品种、规格、型号、数量、质量、运输的方法、包装方法等均不符合合同约定等。

延迟履行又称债务人延迟或者逾期履行，是指债务人能够履行，但在履行期限届满时却未履行债务的现象。其构成要件为：存在有效的债务；债务人能够履行；债务履行期已过而债务人未履行；债务人未履行不具有正当事由。

(4) 实际违约与预期违约。预期违约又称先期违约，是指在合同履行期限到来之前，一方虽无正当理由但明确表示其在履行期到来后将不履行合同，或者其行为表明在履行期到来后将不可能履行合同。

3．违约责任的特征

(1) 违约责任是一种民事责任。

法律责任有民事责任、行政责任、刑事责任等类型。《民法通则》第六章专设"民事责任"，规定了违约责任和侵权责任两种民事责任。违约责任作为一种民事责任，在目的、构成要件、责任形式等方面均有别于其他法律责任。

(2) 违约责任是违约方对相对方承担的责任。

违约责任是合同当事人的责任，不是合同当事人的辅助人或第三人的责任。

《合同法》第 121 条规定："当事人一方因第三人的原因造成违约的，应当向对方承担违约责任。当事人一方和第三人之间的纠纷，依照法律规定或者按照约定解决。"

(3) 违约责任是履行合同不完全或不履行合同义务应承担的责任。

违约责任是违反有效合同的责任，合同有效是承担违约责任的前提。

这一特征使违约责任与合同法上的其他民事责任区别开来，如缔约过失责任、无效合同的责任。

(4) 违约责任具有补偿性和一定的任意性。

《合同法》第 114 条第 1 款规定：当事人可以约定一方违约时应当根据违约情况向对方支付一定数额的违约金，也可以约定因违约产生的损失赔偿额的计算方法。

(5) 违约责任是财产责任，不是人身责任。

违约责任可以约定，如约定违约金、约定定金；也可以直接适用法律的规定，如支付赔偿金、强制实际履行等。

二、违约责任的构成要件

违约责任的构成一般有四要件：

(1) 有违约行为；

(2) 有损害事实；

(3) 违约行为与损害事实之间存在因果关系；

(4) 无免责事由。

我国新合同法实行严格责任原则，基本为无过错责任原则。

1. 无过错责任原则

无过错责任原则是指凡违反合同的行为，除了免责的外，都必须追究违约方的违约责任。任何一方合同当事人，不管是国家机关、企业、事业单位，还是公民个人，只要违约，均应当依照法律规定或者合同约定追究其违约责任。在法律面前，在合同面前，人人是平等的。

(1) 有违约行为；

(2) 无免责事由。

2. 过错责任原则

过错责任是指由于当事人主观上的故意或者过失而引起的违约责任。其构成要件是：

(1) 有违约行为；

(2) 有过错。

在发生违约事实的情况下，只有当事人有过错，才能承担违约责任，否则，将不承担违约责任。

过错责任原则包含下列两个方面的内容：

① 违约责任由有过错的当事人承担。一方合同当事人有过错的，由该方自己承担；双方都有过错的，由双方分别承担。

② 无过错的违约行为可依法减免责任，如不可抗力造成的违约。

例如，在来料加工合同中，定作人提供的材料质量不合要求，要承担违约责任。承揽人本应按合同规定对来料先行检验合格后，方可加工成品。但是，承揽人没有对定作人提供的来料进行检验，而直接把不合格的原料制成质量次的成品。在这种情况下，承揽人也要承担违约责任。

三、违约的免责事由

(一) 免责事由的概念

免责事由也称免责条件，是指当事人对其违约行为免于承担违约责任的事由。合同法上的免责事由可分为两大类，即法定免责事由和约定免责事由。

法定免责事由是指由法律直接规定、不需要当事人约定即可援用的免责事由，主要指不可抗力；约定免责事由是指当事人约定的免责条款。

1. 不可抗力

不可抗力是指当事人不能预见、不能避免并且不能克服的客观情况，包括自然灾害、战争、社会异常事件、政府行为。

2. 不可抗力的要件

不可抗力的要件包含以下几点：

(1) 不能预见，是指当事人无法知道事件是否发生、何时何地发生、发生的情况如何。对此应以一般人的预见能力为标准加以判断；

(2) 不能避免，是指无论当事人采取什么措施，或即使尽了最大努力，也不能防止或避免事件的发生；

(3) 不能克服，是指以当事人自身的能力和条件无法战胜这种客观力量；

(4) 客观情况，是指在当事人的行为之外的客观现象(包括第三人的行为)。

3. 不可抗力的范围

不可抗力主要包括以下几种情形：

(1) 自然灾害，如台风、洪水、冰雹。

(2) 政府行为，如征收、征用。

(3) 社会异常事件，如罢工、骚乱。

(二) 免责条款

1. 免责条款

免责条款是指当事人约定的免除或限制将来违约责任的条款，其所规定的免责事由就是约定免责事由。免责条款包括格式免责条款和一般免责条款。对此，合同法未作一般性规定，仅规定了格式合同的免责条款。

2. 对免责条款的限制

免责条款必须在合同中明示做出，并且其构成合同的组成部分是合同有效的前提之一。

免责条款不能排除当事人的基本义务，也不能排除故意或重大过失的责任，免责条款必须不得违背法律规定和社会公益，也就是不能违背公序良俗，以免造成对相对人的不利。

3．免责条款无效

以下几种情形直接造成免责条款无效：

(1) 一方以欺诈、胁迫手段将免责条款订入合同，损害国家利益的。

(2) 双方当事人恶意串通，免责条款损害国家、集体、第三人利益的。

(3) 免责条款损害社会公共利益的。

(4) 免责条款违反法律、法规强制性规定的。

(5) 免除故意或者重大过失所生责任的条款无效。

(6) 免除根本性违约所生责任的条款无效。

四、违约责任的承担方式

违约责任的承担形式，是指承担违约责任的具体方式。

对此，民法通则第 111 条和合同法第 107 条做了明文规定。

《合同法》第 107 条规定："当事人一方不履行合同义务或者履行合同义务不符合约定的，应当承担继续履行、采取补救措施或者赔偿损失等违约责任。"

据此，违约责任的承担有三种基本形式，包括继续履行、采取补救措施和赔偿损失。当然，除此之外，违约责任的承担还有其他形式，如违约金和定金责任。

(一) 继续履行：实际履行

1．继续履行的目的

实现合同标的是金钱性赔偿不能替代的。若一方不继续履行(实际履行)，另一方可请求法院强制履行。

2．继续履行的适用

继续履行的适用，因债务性质的不同而不同：

(1) 金钱债务：无条件适用继续履行。

金钱债务只存在迟延履行，不存在履行不能。因此，应无条件适用继续履行的责任形式。

(2) 非金钱债务：有条件适用继续履行。

对非金钱债务，原则上可以请求继续履行，但下列情形除外：

① 法律上或者事实上不能履行(履行不能)；

② 债务的标的不适用强制履行或者强制履行费用过高；

③ 债权人在合理期限内未请求履行(如季节性物品之供应)。

3．继续履行的构成要件

继续履行构成要件有以下几点：

(1) 存在违约行为；

(2) 须有守约方请求违约方继续履行合同债务的行为。守约方的请求一般应当明示地通知违约方，但通过主张抵销等行为，一般也应视为请求违约方继续履行。

(3) 须违约方能够继续履行合同。如果合同已经不能继续履行，无论是法律上不能履行还是事实上不能履行，都不可以再发生继续履行责任的承担。

4．继续履行的表现形态：限期履行

在违约方拒绝履行、迟延履行、不完全履行的情况下，守约方可以提出一个新的履行期限，称为宽限期或者延展期，要求违约方在该期限内履行合同义务。

若因不可归责于当事人双方的原因导致合同履行实在困难的，不适合继续履行，如适用情势变更的场合，如果继续要求承担继续履行责任则显失公平。

(二) 采取补救措施

1．采取补救措施的含义

采取补救措施作为一种独立的违约责任承担形式，是指矫正合同不适当履行(质量不合格)，使履行缺陷得以消除的具体措施。这种责任承担形式与继续履行(解决不履行问题)和赔偿损失具有互补性。

2．采取补救措施的类型

关于采取补救措施的具体方式包括：

(1) 合同法第 111 条规定：修理、更换、重作、退货、减少价款或者报酬等；

(2) 消费者权益保护法第 44 条规定：修理、重作、更换、退货、补足商品数量、退还货款和服务费用、赔偿损失；

(3) 产品质量法第 40 条规定：修理、更换、退货。

3．采取补救措施的适用

《合同法》第 61 条规定："合同生效后，当事人就质量、价款或者报酬、履行地点等内容没有约定或者约定不明确的，可以协议补充；不能达成补充协议的，按照合同有关条款或者交易习惯确定。"

(1) 采取补救措施的适用前提是：合同对质量不合格的违约责任没有约定，或者约定不明确，而依合同法第 61 条仍不能确定违约责任的。

(2) 应以标的物的性质和损失大小为依据，确定与之相适应的补救方式。

(3) 受害方对补救措施享有选择权，但选定的方式应当合理。

4．采取补救措施的原则

采取补救措施的原则是诚信、协商一致、适当、合理。

5．采取补救措施的方式

采取补救措施的方式有修理、更换、重做、退货、降价等。

(三) 赔偿损失

1．赔偿损失的概念

赔偿损失在合同法上也称违约损害赔偿，是指违约方以支付金钱的方式弥补受害方因违约行为所减少的财产或者所丧失的利益的责任形式。

2．赔偿损失的具体特点

赔偿损失是承担违约责任的一种重要形式，其特点如下：

(1) 赔偿损失是最重要的违约责任形式。赔偿损失具有根本救济功能，任何其他责任形式都可以转化为损害赔偿。

(2) 赔偿损失是以支付金钱的方式弥补损失。金钱为一般等价物，任何损失一般都可以转化为金钱，因此，赔偿损失主要指金钱赔偿，但在特殊情况下，也可以以其他物代替金钱作为赔偿。

(3) 赔偿损失是由违约方赔偿守约方因违约所遭受的损失。首先，赔偿损失是对违约行为所造成的损失的赔偿，与违约行为无关的损失不在赔偿之列。其次，赔偿损失是对守约方所遭受损失的一种补偿，而不是对违约行为的惩罚。

(4) 赔偿损失责任具有一定的任意性。违约损失赔偿的范围和数额，可由当事人约定。当事人既可以约定违约金的数额，也可以约定损害赔偿的计算方法。

3. 赔偿损失的确定方式

赔偿损失的确定方式有两种：法定损害赔偿和约定损害赔偿。

1) 法定损害赔偿

法定损害赔偿是指由法律规定的，由违约方对守约方因其违约行为而对守约方遭受的损失承担的赔偿责任。

根据合同法的规定，法定损害赔偿应遵循以下原则：

(1) 完全赔偿原则。违约方对于守约方因违约所遭受的全部损失承担的赔偿责任。具体包括：直接损失与间接损失，积极损失与消极损失(可得利益损失)。

直接损失是指现有财产的灭失、损坏和费用的支出。间接损失是指合同履行后可得利益的收入，应为合理预见到的收入。

《合同法》第113条规定，损失"包括合同履行后可以获得的利益"，可见其赔偿范围包括现有财产损失和可得利益损失。

现有财产损失主要表现为标的物灭失，为准备履行合同而支出的费用，停工损失，为减少违约损失而支出的费用，诉讼费用等。

可得利益损失是指在合同适当履行后可以实现和取得的财产利益。

(2) 合理预见原则。违约损害赔偿的范围以违约方在订立合同时预见到或者应当预见到的损失为限。合理预见原则是限制法定违约损害赔偿范围的一项重要规则，其理论基础是意思自治原则和公平原则。对此应把握以下几点：

① 合理预见原则是限制包括现实财产损失和可得利益损失的损失赔偿总额的规则，不仅仅用以限制可得利益损失的赔偿；

② 合理预见原则不适用于约定损害赔偿；

③ 是否预见到或者应当预见到可能的损失，应当根据订立合同时的事实或者情况加以判断。

(3) 减轻损失原则。一方违约后，另一方应当及时采取合理措施防止损失的扩大，否则，不得就扩大的损失要求赔偿。其特点是，一方违约导致了损失的发生，相对方未采取适当措施防止损失的扩大，造成了损失的扩大。

2) 约定损害赔偿

约定损害赔偿是指当事人在订立合同时，预先约定一方违约时应当向对方支付一定数额的赔偿金或约定损害赔偿额的计算方法，它具有预定性(缔约时确定)、从属性(以主合同的有效成立为前提)、附条件性(以损失的发生为条件)的特点。

(四) 支付违约金

如果约定的违约金低于或过分高于造成的损失的，当事人可以请求人民法院或者仲裁机构予以增加或适当减少。

1. 违约金的概念

违约金是指当事人一方违反合同时应当向对方支付的一定数量的金钱或财物。违约金有法定违约金和约定违约金两种。

根据我国合同法的规定，违约金具有以下法律特征：

(1) 违约金是在合同中预先约定的(合同条款之一)。

(2) 违约金是一方违约时向对方支付的一定数额的金钱(定额损害赔偿金)。

(3) 违约金是对承担赔偿责任的一种约定(不同于一般合同义务)。

2. 违约金的性质

一般认为，现行合同法所确立的违约金制度是不具有惩罚性的违约金制度，属于赔偿性违约金制度。即使约定的违约金数额高于实际损失，也不能改变这种基本属性。关于当事人是否可以约定单纯的惩罚性违约金，合同法未作明确规定。一般认为此种约定并非无效，但其性质仍属违约的损害赔偿。

3. 违约金的增加或减少

违约金是对损害赔偿额的预先约定，既可能高于实际损失，也可能低于实际损失，畸高和畸低均会导致不公平结果。为此，各国法律规定法官对违约金具有变更权，我国合同法也做了规定，其要求是：

① 以约定违约金"低于造成的损失"或"过分高于造成的损失"为条件；

② 经当事人请求；

③ 由法院或仲裁机构裁量；

④ "予以增加"或"予以适当减少"。

《合同法》第114条规定："当事人可以约定一方违约时应当根据违约情况向对方支付一定数额的违约金，也可以约定因违约产生的损失赔偿额的计算方法。

约定的违约金低于造成的损失的，当事人可以请求人民法院或者仲裁机构予以增加；约定的违约金过分高于造成的损失的，当事人可以请求人民法院或者仲裁机构予以适当减少。

当事人就迟延履行约定违约金的，违约方支付违约金后，还应当履行债务。"

(五) 定 金

1. 定金

所谓定金，是指合同当事人为了确保合同的履行，根据双方约定，由一方按合同标的额的一定比例预先给付对方的金钱或其他替代物。对此担保法做了专门规定。

2．定金罚则

定金罚则是指给付定金的一方违约，无权要求返还；接受定金的一方违约，应当双倍返还定金。

《合同法》第115条规定："当事人可以依照担保法约定一方向对方给付定金作为债权的担保。债务人履行债务后，定金应当抵作价款或者收回。给付定金的一方不履行约定的债务的，无权要求返还定金；收受定金的一方不履行约定的债务的，应当双倍返还定金。"

据此，在当事人约定了定金担保的情况下，如一方违约，定金罚则即成为一种违约责任形式。

3．定金的数额

定金应当以书面形式约定，《担保法》规定："定金的数额由当事人约定，但不得超过主合同标的数额的20%。"

定金作为一种违约责任的承担形式，其适用不以实际发生的损害为前提，是指无论一方的违约是否造成对方损失，都可能导致定金责任。因此，定金具有强烈的惩罚性。

4．定金与违约金

《合同法》第116条规定："当事人既约定定金，又约定违约金的，一方违约时对方可以选择适用违约金或者定金。"可见，定金与违约金作为两种独立的违约责任承担形式，守约方享有选择权，但不能同时使用。

五、诉讼时效

《合同法》第128条规定："当事人可以通过和解或者调解解决合同争议。

当事人不愿和解、调解或者和解、调解不成的，可以根据仲裁协议向仲裁机构申请仲裁。涉外合同的当事人可以根据仲裁协议向中国仲裁机构或者其他仲裁机构申请仲裁。当事人没有订立仲裁协议或者仲裁协议无效的，可以向人民法院起诉。当事人应当履行发生法律效力的判决、仲裁裁决、调解书；拒不履行的，对方可以请求人民法院执行。"

(1) 普通诉讼时效：2年。

(2) 特别诉讼时效：国际货物买卖为4年；铁路运输为180天。

诉讼时效的计算应从当事人知道或应该知道其权利受侵害时起。

《合同法》第129条规定："因国际货物买卖合同和技术进出口合同争议提起诉讼或者申请仲裁的期限为四年，自当事人知道或者应当知道其权利受到侵害之日起计算。因其他合同争议提起诉讼或者申请仲裁的期限，依照有关法律的规定执行。"

 案例分析　汽车缺陷损害赔偿纠纷

案情简介：

刘某于2008年购置了某厂某品牌轿车，2010年2月，该汽车厂家发布召回公告，刘某所购车型正好在召回之列。但刘某因工作繁忙,没有按照厂家指定的时间去厂家指定的地点例行检修。2010 年 7 月,刘某驾驶该车发生事故,造成车辆毁损,刘某亦受伤住院治疗。经检测,事故原因正是厂家对汽车实施召回的缺陷所致。刘某出院后向该汽车厂家要求赔偿住院期间的各项损失 3 万元以及车辆财产损失 6 万元,共计 9 万元。而厂家认为自己已经履行了召回的义务,因刘某未及时检修酿成大错,故刘某应付主要责任。因此,不同意其赔偿请求。问刘某的损失应如何处理?

案例解析:

产品召回是指生产商将已经送到批发商、零售商或最终端用户手上的产品收回。但目前我国涉及产品召回方面的规定内容太笼统,缺乏可操作性。因此,需要借助相关法规参考处理。

《产品质量法》26 条规定:"生产者应当对其生产的产品负责。"

《消费者权益保护法》18 条规定:"经营者发现其提供的商品或服务存在严重缺陷,即使正确使用商品或者接受服务仍然可能对人身、财产安全造成危害的,应当立即向有关行政部门报告和告知消费者,并采取防止危害发生的措施。"

《缺陷汽车产品召回管理规定》44 条规定:"制造商实施缺陷汽车产品召回,不免除车主及其他受害人因缺陷汽车产品所受损害,要求其承担的其他法律责任。"

因此,该汽车厂家虽然已经发出产品召回公告,但并不能免除其损害赔偿责任。

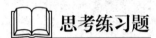 **思考练习题**

一、名词解释

1. 要约;2. 承诺;3. 标的;4. 缔约过失责任;5. 违约责任;6. 定金;

7. 免责条款;8. 抵押;9. 合同的保全;10. 抗辩权。

二、问答题

1. 合同有效订立的条件。

2. 合同履行的原则以及合同履行中的抗辩权。

3. 可撤销合同的种类以及合同被撤销的后果。

4. 无效的合同种类及合同无效的处理。

5. 合同变更的方式和法定的条件。

6. 违约责任构成要件以及免责事由。

三、简答题

1. 合同法的基本原则。

2. 合同的主要条款。

3. 违约责任的承担方式。

4. 合同争议的解决方式。

四、案例分析

安阳某厂于 1996 年 6 月 11 日，委托邯郸某公司在 3 个月内代为购买 100 吨水泥，同年 9 月底，安阳某厂又委托北京某公司代购同等数量水泥。北京某公司法定代表人更换，另一法定代表人便将代购之事转交给另外的石家庄某厂。石家庄某厂如期办妥，电催安阳某厂到石家庄取货，安阳某厂收电后，拒绝提货，与此同时，邯郸某公司已按所要求的数量和质量办妥货物，电催厂家按期取货，但安阳某厂也拒绝取货。

问：安阳某厂拒绝收货是否都有法律依据？请简要说明。

第七章 保险合同法总论

保险合同制度是保险法的核心，是各种保险商品交换活动的法律表现形式，保险合同具有诸多法律特点，这是在学习合同法的基础上学员需要着重把握的。本章的学习在保险法体系中具有极为重要的意义。

	学 习 目 标
知识目标	➢ 保险合同的概念、特征、种类，保险合同法律关系 ➢ 保险合同的订立程序、成立和生效、缔约过失责任，无效合同 ➢ 保险合同的条款、解释、形式、履行义务 ➢ 保险合同的理赔与索赔
能力目标	➢ 了解保险合同法律关系主体的特殊性以及客体和内容 ➢ 掌握汽车保险合同标的的特殊性及对格式合同的法律规定 ➢ 明确保险合同订立的过程以及合同变更和解除的规定 ➢ 了解保险合同的理赔与索赔的流程

第一节　保险合同概述

 引导案例　投保人放弃对侵权人的求偿权，保险人是否因此免予承担赔偿责任?

案情简介：

王某就自己的一辆新捷达轿车向甲保险公司投保全险，在保险有效期间，王某的车辆被后面的车辆追尾，王某跳下车，发现追尾的是其好朋友常某，遂转怒为笑，称我的车已经保险了，我找甲保险公司赔偿，你就不要管了。

王某找甲保险公司验了车，然后修车花了 4500 元，要求甲保险公司赔偿损失。甲保险公司要求王某告知肇事者的姓名以便行使代位求偿权，但是王某称肇事者是自己的朋友，已经不要她赔偿了，甲保险公司听说此情况后就拒绝赔偿。王某遂将甲保险公司告上了法庭。

案例解析:

法院审理认为,依据《中华人民共和国保险法》第46条明确规定:

"保险事故发生后,保险人未赔偿保险金之前,被保险人放弃对第三者的请求赔偿的权利的,保险人不承担赔偿保险金的责任。保险人向被保险人赔偿保险金后,被保险人未经保险人同意放弃对第三者请求赔偿的权利的,保险人可以相应扣减赔偿金。"

遂判决保险公司不承担赔偿责任。

《中华人民共和国保险法》于1995年6月30日通过,2002年10月10日修改,2009年2月28日十一届人大第七次会议修订,自2009年10月1日起施行。修订后的《保险法》的内容包括:总则;保险合同法(一般规定、人身保险合同、财产保险合同);保险公司;保险经营规则;保险业的监督管理;保险代理人和保险经纪人;法律责任;附则。共计8章187条。

按照我国保险法体例划分,将保险业法与保险合同法合二为一,统一规定在《保险法》之中。作为保险实务专业的学员,保险合同法是重点学习的内容。

一、保险合同的概念及特征

1. 保险合同的概念

保险合同是满足社会公众寻求保险保障需求的法律手段,是指通过依法签订保险合同的方式,借助其法律约束力保证当事人实现保险商品交换的目的。具体表现为,当事人依法签订和履行保险合同,不得任意变更和解除,更不得拒不履行各自应承担的义务。

《保险法》规定:"保险合同是投保人与保险人约定保险权利义务关系的协议。"

依据保险标的的不同,保险合同可分为财产保险合同和人身保险合同。

保险合同的投保人交付保险费的义务是确定的,保险人仅在特定的不能预料的保险事故发生时,负有给付赔偿金或保险金的义务。

保险合同是确立保险关系当事人之间权利义务的法律形式,是保险法律体系中的重要内容。经过保险市场的长期发展,保险合同已经成为保险经营的必要组成部分。

2. 保险合同的特征

保险合同是双务合同、有偿合同、非要式合同、诺成合同,以及附和合同(格式合同),同时又是射幸合同。

(1) 双务性。双务合同是指当事人双方相互享有权利,相互负有义务的合同,如买卖合同。保险合同是一种双务合同。

(2) 有偿性。有偿合同是当事人在取得某种利益的同时需要给付相应的对价的合同。保险合同归属有偿合同,保险人在获得保险费的同时,必须承担保险责任;被保险人在获得保险保障的同时,也必须以投保人交付相应的保险费作为对价。

(3) 非要式性。根据合同成立是否需要特定方式,一般将合同分为要式合同和非要式合同。

我国《保险法》第13条规定:"投保人提出保险要求,经保险人同意承保,保险合同成立。"据此,保险合同在双方当事人达成合意时成立,并非必须采用书面形式,属非要式合同。

(4) 诺成性。诺成性合同是指不以交付标的物或履行其他给付为成立要件的合同。

我国《保险法》第 13 条规定："投保人提出保险要求，经保险人同意承保，保险合同成立"。

(5) 射幸性。射幸合同是指在合同订立时，当事人因特定行为而引致的损益尚不能加以确定的合同。保险合同中约定的危险事故，是一种具有不确定性的事件，它是否发生、何时发生、发生后受损失程度如何，均具有偶然性，正是这种偶然性决定了保险合同的射幸性特征。

(6) 保障性。保障性合同的根本作用在于向社会公众和社会经济生活提供保障，保险合同就以此为最终目的，反映着社会成员为抵御风险事故的损失而寻求保险保障的需求，因此保险合同不同于一般的以商品交换为目的的合同。

保险合同的保障性体现为补偿性保障和给付性保障两大类。

补偿性保障是通过保险人在保险事故发生并造成保险标的损失时，以保险赔偿方式向被保险人提供保障。

给付性保障是通过出现保障合同约定的特定事实或保险期限届满时，保险人向被保险人支付保险金的方式来实现保险保障目的。

(7) 附和性。保险合同是典型的格式合同或称附和合同。

一般情况下，合同都是双方当事人协商一致的结果。但是在特殊领域和行业，因经营的特殊性，或长期商业习惯，对其经营中所适用的合同，往往是一方当事人为了重复使用而事先拟定好的，此类合同条款被称为格式条款(格式合同)。在各国保险市场，形成了通用的经营惯例，格式条款被普遍使用。

格式合同具有便捷、高效的特点，提高了签约效率，但由于缺乏双方的协商过程，其内容或多或少倾向于拟定方，往往造成双方当事人事实上不平等。我国合同法对格式条款的签订明确了限制性规定，各国也都制定了相应的制约机制，有助于督促保险公司依照公平原则拟定合同，保障被保险人的合法利益。

二、保险合同的种类

 引导案例　超额保险合同

案情简介：

甲投保机动车险，车辆保险金额为 18 万元。后发生交通事故，投保车辆报废。

保险公司在核赔时发现该车辆购置发票为 12 万元。于是保险公司认定该车保险价值应为 12 万元，超出部分无效。纠纷诉至法院。问本案如何处理？有何法律依据？

案例解析：

本案依据最大诚信原则的精神处理。诚实信用原则是民商法的重要基本原则之一，是市场经济活动的基本原则，是保障市场有序运行的重要法律原则。

《民法通则》第 4 条："民事活动应当遵循诚实信用原则。"

《合同法》第 6 条："当事人行使权利、履行义务应当遵循诚实信用原则。"

《保险法》第 4 条："从事保险活动必须遵守法律、行政法规，尊重社会公德，不得损害社会公共利益。"

《保险法》第 55 条："投保人和保险人约定保险标的的保险价值并在合同中载明的，保险标的发生损失时，以约定的保险价值为赔偿计算标准。

保险金额不得超过保险价值，超过保险价值的，超过部分无效，保险人应当退还相应的保险费。"

根据以上法律规定，法院认为：从事保险活动必须遵守法律规定，遵循自愿和诚实信用原则。这就要求投保人应当如实陈述有关保险标的的情况。本案中甲方投保车辆损失险，超出实际价值 6 万元，超出部分无效，判决保险公司只赔 12 万元。

1. 人身保险合同和财产保险合同

根据保险客体的不同，保险合同可分为人身保险合同和财产保险合同。

(1) 人身保险合同是指以人的寿命和身体为保险客体的保险合同，包括人寿保险、健康保险、意外伤害保险等。

(2) 财产保险合同是指以财产及其有关利益为保险客体的保险合同，包括财产损失保险、责任保险、信用保险、保证保险等。

2. 原保险和再保险

根据保险人承担责任的次序不同，保险合同可分为原保险和再保险。

(1) 原保险也称"第一次保险"，是指保险人对被保险人因保险事故所致损害承担直接原始的赔付责任的保险。

(2) 再保险也称"分保"，是指保险人将其承担的保险业务，以分保形式部分转移给其他保险人的保险。

3. 单保险合同与复保险合同

(1) 单保险合同是指投保人以一个保险标的、一个保险利益、一个保险事故同一个保险人订立保险合同的保险。

(2) 复保险合同又称重复保险合同，是指投保人以同一保险标的、同一保险利益、同一保险事故分别向两个以上的保险人订立的保险合同。

根据《保险法》的规定，复保险的保险金额总和超过保险价值的，各保险人的赔偿金额的总和不得超过保险价值。除合同另有约定外，各保险人按照其保险金额与保险金额总和的比例承担赔偿保险金的责任。

4. 损失补偿性保险合同和定额给付性保险合同

根据保险人义务性质分类，保险合同可分为损失补偿性保险合同和定额给付性保险合同。

(1) 损失补偿性保险合同，是指以具体性保险利益为标的订立的保险合同。

(2) 定额给付性保险合同，是指以抽象性保险利益投保而订立的保险合同，保险赔偿的范围是当事人在保险合同中的约定。

5．定值保险合同与不定值保险合同

《保险法》第 55 条规定："投保人和保险人约定保险标的的保险价值并在合同中载明的，保险标的发生损失时，以约定的保险价值为赔偿计算标准。

投保人和保险人未约定保险标的的保险价值的，保险标的发生损失时，以保险事故发生时保险标的的实际价值为赔偿计算标准。"

6．足额、不足额保险合同与超额保险合同

(1) 足额保险合同是指保险金额等于保险价值的保险合同，保险事故发生时，若保险标的全部损失，保险人按保险金额全部赔偿，若部分损失，保险人按实际损失额赔偿。

(2) 不足额保险合同是指保险金低于保险价值的合同，在这种合同中，保险人对被保险人损失的赔偿责任仅以保险金额为限，并且除合同另有约定外，保险人按照保险金额与保险价值的比例承担赔偿责任。

(3) 超额保险合同是指实际超出保险金额以外的部分损失，保险人不承担赔偿责任；超过保险价值的，超过部分无效，保险人应当退还相应的保险费。

第二节　保险合同法律关系

 引导案例　该车险保险公司是否应当理赔?

案情简介:

甲(车主兼司机)经营的营运中巴车在车站等客时，发现发动机点火系统有故障，便进行调整，并请随车的乙(售票员、无驾驶证)帮忙。按照甲的要求，乙坐在驾驶位上踩下离合器踏板发动汽车，甲则自己用手牵拉油门拉杆进行调整。乙发现油门踏板不灵，就站起来查看，不经意间松开了离合器踏板，致使车辆突然前行，将站在车前等人的第三者丙撞成重伤，紧急住院治疗。后经专业机构鉴定为 8 级伤残，经法院诉讼，甲共赔偿丙 15 万元。

由于甲已经投保了交强险、车辆损失险、盗抢险和第三者责任险以及不计免赔特约险。出事后甲报警并及时通知了保险公司，并要求公司先行垫付伤者的医药费。

经严格的勘察核保，保险公司认为应该拒赔。理由是：此事故属于无照驾驶行为所致，不属于第三者责任险，交强险也在免责范围内。

案例解析:

经法院审理后判决，保险公司在交强险责任限额之外，分担甲三分之二的损失。理由是：

(1) 本起事故是甲乙二人共同造成的，并非甲单独所为，两人应分担责任。

(2) 事故过程分析：车辆突然前行的原因是：① 乙发动了汽车；② 甲拉动了油门拉杆；③ 乙错误地松开了离合器踏板，这三个连贯的动作造成的。

(3) 根据《民法通则》第 130 条的规定："二人以上共同侵权造成他人伤害的，应承担连带责任。"由于乙所做的行为基本上是由甲指挥的，所以甲承担主要责任(三分之二)。

（4）乙不是甲允许的合格驾驶员，其所承担的损失，不能由保险公司赔偿。

（5）当然，前案案由是侵权，而且是甲乙二人共同侵权，基于连带责任的规定，甲全部赔偿受害人也是应该的，与本案无关。

保险公司的律师认定：本案为修车而非驾车，应按使用车辆发生事故处理。理由如下：

（1）出事时，保险汽车正在修理之中，而修理也是汽车使用过程中的一个环节。

（2）正是在这一特殊使用过程中，甲出现过失，指挥失当，致使事故发生，对第三者造成损害。

（3）乙只是按照甲的要求协助修车，不能说是在驾驶车辆，所以，保险公司应赔偿全部损失。因此，律师认为，保险公司应赔偿全部损失。

案例提示：保险理赔过程中，可能遇到情况比较复杂，对于案件的理赔处理结果也并非只有一种答案。学会守合同，重证据，讲法理，并不是简单容易的事，需要长期的锤炼。

保险合同的构成，从共性上讲，民法中的《合同法》与保险法中的《保险合同法》，两者法律关系的构成一样，都是由合同的主体、客体及合同内容组成。但是与保险制度的法律宗旨和法律功能相适应，保险合同的构成有其特定的内容，保险法律关系相对较为复杂，参与的当事人也较多。

一、保险合同法律关系的主体

保险合同的主体，是指参与保险法律关系的各方当事人，具体包括保险人、投保人、被保险人、受益人，另外，还包括保险合同当事人的辅助人、保险代理人和保险经纪人。

（一）保险合同的当事人

1. 保险人

（1）保险人是指与投保人订立保险合同，并按照合同约定承担赔偿或者给付保险金责任的保险公司。（《保险法》第10条）

（2）保险人的法律特征：

① 保险人是保险合同当事人；

② 保险人必须是依法成立并被允许经营保险业务的保险公司；

③ 保险人是保险基金的组织、管理和使用人，是享有保险费请求权的人；

④ 保险人是履行赔偿损失或给付保险金义务的人。

2. 投保人

（1）投保人是指与保险人订立保险合同，并按照合同约定负有支付保险费义务的人。（《保险法》第10条）

（2）投保人的法律特征：

① 投保人是保险合同当事人；

② 投保人必须具有民事权利能力和行为能力；

③ 投保人对保险标的必须具有保险利益；

④ 投保人负有支付保险费的义务。

3. 被保险人

(1) 被保险人是指其财产或者人身受保险合同保障，享有保险金请求权的人，投保人可以为被保险人。(《保险法》第 12 条)

(2) 被保险人的法律特征：

① 被保险人是保险合同的关系人；

② 被保险人是受保险合同保障的人；

③ 被保险人是享有保险金请求权的人；

④ 投保人可以为被保险人。

4. 受益人

受益人在保险合同关系中，同样处于独立当事人的地位，享有核心的保险金请求权，也负有随附义务。其资格条件是，须经被保险人或投保人依法指定。

(1) 受益人是指人身保险合同中由被保险人或者投保人指定的享有保险金请求权的人，投保人、被保险人可以为受益人。(《保险法》第 18 条)

(2) 受益人的法律特征：

① 受益人只存在于人身保险合同中；

② 受益人与投保人、被保险人可以为一人；

③ 受益人由投保人或被保险人指定或变更；

④ 受益人资格和人数原则上不受限制；

⑤ 受益人无偿享有受益权及独立诉权。

《保险法》第 39 条规定："投保人为与其有劳动关系的劳动者投保人身保险，不得指定被保险人及其近亲属以外的人为受益人。"

受益人的指定可以变更或撤销。

《保险法》第 41 条规定："被保险人或者投保人可以变更受益人并书面通知保险人。保险人收到变更受益人的书面通知后，应当在保险单或者其他保险凭证上批注或者附贴批单。"

(3) 受益人的权利义务。

《保险法》第 40 条规定："受益人为数人的，被保险人或者投保人可以确定受益顺序和受益份额；未确定受益份额的，受益人按照相等份额享有受益权。"

《保险法》第 43 条规定："投保人故意造成被保险人死亡、伤残或者疾病的，保险人不承担给付保险金的责任。投保人已交足二年以上保险费的，保险人应当按照合同约定向其他权利人退还保险单的现金价值。

受益人故意造成被保险人死亡、伤残、疾病的，或者故意杀害被保险人未遂的，该受益人丧失受益权。"

(二) 保险合同的辅助人

1. 保险代理人

(1) 保险代理人是指根据保险人的委托，向保险人收取佣金，并在保险人授权的范围内代为办理保险业务的机构或者个人。截止到 2009 年 11 月，我国保险业代理人总数为 256 万人。

保险代理机构包括专门从事保险代理业务的保险专业代理机构和兼营保险代理业务的

保险兼业代理机构。个人保险代理人在代为办理人寿保险业务时，不得同时接受两个以上保险人的委托。

(2) 保险代理人责任承担。

保险人委托保险代理人代为办理保险业务，应当与保险代理人签订委托代理协议，依法约定双方的权利和义务。(《保险法》第126条)

保险代理人根据保险人的授权代为办理保险业务的行为，由保险人承担责任。

保险代理人没有代理权、超越代理权或者代理权终止后以保险人名义订立合同，使投保人有理由相信其有代理权的，该代理行为有效。保险人可以依法追究越权的保险代理人的责任。(《保险法》第127条)

(3) 保险代理人存在的意义。

保险代理人是受保险人委托而存在的，是保险环节中关键的一环，随着保险需求量的增大，保险代理人数会越来越多，其存在的意义如下：

① 保险商品不同于关乎饮食起居的满足生理需要的生活必需品，它实际上可以说是一种较高层次意义的奢侈品，很少有人会主动买保险，这就需要保险代理人进行产品介绍。

② 帮助客户进行保险计划选择，因为代理人熟悉保险商品的用途和限制范围。

③ 为客户提供持续有效的服务，代理人在帮助客户解决问题的同时，也会从建议中得到好处，这样他就会对客户提供持续有效的服务，而这恰恰是客户最希望得到的。

④ 保险代理人可以切实解决客户在购买保险过程中的麻烦。

西方发达国家保险业的发展中，保险代理人扮演了重要的角色。他们在保险市场的开拓、保险业务的发展中功不可没。例如，在英、美、日等国约有80%以上的保险业务是通过保险代理人和经纪人招揽的。在我国，《保险法》专门以一章的形式阐述了有关保险代理人和保险经纪人的问题，并且于1996年2月和1997年12月两次出台了《保险代理人管理规定》，这些无不说明保险代理人在保险业发展中的地位和作用。

(4) 保险代理人的业务范围。

保险代理人业务范围包括代理推销保险产品，代理收取保费，协助保险公司进行损失的勘查和理赔等。兼业保险代理人的业务范围是：根据保险兼业代理许可证批准的代理险种，代理销售保险产品，代理收取保费。个人代理人的业务范围是：财产保险公司的个人代理人可以代理家庭财产保险、运输工具保险、责任保险和被代理保险公司授权的其他险种。人寿保险公司的个人代理可以代理个人人身保险、个人人寿保险、个人人身意外伤害保险和个人健康保险等业务。目前保险集团公司内部的财产保险公司、人寿保险公司、健康保险公司，在获得保险监管机构批准后，子公司之间相互开展了交叉销售业务，使得个人代理人的业务范围有所扩大。

(5) 保险代理人的资格及教育。

保险代理人需持证上岗与培训，其需要的证书有：

① 《保险代理从业人员资格证书》，有效期3年；

② 《保险代理从业人员展业证书》或《保险代理从业人员执业证书》。

保险代理人的岗前培训与后续教育具体要求如下：

保险代理人的岗前培训要求累计不少于80小时，其中法律及职业道德教育不少于12

小时，后续教育要求每年累计不少于 36 小时，其中法律及职业道德教育不少于 12 小时。

保险代理人的职业道德要求是诚实信用、守法遵规、专业胜任、客户至上、勤勉尽责、公平竞争、保守秘密。

2. 保险经纪人

(1) 保险经纪人是基于投保人的利益，为投保人与保险人订立保险合同提供中介服务，并依法收取佣金的机构。(《保险法》第 118 条)

(2) 保险经纪人的责任承担。

保险经纪人因过错给投保人、被保险人造成损失的，依法承担赔偿责任。(《保险法》第 128 条)

保险经纪人必须具备一定的保险专业知识和技能，通晓保险市场规则、构成和行情，为投保人设计保险方案，代表投保人与保险公司商议达成保险协议。

保险经纪人不保证保险公司的偿付能力，对给付赔款和退费也不负法律责任，对保险公司则负有交付保费的责任。保险经纪人是投保人的代理人，但经纪人的活动客观上为保险公司招揽了业务，故其佣金由保险公司按保费的一定比例支付。

(3) 保险经纪人的报考资格。

保险经纪人代表着投保人的利益，他们所从事的保险中介业务要求他们必须具备必要的保险专业知识和良好的职业道德。

我国已颁布的《保险经纪人管理规定(试行)》第 9 条规定：报名参加者必须具有大专以上学历，这样有利于提高从业人员的整体素质，为经纪人服务奠定良好的人员基础。第 12 条规定：有下列情况之一者，不得参加保险经纪人资格考试，不得申请领取《资格证书》。具体如下：

① 曾受到刑事处罚者；

② 曾因违反有关金融法律、行政法规、规章而受到行政处罚者；

③ 中国人民银行认定的其他不宜从事保险经纪业务的人员。

另据有关规定，在校在读的大专生、本科生不具备报考资格。

3. 保险公估人

(1) 保险公估人是指接受委托，专门从事保险标的或者保险事故评估、勘验、鉴定、估损理算等业务，并按约定收取报酬的公司。在我国的台湾地区，保险公估人则被称为保险公证人。

(2) 公估人的主要职能是按照委托人的委托要求，对保险标的进行检验、鉴定和理算，并出具保险公估报告，其地位超然，不代表任何一方的利益，使保险赔付趋于公平、合理，有利于调停保险当事人之间关于保险理赔方面的矛盾。

保险公估人在保险市场上的作用具有不可替代性，它以其鲜明的个性与保险代理人、保险经纪人一起构成了保险中介市场的三驾马车，共同推动着保险市场的发展。

(3) 保险公估人的地位作用。

保险公司既是承保人又是理赔人，直接负责对保险标的进行检验和定损，做出的结论难以令被保险人信服。保险合同的首要原则是最大诚信原则，由于保险合同订立双方的信息不对称，在承保和理赔阶段，以及在危险防范和控制方面，都存在违背这一原则的可能。

专门从事保险标的查勘、鉴定、估损的保险公估人作为中介人，往往以"裁判员"的身份出现，独立于保险双方之外，在从事保险公估业务过程中始终本着"独立、公正"原则，与保险人和被保险人是等距离关系，而不像保险人或被保险人易受主观利益的驱动，保险公估人能使保险赔付更趋于公平合理，可以有效缓和保险人与被保险人在理赔阶段的矛盾。

诉讼不如仲裁，仲裁不如调解，而调解又不如预先防止发生法律纠纷，这几乎是不言而喻的。保险公估人的出现，对于及时、公平、公正地处理保险纠纷，有着很大的帮助。

二、保险合同法律关系的客体

保险合同的客体是指保险关系双方当事人享有权利和承担义务所指向的对象，即保险标的。客体在一般合同中称为标的，即物、行为、智力成果等，保险法律关系属于民事法律关系范畴，但它的客体不是保险标的本身，而是投保人对保险标的的有法律上的利益，称为保险利益。所以，保险利益是保险合同法律关系的客体，而保险标的是保险利益的载体。

1. 保险利益是保险合同的客体

《保险法》第 12 条规定，"投保人对保险标的应当有保险利益。投保人对保险标的不具有保险利益的保险合同无效。"

因此，投保人必须凭借保险利益投保，保险人必须凭借投保人对保险标的的保险利益才可以接受投保人的投保申请，并以保险利益作为保险金额的确定依据和赔偿依据。

此外，保险合同不能保障保险标的不受损失，而只能保障投保人的利益不变，保险合同成立后，因某种原因保险利益消失，保险合同也随之失效。所以，保险利益是保险合同法律关系的要素之一，不能缺少。

2. 保险标的是保险利益的载体

保险标的是投保人申请投保的财产及其有关利益或者人的寿命和身体，是确定保险合同法律关系和保险责任的依据。

因为不同的保险标的能体现不同的保险利益，所以在不同的保险活动中保险人对保险标的范围都有明确规定，包括哪项可以投保，哪些不予承保，哪些一定条件下可以特殊承保等。

3. 保险利益是指投保人对保险标的所具有的法律上所承认的利益

它体现了投保人与保险标的之间存在的金钱上的利益关系，保险利益的确定必须具备三个条件：

(1) 保险利益必须是合法的利益。

投保人对保险标的的所有权、占有权、使用权、收益权、维护标的安全责任等必须是依法或依有法律效力的合同而合法取得、合法享有、合法承担的。

(2) 保险利益必须是经济利益。

保险利益必须是经济上已经确定的利益或者能够确定的利益，即保险利益的经济价值必须能够以货币来计算、衡量和估价。

(3) 保险利益必须是确定的利益。

保险利益必须是已经确定或者可以确定的利益，包括现有的利益和期待利益。

已经确定的利益或者利害关系为现有利益，如投保人对已经拥有财产的所有权、占有权、使用权等而享有的利益即为现有利益。

尚未确定但可以确定的利益或者利害关系为期待利益，这种利益必须建立在客观物质基础上，而不是主观臆断、凭空想像的利益，如预期的营业利润、预期的租金等属于合理的期待利益，可以作为保险利益。

三、保险合同法律关系的内容

 引导案例　碰撞后虚报扩大损失，违背如实告知义务

案情简介：

标的车于 2010 年 4 月 12 号在桥头镇光辉小学附近碰撞石墩，造成车损事故。保险公估人到现场勘查情况为：

(1) 标的车当事司机称，行驶时右前部不慎与路边的石墩发生碰撞，倒车移动时不慎右后部又与石墩发生碰撞。

(2) 标的车右前部及右后部受损，右前部粘有蓝色油漆(三墩上有其他车辆碰撞留下的蓝色油漆)，受损痕迹为新痕，确定为本次事故造成。

(3) 标的车右后部受损痕迹凌乱，且与右前部受损部位间隔较大，明显不是一次事故造成的损伤。

案例解析：

保险公司从现场情况判断，右前部与石墩碰撞后，标的车应当就已停驶，标的车车身长度远大于石墩长度，倒车时不会使二者发生碰撞。于是保险公司认定：

(1) 向客户指明，出险时如实告知是被保险人应尽的义务，如所述情况与事实不相符就违背了最大诚信原则，保险公司可以就此予以拒赔。

(2) 标的车右后部损伤明显不是本次事故造成，予以剔除。

(3) 标的车右前部的损伤，可以依保险合同予以理赔。

《保险法》第 21 条、第 27 条规定，保险事故发生后，投保人、被保险人或者受益人以伪造、变造的有关证明、资料或者其他证据，编造虚假的事故原因或者夸大损失程度的，保险人对其虚报的部分不承担赔偿或者给付保险金的责任。

1. 保险人的权利和义务

(1) 保险人的权利包括：

① 收取保险费，这是最基本的权利。

② 在订立合同时，有权就保险标的或者被保险人的有关情况向投保人提出询问。

③ 依法不承担赔偿或给付保险金的责任。

④ 依法解除合同的权利。

(2) 保险人的义务包括：

① 承担赔偿或者给付保险金，这是最基本的义务。

②　向投保人说明责任免除条款，否则免责条款不产生效力。

③　及时签单义务，并载明保险当事人双方约定的合同内容。

④　保密义务。保险人在办理保险业务中对知道的投保人或被保险人的业务情况、财产情况、家庭情况、身体健康状况等，负有保密义务。(《保险法》第32条)

财产保险中的保险赔偿包括两个方面的内容：

一方面，赔偿被保险人因保险事故造成的经济损失，包括财产保险中保险标的及其相关利益的损失，责任保险中被保险人依法对第三者承担的经济赔偿责任，信用保险中权利人因义务人违约造成的经济损失。

另一方面，赔偿被保险人因保险事故发生而引起的各种费用，包括财产保险中被投保人为防止或减少保险标的损失所支付的、必要的、合理的费用，责任保险中被保险人支付的仲裁或诉讼费用和其他必要的合理的费用，以及为了确定保险责任范围内的损失被保险人所支付的受损标的查勘、检验、鉴定、估价等其他费用。

2. 投保人、被保险人或者受益人的权利、义务

(1) 投保人、被保险人或受益人的主要权利包括：

①　依法获得赔偿或者收取保险金的权利。

②　投保人有交纳保险费并签字的权利。

③　投保人在保险人同意的情况下有指定受益人的权利。

④　投保人可以依法解除保险合同。

⑤　以死亡为给付保险金条件的人身保险合同，被保险人必须要亲笔签名，无亲笔签名的合同将不生效。投保人在指定或者变更受益人时，须经被保险人同意。

(2) 投保人、被保险人或受益人的主要义务包括：

①　如实告知义务。

②　交纳保险费义务。

③　防灾防损义务。财产保险合同的投保人、被保险人应当遵守国家有关消防、安全、生产操作、劳动保护等方面的规定，维护保险标的的安全，保险人有权对保险标的的安全工作进行检查。

④　危险增加通知义务。

⑤　保险事故发生后及时通知义务。投保人、被保险人或者受益人在保险事故发生后，应当及时将保险事故发生的时间、地点、原因及保险标的的情况、保险单证号码等通知保险人。

⑥　损失施救义务。保险事故发生时，被保险人有责任尽力采取必要的、合理的措施，进行损失的施救，防止或减少损失。保险人可以承担被保险人为防止或减少损失而支付的必要的、合理的费用。

⑦　提供单证义务。保险事故发生后，投保人、被保险人或受益人向保险人提出索赔时，应当按照保险合同规定向保险人提供其所能提供的与确认保险事故的性质、原因、损失程度等有关的证明和资料，包括保险单、批单、检验报告、损失证明材料等。

⑧　协助追偿义务。在财产保险中由于第三人行为造成保险事故发生时，被保险人应当保留对保险事故责任方请求赔偿的权利，并协助保险人行使代位求偿权；被保险人应向保险人提供代位求偿所需的文件及其所知的有关情况。

⑨ 投保人、被保险人或者受益人因谎称保险事故、故意制造保险事故、虚报保险事故致使保险人支付保险金或者支出费用的，应当退回或赔偿。

此外，保险法律关系中也少不了保险中介人，一个成熟的保险市场必须有买方、卖方、中间人(保险经纪人、保险公估人)等。

第三节　保险合同的订立

在司法实践中，许多关于保险的纷争都与合同订立有关，因此，我们应当依法有效订立保险合同，这样才能产生预期的法律效力。

一、保险合同订立的法律程序

依照《合同法》的规定，合同的订立是双方当事人协商一致的结果，一般要经过要约和承诺两个阶段。

(一) 投保(要约)

1. 投保的概念

按照合同法规定，要约就是希望与他人订立合同的意思表示。投保就是要约，一般就是投保人提出保险要求，填写投保单的行为。

由于保险合同是格式合同，需要到保险人或保险代理人处阅读保险合同条款，保险人依法有说明的义务，此后投保人填写投保单，就意味着向保险人提出了要约。

当然，在特殊情况时，要约也可以由保险人发出。如被保险人提出要约的，投保单的内容具备合同的主要条款，发送该投保单就是要约，而投保人签字，视为承诺，合同就成立。

现代保险市场上，保险合同一般均采用标准化合同(又称格式合同)，即由保险人根据各个险种的设立需要和科学计算，事先设计统一的保险责任、保险标的、保险条件等基本条款，制作统一的保险合同文本，并印制相应的投保单，供投保人填写。不过，这一环节仅仅是订立保险合同的准备工作，并没有标明受其制作的格式合同行为的约束，故依法并非要约，而仅仅是邀请广大社会公众向其投保，法律上称"要约邀请"。在实践中，保险公司经常会向公众散发或递送一些与保险有关的宣传和促销资料，通常也被视为要约邀请。

2. 投保的形式

投保的形式主要有以下三种：

① 口头形式；② 书面形式；③ 网络等电子信息形式。

3. 投保的途径

投保途径的种类多样，主要有：

① 直接向投保人投保；② 通过保险代理人投保；③ 通过保险经纪人投保；④ 其他投保途径，如电话投保、E-mail 等网络投保也已经被运用到保险实务中。

4. 投保的有效条件

结合《民法通则》的规定，保险民事行为有效的条件包括：

(1) 投保人具有订约能力，具有相应的民事权利能力和民事行为能力；

(2) 投保人的投保意思是真实的意思表示：投保人自觉自愿，反对保险人采取不正当的手段招揽顾客，更不能有欺诈、强迫的行为。

(3) 投保内容应当合法。

《保险法》第 34 条："以死亡为给付保险金条件的合同，未经被保险人同意并认可保险金额的，合同无效。按照以死亡为给付保险金条件的合同所签发的保险单，未经被保险人书面同意，不得转让或者质押。"

再如，投保货物运输保险的货物必须符合有关货物运输法律规定，符合安全运输条件，违禁品或国家禁止运输、限制运输的物品，就不能作为保险标的。

(4) 投保人对保险标的具有保险利益。投保人对保险标的所具有的保险利益必须是合法的、确定的利益，是有经济价值的，能以货币形式表现的。

(二) 承保(保险人承诺)

1. 承保的概念

按照《合同法》规定，承诺是受要约人同意要约的意思表示。

承保就是保险人审核投保人的投保要求，向投保人表示同意接受其投保的意思表示。这意味着意思表示达成一致，构成保险合同的承诺。

我国《保险法》确认保险合同为诺成合同，保险人同意承保，即为承诺，一般情况下，保险合同即告成立。承诺的内容应当与要约的内容一致，若做出实质性变更，则为反要约，需要投保人的确认，合同才能够成立。

2. 承诺的方式及效力

作为保险合同的生效环节，其法律效力表现在，保险人的承诺通知，或者口头、电话，或者书信寄送到达投保人时生效，或者以符合投保人在投保中要求的承诺方式做出的，则保险合同随之成立。

依照《合同法》，受要约人做出承诺，应当以通知的方式做出，但根据交易习惯或要约表明可以通过行为做出承诺的除外。承诺生效时合同即宣告成立，但在保险合同订立的事实背景下，如何认定承诺的生效时间，在实践中往往会发生争议。

此外，有些保险合同的订立程序较为特殊，通常是指法定强制保险，如旅客意外伤害保险、交强险，这种保险不需要经过要约和承诺，无需当事人双方自愿协商达成一致，是法定必须无条件承保的。

3. 核保

保险人在承保过程中的主要工作就是审核投保单，简称核保。

(1) 审核投保人、被保险人或受益人的主体资格是否符合《保险法》的具体规定和具体保险险种的要求。

(2) 审核投保标的是否合法及是否合乎具体保险险种的承包范围和投保条件。

(3) 审核投保内容所涉及的风险和保险责任范围，进行风险评估，确定是否同意承保以及所适用的保险费率。

(4) 不同险种审核的重点也不尽相同。

财产保险：审核投保财产的法律手续和证明文件，以确定其合法性，审核保险价值、风险类别及所适用的保险费率种类；

人身保险：审核投保人与被保险人之间是否存在《保险法》要求的保险利益，保单中被保险人的年龄、职业、健康状况是否真实，能否予以承保，必要时，需体检。在保险实务中，投保人应当填具《被保险人健康状况告知书》，作为保险人承保的审核依据。

(三) 保险合同的订立程序

在保险实务中，保险合同订立的具体程序是：

① 投保人申请。

② 保险当事人商定保险费交付方法。

③ 保险人审核承保。

④ 签发保险单。

实践中，还有一些特殊的保险合同订立方式，如保险代理人直接签发保险合同，自助购买(自动销售机)，电话营销，邮寄营销以及网络营销等。

二、保险合同的成立

按照《合同法》的规定，保险合同的成立是指当事人就保险合同条款通过协商达成一致的行为。

1. 保险合同的成立与保险合同的订立

保险合同的订立是双方接触和洽淡协商的动态过程，而保险合同的成立则是双方经过协商而达成合意的静态结果，为保险合同产生法律效力创造了前提条件，二者既相互联系又相互区别。

2. 保险合同成立与出具保单

目前，虽然各国的保险合同普遍采用标准化的格式必要条款，但这并非保险合同的必备形式要件，不能把保险人出具保险单作为保险合同成立的条件。

我国《保险法》第 13 条规定："投保人提出保险要求，经保险人同意承保，保险合同成立。保险人应当及时向投保人签发保险单或者其他保险凭证。保险单或者其他保险凭证应当载明当事人双方约定的合同内容。当事人也可以约定采用其他书面形式载明合同内容。"

可见，我国《保险法》明确将保险合同成立与保险人签发保单或其他保险凭证区分开来，指明保险合同自被保险人投保和保险人予以承保之时成立。

3. 保险合同生效时间

我国《保险法》第 13 条第 3 款："依法成立的保险合同，自成立时生效。投保人和保险人可以对合同的效力约定附条件或者附期限。"

保险人在保险合同成立和生效之后，依法应当及时签发保险单或其他凭证，其保险单或其他凭证作为保险合同的证明文件，将双方当事人约定的合同内容予以确定，成为当事人履约的法律依据。

4. 保险合同成立与缴纳保费

在实践中，投保人经常是在投保时一并缴纳保险费或者交付首期保险费，由保险人或其代理人向投保人开具保费收据，然后再由保险人签发保险单或保险凭证。但是，签发保险单或其他保险凭证以及缴纳保险费均不是保险合同成立的条件。

三、缔约过失责任

1. 缔约过失责任的概念

根据我国《合同法》和《保险法》的规定，保险领域的缔约过失责任是指当事人在订立合同过程中，应本着诚实信用的原则，尽到对对方的说明、通知、如实告知义务，若因其主观过错而违反法定缔约义务，致使所欲订立的保险合同未能成立、全部或部分撤销，并给对方造成损失的，应当依法承担的法律责任。

2. 缔约过失责任的构成要件

缔约过失责任的构成要件有三点，具体如下：

(1) 当事人有违反缔约义务的行为，可以是作为，也可以是不作为，如当事人签订保险合同过程中，履行如实告知义务和保险说明义务的行为往往是不作为的。违反缔约义务的行为包括：当事人订立保险合同恶意磋商；故意隐瞒与订立保险合同有关的重要事实或者是提供虚假情况，包括保险代理人故意误导投保人签订保险合同的；有关当事人在保险合同不成立的情况下，基于故意过失而泄露或不正当使用其所知悉的商业秘密而给对方造成损失的。

(2) 违反缔约义务给对方造成损失。一方当事人违反缔约义务直接导致的是保险合同不成立、不生效或无效的结果，同时，在很多情况下，又会给对方造成相应的损失，如为签订保险合同而支出的费用。

(3) 违反缔约义务的当事人存在主观过错。缔约当事人的缔约行为，往往是受其主观意志支配的。那么，这种意志可能是善意的，也可能是恶意的、不正当的违法意志，若属于后者，当事人主观上就存在故意或过失。

第四节　保险合同的条款和形式

 引导案例　维修期间发生碰撞事故保险公司是否理赔

案情简介：

被保险人李先生报案称：标的车与一些杂物发生碰撞，造成标的车的前部受损，要求尽快到现场处理。勘查员及时到达现场进行勘验。

保险公估人到现场勘查的情况是：

(1) 事故现场在车辆维修厂内。

(2) 标的车与修理厂的物品碰撞，标的车前部受损。

(3) 从现场情况分析，事故原因属实。

现场查勘后发现的问题是标的车是否在维修期间发生事故？

调查了解后处理：

(1) 向当事人详细了解被保险人的情况，详细记录当事人描述的发生事故经过，了解标的车进厂维修的时间、原因等情况，特别注意记录其中互相矛盾的地方。

(2) 经与客户交谈，了解到标的车在保养期间移动后未及时刹车，致车辆前部与物品发生碰撞，造成标的车前杠受损。

(3) 经向被保险人讲解保险条款后，其明白了由于该案件是在车辆维修期间发生的事故，被保险人便同意签字、销案。

案例解析：

根据人保机动车辆保险条款"责任免除"第6条第3款："竞赛、测试，在营业性维修、养护厂所维修、养护期间，不论任何原因造成被保险机动车损失，保险人均不负责赔偿。"

保险合同的条款和形式是保险合同的具体化。按照《合同法》理论，保险合同作为民商事合同的具体类型，是双方当事人就保险合同权利义务关系达成的协议内容，是通过具体的保险合同条款体现出来的。

一、保险合同的法定条款

(一) 保险合同条款的分类

(1) 依条款产生的依据划分，分为法定条款和任选条款。

① 法定条款依照《保险法》第18条的规定，共十个事项。

② 任选条款依当事人意愿和需要协商确定，如免赔条款、保险金额限制条款、保证条款等。

(2) 依合同内容划分，分为基本条款和附加条款。

① 基本条款是事先拟定的，印在保险单上的条款，包括上述法定条款和任选条款。

② 附加条款是依被保险人的要求，经协商约定，是保险合同基本条款以外所增加的条款。附加条款通常表现为保险人增加承保的危险或者保险标的，也可以是被保险人为确保保险标的的安全而应遵守的义务。附加条款不能违反保险法强制性规定，也不能单独投保。

(二) 保险合同的法定条款

我国《保险法》第18条规定，保险合同应当具备如下基本条款：

(1) 保险人的住所和名称。

在保险合同中应明确填写当事人的名称和住所，因为这是确定权利义务归属和保险合同履行主体的依据，也是日后明确保险责任和处理合同争议的管辖地的依据。

其中，作为保险当事人一方，保险人的名称住所必须明确、完整，并且要求是法定的名称和住所(营业场所)。

(2) 投保人、被保险人、受益人的名称住所。

这是三种不同的彼此独立的主体身份，各自享有的权利和承担的义务不同。

填写时应注意，如果是公民个人，应当使用其身份证或者户口本上记载的姓名和地址，以便保险人履行合同时及时正确地向其履行通知、催告义务，实施保险赔付等。在有关当事人名称、地址或联系方式发生变更时，应及时通知保险人，并由保险人在保险合同中予以批注。

（3）保险合同标的条款。

保险标的是保险合同所指向的对象，也是保险合同的客体——保险利益的载体。

《保险法》第 12 条规定："人身保险的投保人在保险合同订立时，对被保险人应当具有保险利益。财产保险的被保险人在保险事故发生时，对保险标的应当具有保险利益。

人身保险是以人的寿命和身体为保险标的的保险。

财产保险是以财产及其有关利益为保险标的的保险。

被保险人是指其财产或者人身受保险合同保障，享有保险金请求权的人。投保人可以为被保险人。

保险利益是指投保人或者被保险人对保险标的具有的法律上承认的利益。"

注意所填写的保险标的的内容和范围要具体、准确，对于有形财产，应当明确其名称、数量、种类或型号、坐落地点、用途等。

（4）保险责任和责任免除条款。

① 保险责任：是指保险合同约定的保险人所负的责任，是所承保的保险事故发生时保险人应承担的损失赔偿责任或保险金给付责任。

它是保险人在保险合同中所承担的基本义务，也就是保险职能的具体表现。

按照责任范围和承担责任的条件，保险责任分为基本责任、附加责任和特约责任。

保险责任的起始时间，应根据保险合同约定的保险期限而定，对保险人承担保险责任具有重要意义。

② 责任免除条款：又称除外责任，是指保险合同中明确列明的不属于保险赔偿范围的责任。

由于社会生活中危险事故的多样性和复杂性，保险人出于自身经济利益的需要，并非对一切危险事故都承担保险责任，而是规定了相应的免责条款，不同的保险合同，各自的免责范围也不同。

（5）保险期间条款。

保险期间又称保险责任起讫时间，是保险人为被保险人提供保险保障的期间，在该期间内发生保险合同约定的保险事故所造成的损失，保险人承担保险责任。

不同的保险合同，规定保险期间的方式也不一样。保险责任的计算方法不尽相同，保险期间的确认方式大致分两种：

① 按年月日计算，如财产保险合同多为一年，从起保日零时始，至终保日 24 时止。

② 按特定事项的存续期确定责任期间，如货物运输保险合同是以运输期作为保险责任期间，工程保险合同是按工程期计算保险责任期间。

（6）保险金额条款。

保险金额是保险人承担赔偿或给付保险金责任的最高限额。它是保险人计收保险费的重要依据，在保险合同中意义重大，需明确规定。

财产保险中是以保险标的的保险价值为依据，来确认保险金额的。保险价值是指保险标的在某一特定时间内以金钱估计的价值总额。

依保险金与保险价值的关系，可分为足额保险、不足额保险和超额保险，当然超额保险为法律所禁止，超额部分无效。

(7) 保险费以及支付办法条款。

保险费又称保费，是投保人付给保险人使其承担保险责任的代价。它是投保人转移风险，让被保险人或受益人获得保险保障的对价条件。从保险市场讲，保险费是保险基金的唯一来源。

(8) 保险金赔偿或者给付方法条款。

该条款是指保险人在保险事故发生导致保险标的损害或者在保险合同届满时，依约定的方法和标准向被保险人或受益人支付保险赔偿或保险金的条款。

能否按照约定的数额、时间、方式及时地向被保险人或受益人支付保险金，关乎保险合同当事人权利义务的实现。

(9) 违约责任和争议处理。

当事人双方可以在合同中约定一方部分不履行或完全不履行合同义务所应该承担的民事责任，同时还可以约定合同争议的处理方式，如仲裁协议等。

二、保险合同的特约条款

1. 保险合同的特约条款

保险合同的特约事项是指除保险合同必须具备的主要事项之外，保险合同的当事人还可特别约定双方当事人同意的其他事项，称为特约事项。按照与保险合同的时间关系划分，它包括过去事项、现在事项和将来事项。

保险合同特约条款可以包括免赔额条款、退保条款、保证条款、无赔款优惠条款、危险增加条款、通知条款、索赔期限条款、共保条款、协会条款等。

2. 保险合同条款的解释

保险合同条款的解释应注意以下几点：

(1) 应当考虑当事人在保险合同中明确表达的真实意思，并适用保险市场的习惯做法。

(2) 应当运用保险市场所要求的特定的科学含义，适用统一的标准。

(3) 法院或仲裁机关在所做的法律裁判中，对于保险合同条款做出的解释，应当有利于被保险人。

三、保险合同的形式

(1) 投保单是投保人的书面要约。投保单经投保人据实填写交付给保险人就成为投保人表示愿意与保险人订立保险合同的书面要约。

(2) 保险单简称"保单"，是《保险法》中列举的投保人与保险人之间订立的正式书面保险合同的一种。它由保险人签发给投保人，完整地记载了合同双方当事人的权利和义务，是被保险人在保险标的因保险事故发生损失时向保险人提出索赔或给付的依据和凭证。

(3) 投保单是保险人在向投保人签发正式保险单或者保险凭证之前所出具的一种临时

性保险凭证。

(4) 保险凭证是保险人发给投保人以证明保险合同业已生效的另一种文件形式，是一种简化了的保险单。

(5) 批单是保险合同在其有效期内变更合同条款时，当事人予以运用的书面证明文件。

(6) 保险人要求提供的其他材料，如投保重大疾病保险，会要求提供体检证明。

第五节　保险合同的效力

 引导案例　保险合同是否有效成立

案情简介：

甲为自己营运的小客车到保险公司代理处要求投保交强险、车损险和第三者责任险。双方商定车损险责任限额 20 万元，第三者险为 50 万元。由于投保人资金周转一时困难，双方又协商缓交保险费并取得了共识。于是，甲给代办人写下了一张欠条："欠保险公司代办处保险费 4800 元"。代办人给甲开具了加盖保险公司公章的保险证，双方实际上没有填写保险单，因甲未交保费也未开收据。

后来甲在营运时发生交通事故，造成 1 死 2 伤的严重后果。经交警认定，甲对事故负主要责任。经交警调解，甲共计赔偿损失 52 万余元。事故发生后，甲除了及时向保险公司报了案，还及时向代办员补交了保费，代办人出具了发票，并将欠条返还给甲。

保险公司接到索赔要求后，认真审核，发现甲投保时并没有填写保单，而保费还是出险后补交的。据此保险公司认定，甲与公司不存在保险关系，也就无权要求赔偿。甲只好诉诸法院。

案例解析：

法院审理认定，双方的口头保险合同已经成立且已经生效，保险公司应当承担甲的车祸损失赔偿责任。

(1) 甲与代办人已就投保事宜达成了一致，甲提出的缓交保费的要求也得到代办认可。这就意味着代办人代表保险公司对甲做出了承诺，出具的借条，等于是向代办处借钱投保，因此又形成了借贷法律关系。

(2) 甲没有填写保单的责任，应由保险公司方负责。保险合同是格式合同，是保险公司制定的，投保人处于相对弱势地位，又不懂得业务规定，保险公司负有义务提供保单，此失误应自己承担。

一、保险合同的生效

(一) 保险合同生效的涵义

1. 保险合同生效的概念

保险合同的生效是指保险合同对各方当事人具有法律效力。

这意味着保险合同的各方当事人应当遵守保险合同的规定，按照保险合同的约定行使各项权利和履行各项义务，以便实现订立保险合同的目的。

2. 保险合同成立与保险合同生效

① 保险合同成立是投保人与保险人协商一致而建立的保险合同关系，表示当事人权利义务关系的达成与存在，当事人不得任意撤销或解除。保险合同成立是合同生效的前提，又称为形式拘束力。

② 保险合同生效强调已建立的保险合同关系，符合法定合同生效条件，对各方当事人产生法律约束力，又称为实质拘束力。

我国《保险法》第 13 条规定："依法成立的保险合同，自成立时生效。投保人和保险人可以对合同的效力约定附条件或者附期限。"

3. 保险合同生效时间与保险责任开始时间

① 保险合同生效时间是指保险合同之法律约束力产生的时间；

② 保险责任开始的时间专指保险人开始承担保险责任的时间，又称保险责任的起期。

以上二者可以是同一时间，也可以不是同一时间，当然是保险合同生效先于保险责任开始的时间。

从法律上讲，《保险法》第 13 条规定"依法成立的保险合同，自成立时生效。"不过，"投保人和保险人可以对合同的效力约定附条件或者附期限"，因此当事人可以另行约定保险合同生效时间。当今适用的保险合同条款很多都约定："本合同自本公司同意承保、收到首期保险费并签发保险单的次日开始生效"。至于保险责任开始的时间，一般也取决于保险合同的约定。

例如，保险合同中约定"保险责任的开始日期为本合同的生效日"或自"保险人签发保单"或自"货物运离起运地发货人最后一个仓库或货储存处所"时开始保险责任。

保险合同没有特别约定的，保险责任自保险合同生效时开始。对于这一问题，投保人在投保之时应当予以重视，以免因此影响保险索赔。

(二) 保险合同生效的法律条件

保险合同能否生效，取决于其是否具备《民法通则》规定的一般有效条件和《保险法》规定的特别有效条件。影响保险合同生效的法律条件有：

1. 当事人具有法定缔约资格

保险实务中，要求当事人双方均应具有法定缔约资格：

(1) 保险人。保险公司须在其经营范围内承保方为有效。

(2) 投保人。投保人应具备相应的民事行为能力以及保险利益。

2. 意思表示真实

《合同法》对于各类合同的基本要求，同样适用于保险合同。

(1) 双方当事人需意思表达真实一致，履行诚实告知义务和必要的说明义务等。

(2) 不得利用行政权力、职务或职业便利以及其他不正当手段强迫、引诱或限制投保人订立保险合同。

3. 订立保险合同不得违反法律和社会公共利益

(1) 保险人必须对保险标的具有保险利益。

各国保险法均注重防止当事人在保险市场上，假借订立保险合同谋取不当利益的发生。实践中因当事人的民事行为能力问题而产生的保险纠纷比较多。

(2) 保险标的必须合法，是指法律允许投保的财产及其有关利益或人的寿命和身体，受益人指定合法。

(3) 当事人不得重复保险，所订立的合同不得与法律、法规的强制性规范抵触。

(4) 保险合同的形式符合法律强制性规定和保险业规则。

例如，《保险法》第 17 条规定："订立保险合同，采用保险人提供的格式条款的，保险人向投保人提供的投保单应当附格式条款，保险人应当向投保人说明合同的内容。

对保险合同中免除保险人责任的条款，保险人在订立合同时应当在投保单、保险单或者其他保险凭证上作出足以引起投保人注意的提示，并对该条款的内容以书面或者口头形式向投保人作出明确说明；未作提示或者明确说明的，该条款不产生效力。"

二、保险合同的无效

1. 概念

保险合同无效是指已经成立的保险合同因欠缺法定或者保险合同约定的有效要件且不能补救，自始不产生法律效力而由国家司法机关予以取缔的情况。

保险合同无效不同于合同撤销，可撤销的保险合同，只能根据当事人行使撤销请求权，司法机关才能行使撤销权，而且被确认撤销的合同，自被撤销时起无效；保险合同无效不以当事人的意志为转移，司法机关即可确认无效，而且保险合同自始无效。

2. 保险合同无效的原因

结合《民法通则》、《合同法》的相关规定，保险合同无效的原因主要包括：

(1) 主体不合格，包括投保人无完全行为能力、无保险利益；保险人不具备依法设立的合法资格、超范围经营；保险代理人无权代理或越权代理等。

(2) 意思表示不真实，包括不诚信，隐瞒或欺诈；不自愿，遭胁迫等。

(3) 内容不合法，包括违背社会公共利益或国家利益的；保险标的违法；恶意超额保险；易诱发道德风险的保险，如死亡保险。

3. 格式免责条款

我国《保险法》第 19 条规定，采用保险人提供的格式条款订立的保险合同中的下列条款无效：免除保险人依法应承担的义务或者加重投保人、被保险人责任的；排除投保人、被保险人或者受益人依法享有的权利的。

4. 保险合同还有特殊的无效原因

保险合同特殊无效原因是指合同违反《保险法》的强制性规定，并且无可补救。具体如下：

（1）危险不存在的保险合同无效。对于已经发生或消灭的危险，或者依一般人的理解不可能发生的危险，投保人或被保险人根本没有遭受损失的可能，因此法律应禁止其成为保险合同承保的危险。即使与之订立保险合同，原则上应归于无效。

（2）超额保险合同部分或全部无效。超额保险是指保险合同约定的保险金额大于保险价值的保险。《保险法》第55条规定："保险金额不得超过保险价值。超过保险价值的，超过部分无效，保险人应当退还相应的保险费。"

（3）投保人没有保险利益而合同无效。《保险法》第31条第3款规定："订立合同时，投保人对被保险人不具有保险利益的，合同无效。"

三、保险合同的变更和转让

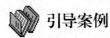 引导案例

案情简介：

宋先生的一辆汽车准备转让给刘先生，双方商量好，办完过户手续、保险变更手续后交车，刘先生付全款。宋先生在二手车市场上办好过户手续，刘先生因为急着用车，就把钱交给了宋先生，开车走了。一小时候后，刘先生驾车就被一辆货车撞了。刘先生没办法，就让宋先生先向保险公司索赔。保险公司称，该车已经转让却没有通知保险公司，因此依据保险条款的规定，保险公司有权拒赔。刘先生不服气，宋先生则觉得过意不去，但是对于怎样变更保险合同，怎么样才能保证得到理赔，他们二人都不清楚。

案例解析：

本案中宋先生把车卖给刘先生并且完成了卖车手续，那么宋先生已经丧失了对该车辆的保险利益，因此即便车损坏了，损失是刘先生的，与宋先生已经没有什么利害关系了。既然宋先生没有什么损失，保险公司当然不应该赔偿保险金，否则宋先生就是不当得利了。而刘先生虽然有损失，可是他却不是保险合同中的被保险人，所以他也得不到保险赔偿。

（一）保险合同的变更

1. 概念

在合同法上，合同的变更，有广义和狭义之分。

（1）广义的合同变更是指合同主体的变更，实际上就是合同的转让。

（2）狭义的合同变更，仅指合同内容的改变，是指尚处于履行过程中的合同，其双方当事人对于合同进行修改或者补充相应条款的情况。我们这里指的是协议的合同变更。

保险合同的变更是指保险合同签订后，在其有效期内，如果保险合同载明的条件由于情况发生变化影响保险效力而变更合同内容的行为。

我国《保险法》第20条规定：投保人和保险人可以协商变更合同内容。

保险合同属于继续性合同，其法律效力必然存续一定时间，尤其是人寿保险合同的有

效期可以长达几十年。虽然合同一般情况下不允许擅自变更，但是因为情势变迁，客观情况发生变化，当事人依法律规定的条件和程序，可以对保险合同的某些条款进行修改或补充，变更后的合同与变更前的合同具有一样的效力。

2．对财产保险合同当事人和关系人变更的法律规定

(1) 保险合同变更原则上是经双方当事人协商一致的结果。

保险合同双方当事人经过协商，在原保险合同基础上达成新的协议，或者依法经法院或仲裁机关做出裁决。

(2) 合同变更的法定除外情况。

《保险法》第 50 条规定："货物运输保险合同和运输工具航程保险合同，保险责任开始后，合同当事人不得解除合同。"

《海商法》第 230 条规定："因船舶转让而转让船舶保险合同的，应当取得保险人同意。未经保险人同意，船舶保险合同从船舶转让时起解除；船舶转让发生在航次之中的，船舶保险合同至航次终了时解除。"

(3) 依《合同法》规定变更。

如因重大误解或显失公平，或因情势变迁，当事人可以依法请求人民法院或仲裁机关确认变更请求。

3．对人身保险合同当事人、关系人变更的法律规定

《保险法》第 41 条规定："被保险人或者投保人可以变更受益人并书面通知保险人。保险人收到变更受益人的书面通知后，应当在保险单上批注。投保人变更受益人时须经被保险人同意。"

(二) 保险合同的转让

1．概念

保险合同的转让，是指保险合同的一方当事人将其在保险合同关系中的权利义务的全部或者部分转让给第三人的情况。换一个角度讲，保险合同的转让实质就是保险合同主体的变更。

在商品经济极大发展的今天，财产的转让或出售，会相应地引起财产所有权归属的变化，这种改变势必会导致财产主体的变更。

2．财产保险合同转让的法律规定

《保险法》第 49 条规定："保险标的转让的，保险标的的受让人承继被保险人的权利和义务。

保险标的转让的，被保险人或者受让人应当及时通知保险人，但货物运输保险合同和另有约定的合同除外。

因保险标的转让导致危险程度显著增加的，保险人自收到前款规定的通知之日起三十日内，可以按照合同约定增加保险费或者解除合同。保险人解除合同的，应当将已收取的保险费，按照合同约定扣除自保险责任开始之日起至合同解除之日止应收的部分后，退还投保人。

被保险人、受让人未履行本条第二款规定的通知义务的，因转让导致保险标的危险程度显著增加而发生的保险事故，保险人不承担赔偿保险金的责任。"

3．人身保险合同的转让

人身保险合同的转让涉及的主体变更范围更为广泛。在保险实务中，基于人身保险合同当事人的真实意思表示或《保险法》的有关规定，经常会发生投保人、被保险人和受益人的变更，甚至出现保险人变更的情况，而合同主体的改变，就意味着合同的转让。

《保险法》第 41 条规定："被保险人或者投保人可以变更受益人并书面通知保险人。保险人收到变更受益人的书面通知后，应当在保险单或者其他保险凭证上批注或者附贴批单。

投保人变更受益人时须经被保险人同意。"

《保险法》第 92 条规定："经营有人寿保险业务的保险公司被依法撤销或者被依法宣告破产的，其持有的人寿保险合同及责任准备金，必须转让给其他经营有人寿保险业务的保险公司；不能同其他保险公司达成转让协议的，由国务院保险监督管理机构指定经营有人寿保险业务的保险公司接受转让。

转让或者由国务院保险监督管理机构指定接受转让前款规定的人寿保险合同及责任准备金的，应当维护被保险人、受益人的合法权益。"

四、保险合同的解除和终止

按照我国《合同法》的规定，合同的解除是导致保险合同效力终止的原因之一。

（一）保险合同的解除

1．保险合同的约定解除

约定的合同解除是指双方当事人协商一致解除合同，或者行使约定的解除权而导致合同解除。《合同法》第 93 条是对约定解除的规定，《保险法》未作出直接规定。

2．保险合同的法定解除

保险合同的法定解除包括投保人的法定解除权和保险人的法定解除权。

(1) 投保人的法定解除权。

我国《保险法》第 15 条规定："除法律另有规定或者合同另有约定外，保险合同成立后，投保人可以解除保险合同。"在某些特殊的险种中，投保人的解除权是受到一定限制的。

我国《保险法》第 50 条规定："货物运输合同和运输工具航程保险合同，保险责任开始后，合同当事人均不得解除合同。"

我国《海商法》第 227 条规定："除合同另有约定外，保险责任开始后，被保险人和保险人均不得解除保险合同。"

(2) 保险人的法定解除权。

《保险法》赋予保险人的法定解除权有以下几种情形：

① 投保人未履行如实告知义务。

我国《保险法》第 16 条第 2 款规定，"投保人故意或者因重大过失未履行前款规定的如实告知义务，足以影响保险人决定是否同意承保或者提高保险费率的，保险人有权解除合同。"

② 保险欺诈。

《保险法》第 27 条第 1 款规定的被保险人或者受益人在未发生保险事故的情况下，谎称发生了保险事故向保险人提出索赔的，保险人有权解除保险合同。

《保险法》第 27 条第 2 款规定的投保人、被保险人故意制造保险事故的，保险人有权解除保险合同。

③ 被保险人未履行安全维护义务。

为了防止投保后被保险人产生麻痹思想或是采取放任态度，我国《保险法》第 51 条第 3 款规定："投保人、被保险人未按照约定履行其对保险标的的安全应尽的责任的，保险人有权要求增加保险费或者解除合同。"

④ 保险标的的风险发生变化。

当保险标的的风险状况发生变化，并且这种变化可能导致保险人在承保时作出不同决定时，就应当赋予保险人以法定解除权。

我国《保险法》第 52 条第 1 款规定，"在合同有效期内，保险标的的危险程度显著增加的，被保险人应当按照合同约定及时通知保险人，保险人可按照合同约定增加保险费或者解除合同。"

法律还规定了因特定行为引起保险标的风险发生变化的情况下的保险人的解除权。

我国《保险法》第 49 条第 3 款规定，"因保险标的转让导致危险程度显著增加的，保险人自收到前款规定的通知之日起三十日内，可以按照合同约定增加保险费或者解除合同。"

⑤ 财产保险合同中保险人部分履行责任。

保险合同的部分履行也可能导致保险人解除权的产生。

3. 具体合同的解除效力

不同类型的保险合同有不同的解除效力，具体如下。

(1) 人身保险合同解除的效力：投保人解除合同的，保险人应当自收到解除合同通知之日起三十日内，按照合同约定退还保险单的现金价值(《保险法》第 47 条)。

(2) 财产保险合同解除的效力：保险责任开始前，投保人要求解除合同的，应当按照合同约定向保险人支付手续费，保险人应当退还保险费。保险责任开始后，投保人要求解除合同的，保险人应当将已收取的保险费，按照合同约定扣除自保险责任开始之日起至合同解除之日止应收的部分后，退还投保人(《保险法》第 54 条)。

《保险法》第 50 条规定："货物运输保险合同和运输工具航程保险合同，保险责任开始后，合同当事人不得解除合同。"这是《保险法》中对合同解除权的限制。

(二) 保险合同的中止与恢复

1. 保险合同的中止

保险合同成立并生效后，由于某种原因使保险合同的效力暂时停止的状况称为合同的中止。在合同效力中止期内，保险人不承担保险责任。

2. 保险合同的恢复

保险合同的恢复是指中止后的保险合同依一定程序和条件恢复其效力的情形。

《保险法》第 37 条规定："合同效力依照本法第 36 条规定中止的，经保险人与投保人协商并达成协议，在投保人补交保险费后，合同效力恢复。但是，自合同效力中止之日起满两年双方未达成协议的，保险人有权解除合同。

保险人依照前款规定解除合同的，应当按照合同约定退还保险单的现金价值。"

（三）保险合同的终止

保险合同的终止是指保险关系的绝对消灭，具体包括以下几种情形：

① 保险期限已届满而终止；

② 保险合同义务已履行而终止；

③ 当事人协议终止合同；

④ 某些特殊情况下，可以终止合同。

第六节　保险合同的履行

一、投保人、被保险人的义务

1. 缴纳保险费的义务

根据《保险法》的规定，投保人负有给付保险费的义务。保险合同生效后，投保人应当按照合同约定的数额、时间、地点和方式，向保险人交付保险费。

在订立保险合同时，当事人会对保险费的给付数额进行约定。

《保险法》第 52 条规定，"在合同有效期内，保险标的的危险程度显著增加的，被保险人应当按照合同约定及时通知保险人，保险人可以按照合同约定增加保险费或者解除合同。"

《保险法》第 53 条规定，"有下列情形之一的，除合同另有约定外，保险人应当降低保险费，并按日计算退还相应的保险费：（一）据以确定保险费率的有关情况发生变化，保险标的的危险程度明显减少的；（二）保险标的的保险价值明显减少的。"

《保险法》未对保险费的支付时间、地点和方式作出强制性规定，当事人有权自由约定。如果合同未约定或约定不明确，应依《合同法》第 62 条关于"履行地点不明确，给付货币的，在接受货币一方所在地履行"的规定，由投保人在保险人所在地履行。

2. 保险事故发生后的及时通知义务

出险通知义务是指保险合同有效期内，如果发生保险合同约定的保险事故，投保人、被保险人或者受益人在知道事故发生后负有及时将出险事实通知保险人的义务。

据此，投保人、被保险人或者受益人知道保险事故发生后，如因故意或重大过失未及时通知的，保险人仅对因未及时通知而致使保险事故的性质、原因、损失程度等无法确定的部分，不承担赔偿或给付保险金责任，对其他损失，保险人仍旧要依保险合同约定承担赔偿或给付保险金责任。

3. 保险事故发生后的协助义务

保险事故发生后，按照保险合同请求保险人赔偿或者给付保险金时，投保人、被保险人或者受益人应当向保险人，提供其所能提供的与确认保险事故的性质、原因、损失程度等有关的证明和资料。

在保险实务中，此"有关的证明和资料"，通常包括保险协议、保险单或者其他保险凭证、保险费交费证明、保险财产证明、被保险人身份证明、保险事故证明、保险标的损失程度证明、必要的鉴定结论、评估结论和索赔申请书等。

对义务人未履行证明、资料提供义务的法律后果，我国《保险法》仅规定"保险人按照合同的约定，认为有关的证明和资料不完整的，应当及时一次性通知投保人、被保险人或者受益人补充提供。"如果投保人、被保险人、受益人还不提供，或提供仍不符合约定的，其如何承担相应法律后果，现行保险法则未作规定。

4. 危险显著增加的通知义务

危险显著增加的通知义务，是指保险合同有效期内，如果保险标的的危险程度显著增加，被保险人应当按照合同约定负有及时将该情况通知保险人的义务。保险人可以按照合同约定增加保险费或者解除合同。

如果保险合同约定，保险标的危险程度显著增加时被保险人应当及时通知保险人，则被保险人就负有危险显著增加通知义务。在这种情况下，如被保险人未履行该通知义务，因保险标的危险程度显著增加而发生保险事故的，保险人不承担赔偿责任。

须特别强调的是，在被保险人未履行危险显著增加通知义务时，保险人有权拒赔的是因保险标的危险程度显著增加而发生的保险事故造成的损失，对非因保险标的危险程度显著增加而发生的保险事故，保险人仍须按合同约定予以赔偿。

5. 采取必要措施防止或者减少损失的义务

该义务又称施救义务，是指保险事故发生后，投保人、被保险人应当尽力采取必要的措施，防止或减少损失的义务。

二、保险人的义务

1. 承担保险责任(危险承担与损失赔偿义务)

承担保险责任是指由于保险合同约定的保险事故的发生，保险人应承担的赔偿或给付保险金的义务。这是保险人最基本、最重要的义务。

(1) 保险人承担保险责任的条件：必须有保险事故的发生；必须存在保险标的的损失；发生的保险事故与损失有因果关系。

(2) 保险责任的范围：首先，依照保险合同来确定；其次，依照近因原则确定；最后，保险法对特定事项的赔付责任有明确规定的，依法进行确定。

《保险法》第 64 条规定："保险人、被保险人为查明和确定保险事故的性质、原因和保险标的的损失程度所支付的必要的、合理的费用，由保险人承担。"

(3) 损失赔偿的范围。在保险实务中，保险人承担保险责任，负担损失赔偿义务的范围可以表现为：

① 保险标的遭受的实际损失。

② 必要的、合理的施救费用。主要包括两部分：一是保险事故发生时，为抢救保险标的或者防止灾害蔓延损毁保险标的而采取必要措施所造成的损失；二是为施救、保护、整理保险标的所支出的合理费用。

③ 仲裁或者诉讼费用以及其他必要的、合理的费用。在责任保险的被保险人因给第三者造成损害的保险事故而被提起仲裁或者诉讼时，保险人须赔偿被保险人与第三者之间发生诉讼或者仲裁而支付的仲裁费用或者诉讼费用以及其他必要的、合理的费用。

④ 为查明和确定保险事故的性质、原因和保险标的损失程度所支付的必要的、合理的费用。

(4) 损失赔偿义务的履行。当保险合同约定的保险事故发生时，保险人的危险承担义务就转化为现实的损失赔偿义务，保险人必须依照法律规定与合同约定全面履行赔偿或给付保险金的义务。

对于损失核定问题，我国《保险法》第 23 条第 1 款规定，"保险人收到被保险人或者受益人的赔偿或者给付保险金的请求后，应当及时作出核定；情形复杂的，应当在三十日内作出核定，但合同另有约定的除外。保险人应当将核定结果通知被保险人或者受益人。"

关于赔款支付问题，我国《保险法》第 23 条第 1 款规定，"对属于保险责任的，在与被保险人或者受益人达成赔偿或者给付保险金的协议后十日内，履行赔偿或者给付保险金义务。保险合同对赔偿或者给付保险金的期限有约定的，保险人应当按照约定履行赔偿或者给付保险金义务。"

对于先行赔付的问题，我国《保险法》第 25 条规定，"保险人自收到赔偿或者给付保险金的请求和有关证明、资料之日起六十日内，对其赔偿或者给付保险金的数额不能确定的，应当根据已有证明和资料可以确定的数额先予支付；保险人最终确定赔偿或者给付保险金的数额后，应当支付相应的差额。"

(5) 不履行损失赔偿义务的法律后果。关于保险人不履行损失赔偿义务的法律后果，我国《保险法》第 23 条第 2 款规定，"保险人未及时履行前款规定义务的，除支付保险金外，应当赔偿被保险人或者受益人因此受到的损失。"

2. 说明义务

说明义务是指保险人在订立保险合同时，应就保险合同条款内容向投保人作口头或书面陈述。

《保险法》第 17 条规定："订立保险合同，采用保险人提供的格式条款的，保险人向投保人提供的投保单应当附格式条款，保险人应当向投保人说明合同的内容。

对保险合同中免除保险人责任的条款，保险人在订立合同时应当在投保单、保险单或者其他保险凭证上作出足以引起投保人注意的提示，并对该条款的内容以书面或者口头形式向投保人作出明确说明；未作提示或者明确说明的，该条款不产生效力。"

3. 通知义务

为保护投保人、被保险人或受益人的利益，有必要使保险人对投保人、被保险人或受益人履行一定的通知义务。这是《保险法》中的诚实信用原则在合同履行过程中的具体体现。

我国《保险法》规定，财产保险合同中保险人须履行通知义务的事项主要有：

(1) 补充证明和资料的通知。保险事故发生后，依照保险合同请求保险人赔偿或者给付保险金时，投保人、被保险人或者受益人应当向保险人提供其所能提供的与确认保险事故的性质、原因、损失程度等有关的证明和资料。对于投保人、被保险人或者受益人提供的所有资料，保险人要进行核定。

经过核定，如果保险人认为有关的证明和资料不完整，其无权以证明或资料不完整为由拒绝赔偿，而是应当及时一次性通知投保人、被保险人或者受益人补充提供有关的证明和资料。

(2) 赔付核定结果的通知。保险人收到被保险人或者受益人的赔偿或者给付保险金的请求后，应当及时作出核定。情形复杂的，应当在三十日内作出核定，但合同另有约定的除外。

经核定，如果损失属于保险责任范围，保险人须将核定结果通知被保险人或者受益人；如果损失不属于保险责任范围，保险人应当向被保险人或者受益人发出拒绝给付保险金通知书。

三、索赔和理赔

(一) 索赔

1. 索赔的概念

索赔是指在保险标的因保险事故而遭受损失或约定的保险事件出现后，被保险人或受益人按照保险合同的约定，请求保险人给予经济补偿或给付保险金的行为。简言之，就是享有保险金请求权的被保险人或受益人向保险人行使该权利的行为。

2. 索赔的法律性质

保险理赔和索赔都是保险领域的具体法律活动，是依据《保险法》和保险合同形成的一种债权，具有特定的法律性质。

保险索赔权与民事损害赔偿中请求赔偿权的区别：

(1) 产生根据不同。索赔权产生于保险合同，是合同债权，是依照合同的约定行使的索赔权；民事损害赔偿中的赔偿请求权，是基于加害人实施的侵权行为而产生的。

(2) 适用对象和内容不同。保险索赔权适用对象是合同中的保险人，要求保险人依据保险合同的约定赔偿因保险事故造成的保险标的的损失或者给付保险金；民事赔偿请求权则是向加害人行使的，受害人依据法律规定要求加害人赔偿因其侵权行为给受害人造成的财产损失和精神损害。

(3) 行使条件和程序不同 。保险索赔权是以合同约定的保险事故发生造成保险标的损害或保险合同期限届满作为索赔权行使的条件，经保险人赔偿后权利就得以实现，通常不需要经过诉讼程序；民事赔偿请求权形成的条件则是加害人实施了加害行为，依法构成侵权，多数情况下，受害人的赔偿请求权是通过诉讼程序得以实现的。

3．索赔的条件

保险实务中，索赔达成的条件有：

① 据以进行索赔的合同合法有效；

② 存在着保险标的事故造成保险标的的损害或保险合同届满的事实；

③ 投保人或被保险人以合同约定履行了各项义务；

④ 被保险人或受益人应按照规定提供索赔单证；

⑤ 被保险人或者受益人应当在法定的索赔时效内提出索赔要求。

所谓索赔时效是指被保险人、受益人行使其索赔权的有效时间。

《保险法》第 26 条："人寿保险以外的其他保险的被保险人或者受益人，向保险人请求赔偿或者给付保险金的诉讼时效期间为二年，自其知道或者应当知道保险事故发生之日起计算。

人寿保险的被保险人或者受益人向保险人请求给付保险金的诉讼时效期间为五年，自其知道或者应当知道保险事故发生之日起计算。"

4．索赔的一般程序

索赔的一般程序如下：

① 出险通知和索赔请求的提出(《保险法》第 21 条)；

② 合理施救，保护事故现场；

③ 接受保险人的检验；

④ 提供索赔单证(《保险法》第 22 条)；

⑤ 领取保险赔款或人身保险金；

⑥ 开具权益转让书并协助保险人向第三人追偿。

(二) 理赔

1．概念

理赔是指保险人应索赔请求人的请求，根据保险合同的规定，审核保险责任并处理保险赔偿的行为。

2．理赔的法律性质

保险理赔与民事赔偿责任的区别：

(1) 性质不同。保险理赔责任是一种合同义务，为保险法所确认和约束；民事赔偿责任是一种民事违法行为，是由民事责任制度调整的，包括违约行为和侵权行为。

(2) 适用目的不同。保险理赔具有突出的保障性，实现保险的社会功能；民事赔偿具有法律制裁性，填补受害人的经济损失，保护受害人的合法权益。

(3) 赔付范围和程序不同。保险理赔的赔付范围取决于保险合同的约定和保险事故造成的保险标的的损失情况；民事赔偿的范围完全根据民事违法行为造成的实际损失确定。

(4) 赔付后果的最终承担者不同。财产保险的理赔依约赔付后，有权向负有责任的第三者追偿；民事赔偿则是由民事违法行为人本人承担赔偿后果，以达到制裁民事违法行为的目的。

3. 理赔的程序

财产保险的理赔程序是：

① 立案检查；

② 责任核定；

③ 核算保险金并给付(《保险法》第 23、25 条)或拒赔(《保险法》第 24 条)；

④ 权益转让和代位追偿；

⑤ 余损处理。

《保险法》第 23 条规定："保险人收到被保险人或者受益人的赔偿或者给付保险金的请求后，应当及时作出核定；情形复杂的，应当在三十日内作出核定，但合同另有约定的除外。保险人应当将核定结果通知被保险人或者受益人；对属于保险责任的，在与被保险人或者受益人达成赔偿或者给付保险金的协议后十日内，履行赔偿或者给付保险金义务。保险合同对赔偿或者给付保险金的期限有约定的，保险人应当按照约定履行赔偿或者给付保险金义务。

保险人未及时履行前款规定义务的，除支付保险金外，应当赔偿被保险人或者受益人因此受到的损失。任何单位和个人不得非法干预保险人履行赔偿或者给付保险金的义务，也不得限制被保险人或者受益人取得保险金的权利。"

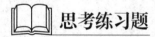 **思考练习题**

一、名词解释

1. 保险合同；2. 投保；3. 承保；4. 索赔；5. 理赔。

二、问答题

1. 保险合同的当事人。

2. 保险合同当事人的权利和义务。

3. 保险合同的主要内容以及订立的过程。

4. 保险合同的成立。

5. 保险合同生效的法律要件。

6. 保险合同保险人对保险合同的法定解除权。

7. 保险理赔及索赔的一般程序。

三、简述题

1. 保险合同的法定条款和特约条款。

2. 保险合同无效的原因。

3. 谈谈你对保险公估人、保险代理人的理解和认识。

四、案例分析

2006 年 6 月，蒋某向某保险公司投保家庭财产保险。保险公司出具的保险单载明保险期限自 2006 年 6 月 21 日至 2007 年 6 月 20 日，保险金额为 10 万元，"被保险人或其家庭成员的故意行为"为除外责任。

蒋某有个十岁的独生子，其性格内向自闭，平时与人沟通困难。2006 年 9 月 9 日晚间，蒋某因儿子未完成作业而责骂一番。因第二天是教师节，学校放假一天，蒋某及其妻上班，仅留其子一人在家。其子生气不能自控而纵火，致蒋某向保险公司报案并提出索赔。

保险公司在理赔过程中，以家庭财产保险合同中列明的除外责任条款为根据，提出因纵火者是被保险人的家庭成员，其纵火行为是故意而为的行为，属于除外责任，故予以拒赔。蒋某不服，诉至法院。

请问：本案哪方会胜诉？请说明理由。

第八章 保险合同法分论

财产保险合同与人身保险合同是两大基本保险合同。本章在概括介绍人身保险合同的基础上，重点介绍财产保险合同以及汽车保险合同。作为汽车保险与理赔从业人员，不仅要系统学习保险理赔的业务流程，还要着重学习从法律角度分析业务流程，明确法律的规范与管理角度，培养专业法律思维模式，形成依法办事的觉悟和意识。本章主要内容为人身保险合同、财产保险合同及汽车保险合同等法律的基本规定。

	学 习 目 标
知识目标	➢ 人身保险合同的概念、特征、内容，合同当事人的权利与义务 ➢ 财产保险合同的概念、特征、内容，合同当事人的权利与义务以及财产保险合同特有制度 ➢ 机动车保险合同的概念、特征、内容，责任保险合同以及交强险
能力目标	➢ 了解人身保险合同、财产保险合同的基本法律规定 ➢ 掌握财产保险合同的法律特点及其与机动车保险合同的关系 ➢ 熟知机动车保险合同的主要内容及相关法律规定

第一节 人身保险合同的法律规定

 引导案例 投保人误报被保险人年龄，出险后受益人能否得到赔偿？

案情简介：

2005 年 2 月，刘某(女)与 A 保险公司签订了一份简易人身保险合同。投保人和被保险人都是刘某，受益人为其子孙某，保险期间为 2005 年 2 月 12 日零时起至 2010 年 2 月 11 日 24 时止。

2007 年 5 月 6 日晚，刘某在回家的路上发生交通事故，经医院抢救无效后死亡。一个月后，受益人(刘某的儿子)孙某向 A 保险公司申领保险金。A 保险公司经过调查发现，刘某投保时填写的年龄 63 岁与在户口簿上登记的实际年龄不符，其实际年龄 66 岁，已经超过了简易人身保险条款中规定的最高投保年龄 65 岁。

于是，A 保险公司以投保人刘某未履行如实告知义务为由，拒绝给付保险金，并不退还刘某交纳的保险费。孙某申领保险金不成，遂将 A 保险公司告至当地人民法院，请求人民法院判令 A 保险公司承担保险责任。

案例解析：

本案是关于未履行如实告知义务的保险纠纷。

保险人在决定是否同意订立人身保险合同以及确定保险费标准时，被保险人的年龄是一个需要考虑的重要因素。

《保险法》第 54 条规定："投保人申报的被保险人年龄不真实，并且其真实年龄不符合合同约定的年龄限制的，保险人可以解除合同，并在扣除手续费后，向投保人退还保险费，但是，自合同成立之日起逾二年的除外。"

虽然投保人误报被保险人年龄，由于本保险合同成立之日已经超过两年，因此合同有效，出险后受益人仍可得到赔偿，故 A 保险公司承担保险责任。

一、人身保险合同的概念与特征

1．人身保险合同的概念

人身保险合同是指以人的寿命或身体为保险标的的合同。它包括人寿保险合同、意外伤害保险合同、健康保险合同。

2．人身保险合同的特征

① 主要是定额性保险合同；

② 属于长期性的、给付性合同，并具有储蓄性质；

③ 保险标的人格化，标的是人的寿命和身体；

④ 人身保险的保险事故涉及到人的生死、健康；

⑤ 是以生命作为承保基础的；

⑥ 人身保险不得适用代位求偿权。

二、人身保险合同的条款及其适用

(一) 人身保险合同的一般条款

1．当事人条款

(1) 保险人。保险人又称承保人，是经营保险业务收取保险费和在保险事故发生后负责给付保险金的人，以法人经营为主，通常为保险公司。

(2) 投保人。投保人是指与保险人订立保险合同，并按照合同约定负有支付保险费义务的人。

《保险法》第 31 条规定："订立合同时，投保人对被保险人不具有保险利益的，合同无效。"

(3) 被保险人。人身保险合同的被保险人是指以自己的生命或身体作为保险标的的人。

人身保险的被保险人仅限于自然人，并应当符合保险合同中关于年龄限制和身体条件限制等要求。

例如，人身意外伤害保险的被保险人应当是 16 周岁到 65 周岁之间，身体健康、能正常工作和劳动的人。

(4) 受益人。受益人是人身保险合同中的独立的主体类型。人身保险的受益人由被保险人或者投保人指定，投保人指定受益人时须经被保险人同意。投保人为与其有劳动关系的劳动者投保人身保险，不得指定被保险人及其近亲属以外的人为受益人。

2．保险事故条款

人身保险合同的保险事故并非财产保险合同中的自然灾害或意外事故，而是自然灾害或意外事故的后果，即被保险人因灾害或意外事故而死亡、残疾或患病治疗或至保险期限届满。

3．保险金额和保险费条款

人身保险合同的保险费是人身保险基金的主要来源，也是实现人身保险保障的对价条件。保险费可以根据合同的约定一次缴纳或分期缴纳。投保人不按约定履行交付保险费义务的，可以导致人身保险合同效力的中止或解除。

《保险法》第 38 条规定："保险人对人寿保险的保险费，不得用诉讼方式要求投保人支付。"

4．保险期限条款

保险期限条款是人身保险合同的重要事项，依法必须明确写入合同条款，并应明确保险始期和缴费期。

(二) 人身保险合同的特殊条款

1．不可抗辩条款

《保险法》第 16 条规定："订立保险合同，保险人就保险标的或者被保险人的有关情况提出询问的，投保人应当如实告知。"

投保人故意或者因重大过失未履行前款规定的如实告知义务，足以影响保险人决定是否同意承保或者提高保险费率的，保险人有权解除合同。

投保人故意不履行如实告知义务的，保险人对于合同解除前发生的保险事故，不承担赔偿或者给付保险金的责任，并不退还保险费。

投保人因重大过失未履行如实告知义务，对保险事故的发生有严重影响的，保险人对于合同解除前发生的保险事故，不承担赔偿或者给付保险金的责任，但应当退还保险费。

保险人在合同订立时已经知道投保人未如实告知的情况的，保险人不得解除合同；发生保险事故的，保险人应当承担赔偿或者给付保险金的责任。

2．年龄不实条款

《保险法》第 32 条规定："投保人申报的被保险人年龄不真实，并且其真实年龄不符合合同约定的年龄限制的，保险人可以解除合同，并按照合同约定退还保险单的现金价值。保险人行使合同解除权，适用本法第十六条第三款、第六款的规定。

投保人申报的被保险人年龄不真实，致使投保人支付的保险费少于应付保险费的，保险人有权更正并要求投保人补交保险费，或者在给付保险金时按照实付保险费与应付保险费的比例支付。

投保人申报的被保险人年龄不真实，致使投保人支付的保险费多于应付保险费的，保险人应当将多收的保险费退还投保人。"

3．宽限期条款

《保险法》第 35 条规定："投保人可以按照合同约定向保险人一次支付全部保险费或者分期支付保险费。"

《保险法》第 36 条规定："合同约定分期支付保险费，投保人支付首期保险费后，除合同另有约定外，投保人自保险人催告之日起超过三十日未支付当期保险费，或者超过约定的期限六十日未支付当期保险费的，合同效力中止，或者由保险人按照合同约定的条件减少保险金额。

被保险人在前款规定期限内发生保险事故的，保险人应当按照合同约定给付保险金，但可以扣减欠交的保险费。"

4．复效条款

《保险法》第 37 条规定："合同效力依照本法第三十六条规定中止的，经保险人与投保人协商并达成协议，在投保人补交保险费后，合同效力恢复。但是，自合同效力中止之日起满二年双方未达成协议的，保险人有权解除合同。"

保险人依照前款规定解除合同的，应当按照合同约定退还保险单的现金价值。

《保险法》第 38 条规定："保险人对人寿保险的保险费，不得用诉讼方式要求投保人支付。"

5．死亡条款

《保险法》第 33 条规定："投保人不得为无民事行为能力人投保以死亡为给付保险金条件的人身保险，保险人也不得承保。

父母为其未成年子女投保的人身保险，不受前款规定限制。但是，因被保险人死亡给付的保险金总和不得超过国务院保险监督管理机构规定的限额。"

《保险法》第 34 条："以死亡为给付保险金条件的合同，未经被保险人同意并认可保险金额的，合同无效。

按照以死亡为给付保险金条件的合同所签发的保险单，未经被保险人书面同意，不得转让或者质押。

父母为其未成年子女投保的人身保险，不受本条第一款规定限制。"

6．自杀条款

《保险法》第 44 条："以被保险人死亡为给付保险金条件的合同，自合同成立或者合同效力恢复之日起二年内，被保险人自杀的，保险人不承担给付保险金的责任，但被保险人自杀时为无民事行为能力人的除外。

保险人依照前款规定不承担给付保险金责任的，应当按照合同约定退还保险单的现金价值。"

7．故意犯罪条款

《保险法》第 45 条："因被保险人故意犯罪或者抗拒依法采取的刑事强制措施导致其伤残或者死亡的，保险人不承担给付保险金的责任。投保人已交足二年以上保险费的，保险人应当按照合同约定退还保险单的现金价值。"

(三) 除外责任

(1) 投保人故意造成被保险人死亡、伤残或者疾病的，保险人不承担给付保险金的责任。

(2) 以被保险人死亡为给付保险金条件的合同，自合同成立或者合同效力恢复之日起二年内，被保险人自杀的，保险人不承担给付保险金的责任，但被保险人自杀时为无民事行为能力人的除外。

(3) 因被保险人故意犯罪或者抗拒依法采取的刑事强制措施导致其伤残或者死亡的，保险人不承担给付保险金的责任。

(四) 保险金的继承

被保险人死亡后，遇有下列情形之一的，保险金作为被保险人的遗产，由保险人向被保险人的继承人履行给付保险金的义务：

(1) 没有指定受益人，或者受益人指定不明无法确定的；

(2) 受益人先于被保险人死亡，没有其他受益人的；

(3) 受益人依法丧失受益权或者放弃受益权，没有其他受益人的。

受益人与被保险人在同一事件中死亡，且不能确定死亡先后顺序的，推定受益人死亡在先。

三、人身保险合同保险金的给付

(一) 人身保险合同的当事人

人身保险合同的保险人是指经中国保监会监督管理机构批准设立的，依法登记注册的商业保险公司。

人身保险合同的投保人可以是公民，也可以是法人。

人身保险合同的被保险人，是指以其寿命和身体作为保险标的的人，是受到合同保障的人。

人身保险合同中的受益人可以是自然人，也可以是法人，可以是一个也可以是多个。

(1) 受益人必须由被保险人或者投保人指定。

(2) 受益人为数人的，被保险人或者投保人可以确定受益顺序和受益份额；未确定受益人的按照相等份额享有受益权。

(二) 人身保险合同保险金的给付

1. 人身保险金给付的法律特性

给付保险金是保险人在人身保险合同中承担的核心义务，该义务的履行直接关系到人身保险之保障职能的实现。保险金是保险人根据保险合同的约定，对被保险人或者受益人进行给付的金额。

人身保险与财产保险不同，人的生命和肢体器官是无价的，一般是兼顾投保方的实际保障需求和保费负担能力来确定保额，这也就是把财产保险的保额支付称为赔偿或补偿，而把人身保险的保额支付称为给付的原因。财产保险赔偿金额最多不能超过财产本身的价值，而人身保险则以约定的保险金额为限。

2. 各类人身保险合同保险金的给付

人身保险可分为人寿保险、健康保险和意外伤害保险。

(1) 人寿保险金给付形式多样，主要有以下几种：

① 一次性支付；

② 分期定额支付；

③ 分期终身给付；

④ 利息收入支付；

⑤ 定期收入支付等。

(2) 人寿保险以人的生死为给付保险金的条件，投保后无论生死都按保险合同中相应的条款全额给付生存保险金或死亡、全残保额。

(3) 健康保险的给付比较复杂，其中规定病种给付的险种，一旦确诊患上合同所载明的疾病，保险公司就全额给付保险金；津贴型的医疗保险，则是按住院天数乘以每天的津贴额度来给付，最高不超过投保金额；费用型的医疗保险，则按实际发生的费用在条款给付的项目内按比例给付，最高不超过投保金额。

(4) 意外伤害保险则按意外伤残的程度来进行给付。

第二节　财产保险合同概述

 引导案例　骗取机动车保险金

案情简介：

2010 年 2 月某日凌晨 1 时，大连人保财险接到驾驶员王某的报案，称他开的宝马车(车主另有其人)在甘井子区石灰石大道(非常偏僻的地方)与撒水车发生追尾碰撞，要求保险公司来人处理。保险公司的理赔人员接案后立即赶赴现场进行查勘。查勘中发现诸多疑点。

(1) 残留物与现场不符，宝马车的前大灯碎了，但现场却没有找到大灯碎片；

(2) 撞击的痕迹与现场不符；

(3) 撞击的受力点与现场不符，宝马车的撞击点是在底部。

后经公安机关的介入调查，才使这起恶意诈骗保险案告破。原来，事发的前两天，王某酒后将车撞在路边的水泥墙上，是他自导自演的。

案例解析：

这种情况多发生在那些老款高档车、"油耗子"车、特种车、修理费高的车上，如老款宝马车、奔驰车等。一旦需要修理或发生肇事，修理费用很高，而且还经常买不到零配件，修理费用超过实际购车价格。保险公司一般的做法是按照修理费用不超过现行市场购车的价值赔付。然而，就是这样的赔付，车主足以用这笔赔款重新购买一辆新的高档轿车。

一、财产保险合同的概念

(一) 概念及法律特征

1. 财产保险合同

财产保险合同(以下简称财险)是以财产及其有关利益作为保险标的的合同。

财产保险是保险业务的重要组成部分，它与人身保险合同并存，是保险合同的两大基本种类之一。纵观商业保险的历史进程，财险起源于海上保险，此后火灾险得以完善，而西方工业革命则为财产保险的迅速发展提供了社会条件，相应的，各种工业保险和汽车保险应运而生，并成为财产保险的重要内容。时至今日，商业保险可以为社会上各类财产提供保险保障，因此，财产保险合同在保险市场中占有举足轻重的地位。

2. 财产保险合同的法律特征

(1) 保险标的是财产，又称产物保险合同。狭义的财产保险合同的保险标的限于有形财产，包括动产和不动产。

广义的财产保险合同，其保险标的不仅包括物质财产，还包括与物质财产有关的利益，是指相关经济利益或损害赔偿法律责任等无形财产，如责任保险合同、保证保险合同、信用保险合同的保险标的。我国保险法是在广义概念规定下运用财产保险合同的。

(2) 财产保险合同是补偿性合同。

财产保险合同的适用严格遵守损害填补原则，保险人履行保险责任的前提，必须是财产保险合同的保险标的因事故而遭受实际的、可以用货币加以计算的经济损失。相应地，被保险人可以通过保险合同获得保险赔偿，能够弥补其因此遭受的经济损失，但不能取得额外收益，故又称为损害保险合同。

(3) 财产保险合同是根据承保财产的价值确定保险金额的。

不同于人身保险合同，财产保险合同的保险金额决定于保险财产本身具有的实际经济价值(保险价值)。《保险法》禁止订立保险金额超过保险标的的价值的财产保险合同，以防止在保险领域中滋生道德危险。

(4) 强调保险标的因保险事故致损之时保险利益的存在。

人身保险合同严格要求投保人在投保之时应当具有保险利益，而在给付保险金时则不以保险利益为必备条件，故被保险人可以指定任何人为受益人领取保险金。

财产保险合同中，则强调被保险人在保险标的因事故遭受损失时，必须对保险标的具有保险利益。

(5) 一般是短期性保险合同。

市场经济的条件下，财产保险合同承保的各类财产，都是具有使用价值和交换价值的商品，这决定了其在市场经济活动中的流动性。一般是按年度来测算其损益结果的，保险人往往是按年约定财产保险合同的保险期限，因此，有别于以长期性为主的人身保险合同。

(6) 代位求偿权和委付是财产保险合同特有的理赔环节。

财产保险合同的补偿性，使其理赔中适用代位求偿和委付等制度。

委付是指在保险标的因发生保险事故造成推定全损时，被保险人明确表示将该保险标的的一切权利转移给保险人，而请求保险人全额赔偿的制度。

我国《海商法》的海上保险合同(第十二章)专节(第五节)规定了委付制度。而具有返还性和给付性的人身保险合同在保险责任的履行中，则不适用以上制度。

(二) 财产保险合同的适用范围和分类

1. 财产保险合同的适用范围

财产保险合同的适用范围极其广泛，根据广义财产保险理论，它适用于人身保险以外的一切保险业务，其承保的对象不仅是物质财产，还包括民事赔偿责任、信用、保证以及特定的财产利益，随着社会经济生活的发展，财产保险合同的适用范围还会不断扩大。

2. 财产保险合同的分类

财产保险合同的分类标准及各类险种的名称多因保险制度的历史演变而形成。其中，有按保险事故发生的区域而命名，如海上保险合同；有的按承保的保险事故而命名，如火灾合同保险；更多的是根据保险标的而命名。

在当今国际保险市场上，通常将财产保险分为三类，即火灾保险合同(简称火险)、海上保险合同(简称海险)和意外保险合同，此三类财产保险又统称为非寿险合同。我国保险立法根据保险实务，对于财产保险合同做了如下划分：

(1) 根据投保人的身份分类：

分为财产损失保险合同(机关、企事业单位)、家庭财产保险合同、涉外财产保险合同。

(2) 根据保险标的的不同分类：

分为财产损失保险合同、货物运输保险合同、运输工具保险合同、工程保险合同、农业保险合同、责任保险合同、保证保险合同和信用保险合同。

(3) 根据保险人是否自愿分类：

分为自愿财产保险和强制财产保险合同。

二、财产保险合同当事人的权利与义务

(一) 投保人、被保险人的权利

(1) 要求保险公司或其代理人对保险条款进行说明的权利。

(2) 及时取得保险金的权利。

(3) 发生保险损失时有向保险人(即保险公司)索赔的权利，这也是核心权利，便于保险人及时审查理赔。

(二) 投保人、被保险人的义务

(1) 维护保险标的的安全的义务(《保险法》第51条)。

(2) 危险增加的及时通知义务(《保险法》第52条)。

(3) 重复保险的投保人应当将重复保险的有关情况通知各保险人。

(4) 保险事故发生时，被保险人有责任尽力采取必要措施，防止或者减少损失(《保险法》第 57 条)。

(5) 保险人行使代位请求赔偿权时，被保险人必须提供必要的文件和所知道的有关情况。

(6) 法律规定的其他义务，如缴纳保险费义务。

(三) 保险人的权利

财产保险合同保险人的权利主要有：

(1) 对保险标的的安全状况进行检查。

(2) 在合同有效期内，增加保险费或解除合同。

(3) 不承担赔偿责任。

(4) 终止合同的权利。

(5) 代位求偿权。

(6) 扣减保险赔偿金。

(四) 保险人的义务

(1) 降低、退还相应的保险费义务(《保险法》第 53、58 条)。

(2) 承担一些必要、合理的费用(《保险法》第 64 条)。

三、财产保险合同的主要内容

虽然财产保险合同的具体内容不尽相同，但是，按照各类财产保险合同的共性，保险合同都应当具备的主要内容包括保险标的、保险金额、保险费、保险责任等。

(一) 财产保险合同的标的

保险标的是投保人予以投保而寻求保险保障的对象，也是保险人同意承保并负担保险责任的目标。当事人在签订合同时，应当明确载明保险标的的名称、范围、价值、坐落地点等。

1. 财产保险标的的分类

保险标的包括物质财产和与财产有关的利益即无形财产。

(1) 物质财产。

物质财产包括生产过程涉及的财产，如厂房、设备、原材料、产成品等；

流通过程中涉及的财产，如运输中的货物、运输工具包括机动车等；

消费过程中的财产，如各种家庭财产以及私家车等；

建造过程涉及的财产，如在建工程、在造船舶等。

(2) 与财产有关的利益。

作为保险标的的无形财产，具体表现为运费损失、利润损失、经济权益、民事赔偿责任、信用等。与财产有关的利益可以进一步分成预期利益和免损利益。

① 预期利益，是指待一定事实发生后，可以实现的利益，如利润的损失；

② 免损利益，是指本应由被保险人支出但因保险人的赔付而免于支出的费用，如责任

保险合同承保的被保险人所应承担的民事赔偿责任。但是，这种利益在财产保险合同中必须与相关的物质财产存在着直接或间接的联系，而不能独立存在。

例如，被保险人因保险的机动车辆发生的交通事故而应当向第三者承担的赔偿责任，就是依附于该机动车的无形利益。

(3) 财产保险合同保险标的的范围。

虽然财产保险合同的保险标的范围广泛，但并非一切财产和利益都可以成为保险标的。按照保险人在保险合同中的承保范围，保险标的可分为：可保财产、特约财产(附加特别条件)和不保财产(如无法估价的财产)。

(4) 财产保险合同保险标的的损失分类。

财产保险合同保险标的损失包括全部损失(实际损失和推定全损)和局部损失。

① 实际全损也称"绝对全损"，是指保险财产在物质形式或经济价值上已完全灭失的损失。或者说实际全损已不可避免，或受损货物残值如果加上施救、整理、修复、续运至目的地的费用之和超过其抵达目的地的价值时，视为已经全损。

② 推定全损：是指保险标的受损后并未完全丧失，是可以修复或可以收回的，但所花费用将超过获救后保险标的的价值，因此得不偿失。在此情况下，保险公司放弃努力，给予被保险人以保险金额的全部赔偿，即为推定全损。

在我国，船舶发生保险事故后，实际全损已不可避免，或受损货物残值低于施救、修复费用时，视为推定全损。(详见《海商法》第 246 条)

(二) 财产保险合同的保险金额

1. 保险金额的含义和作用

(1) 保险金额是指投保人在订立财产合同时，对保险标的实际投保的货币金额。

(2) 保险金额的作用。保险金额是保险人向被保险人履行保险赔偿责任的最高限额。

一般情况下，除另有约定以外，保险金额并非保险人认定的承保财产的价值，也不是保险人承诺在保险标的因事故致损时必然赔付的数额。

财产保险合同的保险金额是以保险财产的保险价值为基础确定的，在发生保险事故时，保险人是在财产保险合同约定的保险金额范围内，就保险标的的实际损失向被保险人进行赔偿，并以约定的保险金额作为赔付的最高限额。对于超过保险金额的损失部分，保险人不承担保险赔偿责任。

2. 保险金额的确定方法

(1) 以定值方法确定保险金额(定值保险)。

以定值方法确定保险金额就是指根据保险标的的实际价值(市价)来约定保险金额，保险人依此进行赔付，无须考虑保险标的发生保险事故损失之时的实际价值。在国际保险市场上，海上货物运输合同多采用此方法。我国的财产损害保险和单位的机动车辆保险，经常是按照财产的账面价值，就是资产负债表中的固定资产原值或流动资产余额来确定保险金。但是，如果保险金额高于保险财产的重置价值的，保险人的赔偿数额则限于重置价值。

(2) 以不定值方法确定保险金额(不定值保险)。

以不定值方法确定保险金额，是指投保人和保险人在订立财产保险合同时不具体确定保险标的的实际价值,只是列明保险金额作为保险赔偿责任的最高限额。而保险人在赔付时,则以保险标的在发生保险事故之时的实际价值(市价)计算赔偿数额。财产保险合同多采用不定值方法确定保险金额。

(3) 以重置价值的方法确定保险金额。

它是指按照保险标的的重置价值或重建价值来确定保险金额。

重置价值是指保险财产因灾受损后重新购置的价值,一般包括重新购置的成本及所需费用。该方法产生于二战以后,适用于火灾保险,如当旧房屋在保险事故中受损时便可以以旧换新,按重建价值获得赔付。

(4) 以第一危险方法确定保险金额。

它是指经投保人和保险人协商后,不按保险财产的全部实际价值确定保险金额,而是将第一次保险事故发生可能造成的最高损失金额约定为保险金额。在此方法中,保险财产的价值分为两个部分,其中,第一次危险造成的损失部分是足额投保,由保险人按保险金额足额赔付,其余价值视为"第二危险",由被保险人自行负担其损失。

(5) 以原值加成的方法确定保险金额。

它是指由保险人与被保险人按照保险财产投保时的账面原值,增加一定的乘数或倍数来约定财产保险合同的保险金额。在保险实务中,建筑物的造价一般是不断上涨的,故多以原值加成的方法确定保险金额。

3. 保险金额的适用

投保人在订立财产保险合同时,根据投保财产的实际情况、危险发生的概率和自身的具体条件,选择投保相应的保险金额。在保险实务中,投保人可投保的保险金额包括:

(1) 足额保险。足额保险是指保险金额不得超过财产保险标的的保险价值;超过保险价值的,超过部分无效。

(2) 不足额保险。不足额保险是指保险金额低于保险价值,除合同另有约定外,保险人按保险金额与保险价值的比例承担赔偿责任。

(3) 超额保险。重复保险的保险金额总和超过保险价值的,各保险人的赔偿金额的总和不得超过保险价值。

(三) 财产保险合同的保险责任与责任免除

保险责任就是保险人对于保险事故造成保险标的的损失,依财产损失的约定进行赔偿的义务。保险事故的发生必须是未来的、偶然的和意外的,必然发生或故意使之发生的事故不能成为保险事故。保险责任是被保险人寻求保险保障的目的所在,也是保险人经营财产保险的基本义务。

财产保险合同一般采用列举的方式规定基本责任、责任免除以及特约责任,以便双方当事人遵守执行。

1. 基本责任

基本责任即保险责任,是指财产保险合同中载明的保险人承担保险赔偿责任的危险范围。虽然各类合同具体的承保范围不尽相同,但危险范围一般包括三大类:

① 自然灾害(洪水、暴风、地震、雪灾、雹灾等);

②　不可预见的意外事故(火灾、因灾爆炸或意外事故停水、气、电)；

③　为了抢救保险财产或者防止灾害损失的扩大而采取必要措施所发生的施救、保护、整理等合理费用的支出。

2．责任免除

责任免除是指保险人不承担保险赔偿责任的风险损失。一般包括战争、军事行为、暴力行为、核辐射污染、被保险人的故意行为造成的损失等。

另外，基本责任(保险责任)条款未列明，又未列入责任免除条款的灾害事故造成的损失，也属于责任免除。

3．特约责任

特约责任又称附加责任，是指经投保人和保险人协商，将基本责任以外的灾害事故附加一定条件予以承保的赔偿责任。它实质是特约扩大的保险责任，目的是满足被保险人特殊的保险保障需要。例如，机动车辆保险合同中的第三者责任险、家庭财产保险合同附加的盗抢险等即为特约责任。

(四)　财产保险合同的保险赔偿方法(详见财产损失险赔偿方法)

①　按比例进行赔偿。
②　第一危险损失赔偿方法。
③　定值赔偿方法。
④　限额赔偿方法。

四、财产保险合同的特有制度

(一)　代位求偿制度

1．概念

代位求偿权是指当保险标的遭受保险事故造成的损失，依法应由第三者承担赔偿责任时，保险公司自支付保险赔偿金之日起，在赔偿金额的限度内，有权依法向第三者请求赔偿的制度。

代位求偿权是财产保险合同补偿性的具体表现，是保险人履行了保险赔偿责任的必然结果。由于财产保险合同补偿性的特点，被保险人在获得了保险赔偿之后，就不能再向第三者追偿，而是应当将其享有的向第三者追偿的权利转让给保险人，可见，代位求偿是财产保险合同特有的法律制度。

2．代位求偿的构成要件

①　保险事故的发生是由第三者的行为引起的，包括侵权行为、违约行为、不当得利、共同海损。

②　被保险人必须享有向第三人的赔偿请求权。

③　代位求偿一般应在保险人向被保险人进行保险赔付之后开始实施。

(二) 委付制度

1. 委付的概念

委付是指在发生保险事故造成保险标的推定全损时，被保险人明确表示将该保险标的的一切权利转移给保险人，而有权请求保险人赔偿全部保险金额。

2. 委付的构成要件

① 委付是以保险标的的推定全损为条件的；

② 委付必须适用于保险标的的整体，具有不可分割性；

③ 被委付人应当在法定时间内向保险人提出书面的委付申请；

④ 被保险人必须将保险标的的一切权利转移给保险人，并且不得附加条件；

⑤ 委付必须经保险人承诺接受才能生效。

3. 委付的法律效力

① 被保险人必须将存在于保险标的之上的一切权利转移给保险人；

② 被保险人在委付成立时，有权要求保险人按照财产保险合同约定的保险金额向其予以全额赔偿。

《保险法》第 59 条规定："保险事故发生后，保险人已支付了全部保险金额，并且保险金额等于保险价值的，受损保险标的的全部权利归于保险人；保险金额低于保险价值的，保险人按照保险金额与保险价值的比例取得受损保险标的的部分权利。"

第三节　机动车保险合同

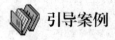 引导案例

案情简介：

2008 年 9 月 5 日，徐某驾车将骑自行车的韩某撞成重伤，交警认定双方负同等责任。韩某住院治疗需要大笔费用，而自身为外来务工人员，积蓄较少，难以筹措治疗所需的费用。徐某也是外来打工者，车辆系徐某借钱刚刚购买的二手车，其也无法筹集韩某治疗所需的大笔医疗费。韩某家属心急如焚，求助无门。在保险专业律师的指点下，将涉案车辆的保险公司告上法庭，要求其先行垫付抢救费用。

案例解析：

法院审理后认为本案涉案车辆在被告保险公司处担保了交强险和第三者责任险，依据国务院公布的《机动车交通事故责任强制保险条例》和本案交强险保单条款的规定，被告保险公司在交强险责任限额内有垫付医疗费的义务。但由于交强险实行的是分项限额，故目前韩的主张难以全部支持，遂判决保险公司先行垫付韩某医疗费人民币 1 万元，对原告的其他诉讼请求则不予支持。

一、汽车保险的起源和发展

1. 汽车保险的起源

汽车保险起源于 19 世纪中后期，最早开发汽车保险业务的是英国的"法律意外保险有限公司"。1898 年该公司率先推出了汽车第三者责任保险并可附加汽车火险。到 1901 年，保险公司提供的汽车保险单，已初步具备了现代综合责任险的条件，保险责任扩大到了汽车的失窃。

20 世纪初期，汽车保险业在欧美得到了迅速发展。1903 年英国创立了"汽车通用保险公司"并逐步发展成为一家大型的专业化汽车保险公司。1906 年，成立于 1901 年的汽车联盟也建立了自己的"汽车联盟保险公司"。1913 年，汽车保险已扩大到了 20 多个国家，汽车保险费率和承保办法也基本实现了标准化。1927 年是汽车保险发展史上的一个重要里程碑。美国马萨诸塞州制定的举世闻名的《强制汽车(责任)保险法》的颁布与实施，表明了汽车第三者责任保险开始由自愿保险方式向法定强制保险方式转变。

此后，汽车第三者责任法定保险很快波及到世界各地。第三者责任法定保险的广泛实施，极大地推动了汽车保险的普及和发展，车损险、盗抢险、货运险等业务也随之发展起来。自 20 世纪 50 年代以来，随着欧、美、日等地区和国家汽车制造业的迅速扩张，机动车辆保险也得到了广泛的发展并成为各国财产保险中最重要的业务险种。到 20 世纪 70 年代末期，汽车保险已占整个财产险的 70%以上。

2. 我国汽车保险业的产生和发展

我国的汽车保险业务的发展经历了一个曲折的历程。汽车保险进入我国是在鸦片战争以后，由于我国保险市场处于外国保险公司的垄断与控制之下，加之旧中国的工业不发达，我国的汽车保险在此时期内实质上处于萌芽状态，其作用与地位十分有限。

新中国成立以后，1950 年创建不久的中国人民保险公司就开办了汽车保险，但不久就出现对此项保险的争议。有人认为汽车保险以及第三者责任保险对于肇事者予以经济补偿，会导致交通事故的增加，对社会产生负面影响。于是，中国人民保险公司于 1955 年停止了汽车保险业务。直到 70 年代中期为了满足各国驻华使领馆等外国人拥有的汽车保险的需要，开始办理以涉外业务为主的汽车保险业务。

我国保险业恢复之初，1980 年中国人民保险公司逐步全面恢复了中断近 25 年之久的汽车保险业务，以适应国内企业和单位对于汽车保险的需要，适应公路交通运输业迅速发展、事故日益频繁的客观需要。1983 年，我国将汽车保险改为机动车辆保险使其具有更广泛的适应性。在此后的近 20 年过程中，机动车辆保险在我国保险市场，尤其在财产保险市场中始终发挥着重要的作用。到 1988 年，我国汽车保险的保费收入超过了 20 亿元。从此以后，机动车保险一直是财产保险的第一大险种，并保持高增长率，我国的汽车保险业务进入了高速发展的时期。

二、机动车保险合同主要条款

如前所述，依据财产保险合同的标的不同，财产保险可分为：财产损失保险、责任保险、信用保险、保证保险。汽车保险属于财产损失保险和责任保险的范畴。保险总是因风险的存在而产生的，机动车在静止或移动中所面临的风险有两种：

一是机动车辆本身所面临的风险，包括车辆受自然灾害和意外事故的威胁，可能导致车辆自身损毁的直接损失和机动车行驶时引起的间接经济损失。为了转移这部分风险，世界各国设立了机动车辆损失险。

二是机动车所造成的风险，它是指车辆在使用过程中造成的社会公众的人身伤害和财产损失。为了转移这种风险，世界各国保险公司设立了第三者责任险。

机动车保险按照承保条件分为主险和附加险。大部分保险公司的机动车基本险，一般包括机动车车损险、第三者责任险、全车盗抢险和车上人员责任险。

机动车商业保险合同主要条款包括：

1. 机动车损失险

机动车损失险是指被保险机动车辆，因遭受保险责任范围内的自然灾害或意外事故，造成被保险车辆的损失，保险人依照保险合同的规定给予赔偿。

2. 机动车辆第三者责任险

第三者责任险是指保险车辆因意外事故致使第三者遭受人身伤亡或财产的直接损失，保险人依照保险合同的规定给予赔偿。

3. 盗抢险

盗抢险是指保险车辆因遭受保险责任范围内的全车被盗、被抢劫、被抢夺以及在此过程中所造成的损坏，保险人依照保险合同的规定给予赔偿。

4. 车上人员责任险

车上人员责任险是指保险车辆因发生保险责任范围内的意外事故，造成保险车辆上的人员伤亡的损失，保险人依照保险合同的规定给予赔偿。

5. 机动车附加险

这是各个保险公司为了满足机动车保险客户的需求，扩大市场份额和占有率，提高服务质量而推出的新险种。此险种不能独立投保，必须在投保基本险之后方能投保。机动车附加险都是针对主险中保险条款的责任免除而言的，投保这些险种可以使汽车保险更加完善，投保险种更加全面，发生事故后可以解决的更加全面。

(1) 玻璃单独破碎险：是指保险车辆在停放或使用过程中，因遭受保险责任范围内的本车玻璃单独破碎的损失，保险人依照保险合同的规定给予赔偿。

(2) 火灾、爆炸损失险：是指保险车辆因遭受保险责任范围内的火灾、爆炸的损失，保险人依照保险合同的规定给予赔偿。

(3) 自燃损失险：是指保险车量在使用过程中，因遭受保险范围内的由本车电器、线路、供油系统发生故障及运载货物自身原因起火燃烧而造成的损失，保险人依照保险合同的规定给予赔偿。

(4) 车身划痕损失险：是指已投保车辆损失险的家庭自用或非营业用，使用年限在 3 年以内、9 坐以下的客车，因遭受保险责任范围内的发生无明显碰撞痕迹的车身划痕的损失，保险人依照保险合同的规定给予赔偿。

(5) 车上货物责任险：是指保险车辆因发生保险责任范围内的意外事故，致使保险车辆所载货物遭受直接损毁的损失，保险车辆无过失，保险人依照保险合同的规定给予补偿。

(6) 无过失责任险：是指保险车辆与非机动车辆或行人发生交通事故，造成对方的人身伤亡或财产直接损毁的损失，保险车辆无过失，保险人依照保险合同的规定给予赔偿。

(7) 不计免赔特约条款：是指经特别约定，保险事故发生后，按对应的投保险种，应由被保险人自行承担的免赔金额，保险人负责赔偿。

例如：车辆损失保险中应当由第三方负责赔偿而确实无法找到第三方的；非约定驾驶人员使用保险车辆发生保险事故增加的；附加盗抢险或附加火灾、爆炸、自燃、自燃损失险或附加自燃损失险中约定的。

(8) 救助特约条款：是指投保了车辆损失险的车辆，可附加本特约条款。

保险车辆在行驶过程中发生事故或故障，保险人给予下列赔偿或救助(下列情况，被保险人为防止或者减少保险车辆的损失所支付的必要的、合理的施救费用，应由被保险人承担的部分，保险人负责赔偿)：车辆损失险中，因不足额保险而由被保险人自己承担的施救费用；根据车辆损失保险条款的约定，按驾驶人员在保险事故中所负责任比例应予免赔而由被保险人自己承担的施救费用；应由第三方承担的施救费用，被保险人支付后又无法追回的。

三、机动车辆损失险

 引导案例　车辆被盗期间出事，保险公司是否承担责任?

案情简介：

甲为自己的车投保了交强险、车损险、第三者责任险。甲车被盗，王某当即向公安机关报了案。窃贼在使用过程中，违规行车发生一起交通事故，造成第三人(乙)损失 3 万元。也正是由于这场事故，乙报案才使甲的车被交警发现的，而窃贼已经逃跑。甲修车又花费万元，乙向甲索赔。甲于是向保险公司索赔，保险公司审核后拒绝赔偿。甲诉诸法院。

法院认定，甲的车辆被盗后由盗者使用，完全脱离了甲的控制，在此过程中，该车所发生的一切，甲都无需承担责任。所以保险公司也就无需承担本案中的车损险和三者险。但被告在交强险的范围内，有垫付抢救费用的法定义务。

案例解析：

从保险关系角度看，其法律主体是保险人和被保险人，而非他人，因他人造成的事故责任不属于保险合同责任范围。但在交强险范围内，保险公司仍需履行给付保险金的义务。

构成保险责任须具备的条件包括：

(1) 行为主体须是被保险人或其允许的驾驶员使用保险车辆；

(2) 行为主体必须持有效驾照开车；

(3) 发生了意外事故。

本案窃贼明显不符合第一个条件。

由于我国实施了交通强制保险，依据国务院颁布的交强险条例的规定：车辆被盗期间发生的交通事故，保险人不能免则，但赔偿本案受害人乙之后，将来可以向盗窃分子行使追偿权。如果甲事先投保了盗抢险的话，他的损失就可以得到赔偿了。

(一) 财产损失保险概述

1. 财产损失保险的概念

财产损失保险合同通常指狭义的财产保险合同，是指投保人与保险人达成的，以各种有形财产为标的，也包括以与财产有关的利益为保险标的的保险合同。它是由火灾保险发展演变而来的。

该险种的保险标的仅限于有形财产，财产损失保险是指那些占有一定空间而以有形体存在的能以价值衡量的财产，包括动产和不动产。保险人只补偿被保险人因财产毁损而受到的损失，该损失仅指直接损失，包括直接物质损失以及采取救助措施而引起的必要的费用等。

在财产保险中，财产损失保险是最典型、最具代表性的，同时也是保险业务的重要组成部分。依照保险标的的不同，财产损失保险可分为：(企业)财产保险合同、家庭财产保险合同、运输工具保险合同和货物运输保险合同。

《保险法》第 186 条规定："国家支持发展为农业生产服务的保险事业。农业保险由法律、行政法规另行规定。强制保险，法律、行政法规另有规定的，适用其规定。"

2. 财产损失保险合同的赔偿范围

(1) 保险标的的实际损失。

发生保险事故时，被保险人遭受的保险金额范围内的实际损失是保险人赔偿的基本范围。

(2) 施救费用。

《保险法》第 57 条规定："保险事故发生时，被保险人应当尽力采取必要的措施，防止或者减少损失。

保险事故发生后，被保险人为防止或者减少保险标的的损失所支付的必要的、合理的费用，由保险人承担；保险人所承担的费用数额在保险标的的损失赔偿金额以外另行计算，最高不超过保险金额的数额。"

例如，某企业投保了企业财产损失保险，发生火灾后，保险公司应承担的施救费用有：

① 为抢救财产或者防止灾害蔓延而采取的必要的措施造成的保险标的的损失，如紧急拆除建筑物周围的附属建筑；

② 为施救、保护、整理保险标的所支出的必要的合理的费用，如人工费、消防器材费用等。

(3) 其他必要的费用。

《保险法》第 57 条规定："保险人、被保险人为查明和确定保险事故的性质、原因和保险标的的损失程度所支付的必要的、合理的费用，由保险人承担。"

3. 财产损失保险合同的赔偿方式

(1) 比例责任赔偿方式。

比例责任赔偿方式是以保险金额与保险事故发生时保险标的的实际价值的比例来计算赔偿金额。

如果是足额保险，则被保险人的实际损失就可以获得充分的补偿；

如果是不足额保险，则被保险人只能依照比例获得补偿。此种方式计算方法为：

$$赔偿金额 = 损失金额 \times \frac{保险金额}{保险价值}$$

例如：投保人将其所有的价值 50 万元的房屋投保家庭财产保险，保险金额为 30 万元。如果在保险期内发生火灾，致使该房屋遭受 30 万元的实际损失，则其能获得的保险人 18 万元的赔付。

(2) 第一危险责任赔偿方式。

第一危险责任赔偿方式又称为第一损失赔偿方式，是指在保险金额的范围内，保险人按照实际损失赔偿。在财产保险中，保险金额的损失成为第一损失，超过保险金额的损失成为第二损失。

保险人对第一损失承担全额赔偿责任，第二损失则由被保险人自己承担。

例如：在前述实例中，如果采用第一危险责任赔偿方式，则被保险人可获得 30 万元的赔付。

(3) 限额责任赔偿方式。

限额责任赔偿方式是指保险人只有在保险事故发生后，保险财产损失超过预先设定的限度时才承担赔偿责任的一种赔偿方式。该方式多见于农业保险中。

例如，小麦种植者对其小麦收成投保，约定每亩产量 400 公斤为限额标准，当实际收成少于该标准时，保险人负责赔偿差额部分；如果实际收成等于或高于该标准，则保险人不承担赔偿责任。

(4) 免责限度赔偿方式。

免责限度赔偿方式是指对保险标的的损失约定一个最小限度，在此限度内的损失，保险人不负赔偿责任。这一限度称为免赔率或者免赔额。此种方式通常适用于存在自然损耗的保险标的，在车损保险中也常使用。免责限度赔偿方式又可分为相对免责限度赔偿和绝对免责限度赔偿。

相对免责限度赔偿是指保险标的的损失达到规定的限度时，保险人按照全部损失不做任何扣除地如数赔偿；

绝对免责限度赔偿是指随时超过约定的限度时，仅就超过限度部分的损失进行赔偿。

(二) 机动车辆保险合同——车损险

机动车辆保险是以机动车辆本身及其第三者责任等为保险标的的一种运输工具保险。

其保险客户主要是拥有各种机动交通工具的法人团体和个人；

机动车辆是指汽车、电车、电瓶车、摩托车、拖拉机、各种专用机械车、特种车等在公路上行驶供运输、载人和一些特种车辆，行驶速度在每小时 40 公里以上的机动车。由于机动车辆的保险标的以汽车为主，因此又称为汽车保险。

机动车辆保险一般包括基本险和附加险两部分。基本险包括车辆损失保险、第三者责任保险、盗抢险和车上人员责任险。这是机动车辆保险的主要险种，在若干附加险的配合下，共同为保险客户提供多方面的危险保障服务。在此，我们主要介绍车辆损失保险(简称车损险)。

1. 车辆损失险的保险责任范围

车辆损失险是对因保险责任范围内的自然灾害或意外事故而造成保险车辆损失时，由保险人依照保险合同约定承担赔偿责任的保险。

车辆损失保险的保险责任，包括碰撞责任与非碰撞责任。

碰撞是指被保险车辆与外界物体的意外接触，如车辆与车辆、车辆与建筑物、车辆与电线杆或树木、车辆与行人、车辆与动物等碰撞，均属于碰撞责任范围之列；

非碰撞责任可以分为以下几类：

(1) 保险单上列明的各种自然灾害，如洪水、暴风、雷击、泥石流等。

(2) 保险单上列明的各种意外事故，如火灾、爆炸、空中运行物体的坠落等。

(3) 其他意外事故，如倾覆、冰陷、载运被保险车辆的渡船发生意外等。

发生保险事故时，被保险人为防止或者减少保险车辆的损失所支付的必要的、合理的施救费用，由保险人承担，最高不超过保险金额的数额。

2. 除外责任

除外责任是指保险人对战争、军事行动或暴乱等导致的损失，被保险人故意行为或违章行为导致的损失，被保险人车辆自身缺陷导致的损失，以及未履行相应的义务(如增加挂车而未事先征得保险人的同意等)的情形下出现的损失，保险人均不负责赔偿。需要指出的是，机动车辆保险的保险责任范围由保险合同规定，但并非是一成不变的。

3. 保险金额和保险期限

(1) 车损险的保险金额当事人双方可协商选择下列三种方式之一：

① 车损险按新车购置价确定；

② 按投保时的实际价值确定；

③ 由投保人与保险人协商确定。

(2) 车损险的保险期限是 1 年。

4. 赔偿处理

(1) 被保险人索赔时应提交的资料。

被保险人索赔时，应当向保险人提供保险单、事故证明、事故责任认定书、事故调解书、判决书、损失清单和有关费用单。

(2) 机动车辆保险的检验修复原则。

机动车辆因保险事故受损，应当尽量修复。修理前被保险人必须会同保险人检验，确定修理项目、方式和费用。否则，保险人有权重新核定或拒绝赔偿。

(3) 车辆损失的赔偿计算方法。

① 全部损失；

② 部分损失；

③ 施救费用。

(4) 按责免赔原则。

根据保险车辆驾驶员在事故中所负责任，车辆损失险在符合赔偿规定的金额内实行绝对免赔率原则，其中负全部责任的免赔 20%，负主要责任的免赔 15%，负次要责任的免赔 5%，单方肇事事故的绝对免赔率为 20%。

四、第三者责任险

 引导案例　未买票的乘客爬到车顶捆绑行李时摔伤，是否属于第三者责任险范围

案情简介：

个体车主(甲)自购一辆 45 座大客车搞营运，并为该车购买了较齐全的保险，包括交强险、车损险、第三者责任险、盗抢险、不计免赔附加险等。一次营运过程中，甲在途中接几名乘客上车，其中一位(乙)行李较多需要放到车顶上。当乙还在捆行李时，司机以为乘客已上齐就将车开动，结果乙从车顶掉下摔伤。交警认为司机违反交通法规，须负全责。甲赔偿后到保险公司索要保险赔偿金。

保险公司认为，乙是车上的乘客，不是第三者，因此不承担第三者责任险。

法院审理认定，甲与保险公司就车辆签订了第三者责任保险合同，合法有效。本案乙在未买车票的情况下就爬到车顶上，其没有乘车凭证，并不是法律意义上的乘客，所以只能是第三者。从字面上看，车顶上并非车厢内，乙显然不属于本车人员。保险公司应依第三者责任险的规定予以赔偿。保险公司不服，提起上诉。

案例解析：

机动车第三者责任险中的第三者，指除投保人、保险人和被保险人之外的其他人。《机动车辆保险条款》第 4 条对除外责任的规定包括："本车上的一切人员和财产。"因此，如果乙不是本车乘客，就可以被认定为第三者。

本案争议的焦点是乙是不是车上的乘客？保险合同的律师认为法院的一审判定不当，其认为乙是车上乘客。

(1) 保险公司方的律师认为：事发当时，保险车辆在站点接了 4 位乘客，其中 3 位立即上了车，而乙因为带有行李，在征得司机同意的情况下，才将行李往车顶上装的。这已充分说明，乙与司机已经达成了乘车的口头协议，并且乙已经上到车上。毫无疑问，乙已是车上的乘客。而乘客是不能适用第三者责任险的。

(2) 我国《合同法》第 10 条规定，"当事人订立合同，有书面形式、口头形式或其他形式。"

依据保险公司的论点，司机同意乙将行李装到车顶，说明他已经口头上承认或默示乙作为乘客了。

(一) 责任保险合同概述

1. 概念

责任保险合同是指投保人向保险人支付保险费，保险人承诺在被保险人因致人损害等原因而依法应向第三人承担民事赔偿责任时，由保险人依照保险合同约定承担赔偿保险金义务的合同。

责任保险合同是以被保险人对第三人依法应负的损害赔偿责任为保险标的的，它包括侵权责任、违约责任，以及其他依法应当承担的民事赔偿责任。

《保险法》第 65 条规定："责任保险是指以被保险人对第三者依法应负的赔偿责任为保险标的的保险。"

责任保险合同属于广义上的财产保险合同，性质上仍为补偿损害的保险，应当适用损害补偿原则。其虽然不是以具体的、有形的财产为保险标的，但合同履行的实际效果却与财产损失保险合同类似，同样可以避免或减少财产的损失。

2．责任保险的特征

责任险与一般的财产保险合同相比，具有以下特征：

(1) 保险标的为法律上的赔偿责任。

该险种合同标的是被保险人依法对第三人的民事赔偿责任，而不包括其他法律责任，如行政责任、刑事责任。此种责任以过失责任为主，还包括无过失责任，原则上由于被保险人故意行为导致的损害赔偿责任不在承保范围内。

(2) 责任保险具有双重保障功能。

一般财产保险合同的补偿对象为被保险人，而责任保险则不仅保障被保险人的利益，而且可依法或合同直接向第三者进行赔偿。

(3) 责任保险的保险金具有最高限额。

责任保险的标的，在签订合同时无法预计该责任的大小，因此合同中通常约定保险人的最高赔偿额，保险人在该限额内承担赔偿责任，对于超过的部分，则须由被保险人自己赔偿。

责任保险的目的在于填补被保险人因承担损害赔偿责任所受到的损失，被保险人不能获得高于其承担的损害赔偿责任的保险金给付，故而责任保险在相当的程度上为填补损害的保险，"无损失即无保险"同样适用于责任保险。

(4) 责任保险合同的保险人享有参与权。

与其他财产保险合同不同，责任保险合同的赔偿处理涉及第三人，被保险人对第三人有无赔偿责任、责任的范围直接决定着保险人的赔偿责任，超额部分也将由被保险人自行承担，因此，各国保险法中通常都规定保险人享有参与权。我国保险法虽然没有明确的规定，但在保险实务中，几乎所有的责任保险合同均约定有保险人的和解与抗辩条款，确认保险人享有参与权。

(5) 责任保险对被保险人的人身和财产损害不承担保险责任。

责任保险的标的是被保险人对第三人承担的损害赔偿责任，但被保险人自身遭受损失时，则保险人不承担保险责任。

3．责任保险合同代位权的适用

责任保险既为财产保险，同样适用于财产保险的损害补偿原则，保险代位权同样适用于责任保险。但其适用范畴非常狭窄，仅适用于共同侵权的情形。

共同侵权的代位权是指被保险人和其他共同侵权行为人致人损害而应当承担连带责任

时，保险人依照保险合同对被保险人承担赔偿责任后，可以就其他共同侵权行为人应当承担的赔偿责任份额，代位被保险人请求其他共同侵权行为人予以赔偿。

案例示例：食客在投保了公众责任险的餐厅用餐，服务员在开启啤酒瓶时，酒瓶爆裂，致食客受伤。后经鉴定，啤酒瓶系因质量问题而爆裂。这样，餐厅和啤酒厂就应对食客所受损害承担连带责任，此时食客就可行使选择权，他既可向餐厅索赔，也可向啤酒厂索赔(当然，他也可同时向餐厅和啤酒厂索赔，将二者作为共同被告向法院起诉。)。如果食客只选择向餐厅索赔(保险实务中消费者向经营者索赔的情况当属多数)，则餐厅在依法赔偿后可依公众责任险向保险人索赔，餐厅在获得保险赔偿金后，将会呈现两种态势：其一，餐厅依法向啤酒厂追偿，追偿得手餐厅即获得超过其对食客依法承担的赔偿责任的利益；其二，餐厅因为已获保险赔偿而不向啤酒厂追偿，则作为致害人的啤酒厂并没有因其致害行为(产品质量问题)而承担赔偿责任，这样，啤酒厂实质上获得了利益(如前所述，总财富应当减少而没有减少)。因此，为了维护社会公共利益，使被保险人和侵权人皆不致因保险而获益，就应当引入并适用保险代位权，即保险人在赔付后，依法取代被保险人的地位，向负有连带赔偿责任的啤酒厂行使代位追偿权，以彰显公平。

4. 责任保险的给付责任

(1) 责任范围。

责任保险给付责任范围应依保险合同约定而确定，通常包括：

被保险人应向第三人承担的损害赔偿金、被保险人为履行义务而支出的费用、被保险人为勘察定损而支出的费用，以及针对第三人索赔的抗辩费用。

如果保险合同未作约定或约定不明，保险人还应对被保险人的无过错赔偿责任、过失致人损害的赔偿责任，以及被保险人因履行道德义务而给第三人造成的损害承担保险责任。

(2) 赔偿金的给付。

责任保险的给付义务依据保险人与被保险人之间的协商一致以及相应法律程序的结论，经保险人认可的被保险人与第三人的和解协议而确定，其具体数额以保险合同中约定的保险金额为限，并受自负额、每次保险事故责任限额等规定的约束。

保险人有权在第三人的损失系因被保险人承保范围内的不当行为与其他不属于保险合同承包范围内的事项、行为共同造成时，进行分摊，亦有权在发生保险竞合时明确自己应承担的责任份额。

5. 责任保险中的第三人

责任保险中的第三人，是指责任保险合同约定的当事人和关系人以外的，因被保险人不当行为而遭受损害，并因此对被保险人享有赔偿请求权的人。

《保险法》第65条第3、4款规定："责任保险的被保险人给第三者造成损害，被保险人对第三者应负的赔偿责任确定的，根据被保险人的请求，保险人应当直接向该第三者赔偿保险金。被保险人怠于请求的，第三者有权就其应获赔偿部分直接向保险人请求赔偿保险金。

责任保险的被保险人给第三者造成损害，被保险人未向该第三者赔偿的，保险人不得向被保险人赔偿保险金。"

（二）机动车第三者责任险

第三者责任险(简称三者险)是指被保险人或其允许的驾驶人员在使用保险车辆过程中发生意外事故，致使第三者遭受人身伤亡或财产直接损毁，依法应当由被保险人承担的经济责任，由保险公司负责赔偿。同时，若经保险公司书面同意，被保险人因此发生仲裁或诉讼费用的，保险公司在责任限额以外赔偿，但最高不超过责任限额的30%。

由于交强险在对第三者的财产损失和医疗费用部分赔偿较低，可考虑购买第三者责任险作为交强险的补充。

第三者责任险每次事故的责任限额，由投保人和保险人在签订保险合同时按 5 万元、10 万元、20 万元、50 万元、100 万元和 100 万元以上不超过 1000 万元的档次协商确定。第三者责任险的每次事故的最高赔偿限额应根据不同车辆种类选择确定。

五、机动车交通事故责任强制保险合同

1. 概述

(1) 发展历程。

2004 年 5 月 1 日起实施的《道路交通安全法》是我国首次提出"建立机动车第三者责任强制保险制度，设立道路交通事故社会救助基金"。

2006 年 3 月 28 日国务院颁布《交强险条例》，机动车第三者责任强制保险从此被"交强险"代替，条例规定自 2006 年 7 月 1 日起实施。

2006 年 6 月 30 日，中国保监会发布《机动车交通事故责任强制保险业务单独核算管理暂行办法》，规定自发布之日起实施；

2007 年 6 月 27 日，保监会发布《机动车交通事故责任强制保险费率浮动暂行办法》，规定自 7 月 1 日实行。

2007 年 7 月 1 日随着配套措施的完善，交强险最终普遍实行，期间普遍实行的仍旧为"机动车第三者责任强制保险"(第三者强制保险)。

"机动车第三者责任强制保险"与现行的机动车第三者责任保险均属于商业保险，而新施行的"交强险"保险费率比"机动车第三者责任保险"高，其是根据被保险人在交通事故中所承担的事故责任来确定其赔偿责任的。

无论被保险人是否在交通事故中负有责任，保险公司均将按照《交强险条例》以及交强险条款的具体要求在责任限额内予以赔偿。这对于维护道路交通通行者人身财产安全、确保道路安全具有重要的作用，同时可减少法律纠纷、简化处理程序，确保受害人获得及时有效的赔偿。

(2) 概念。

机动车交通事故责任强制保险(以下简称"交强险")是我国首个由国家法律规定实行的强制保险制度。

机动车交通事故强制责任保险是由保险公司对被保险机动车发生道路交通事故造成受害人(不包括本车人员和被保险人)的人身伤亡、财产损失，在责任限额内予以赔偿的强制性责任保险。

《交强险条例》第 6 条规定："机动车交通事故责任强制保险实行统一的保险条款和基础保险费率。保监会按照机动车交通事故责任强制保险业务总体上不盈利不亏损的原则审批保险费率。"

(3) 推行交强险的必要性。

与保险合同的一般原则不同，交强险双方不是协商一致、自愿订立的，而是国家为了公众利益，通过国家法规强制机动车所有人或管理人购买相应的责任保险，以提高第三者责任险的投保面，在最大程度上为交通事故受害人提供及时和基本的保障。

交强险负有更多的社会管理职能。建立机动车交通事故责任强制保险制度不仅有利于道路交通事故受害人获得及时有效的经济保障和医疗救治，而且有助于减轻交通事故肇事方的经济负担。而商业第三者责任险属于商业保险，保险公司经营该险种的目的是为了盈利，这与交强险"不盈不亏"的经营理念显然相去甚远(目前交强险的全国统计情况表明，保险公司在该险种上暂处亏损状态)。

此外，交强险还具有一般责任保险所没有的强制性。只要是在中国境内道路上行驶的机动车的所有人或者管理人都应当投保交强险，未投保的机动车不得上路行驶。这种强制性不仅体现在强制投保上，也体现在强制承保上，具有经营机动车交通事故责任强制保险资格的保险公司不得拒绝承保，也不能随意解除合同。而商业第三者责任险属于民事合同，机动车主或者是管理人拥有是否选择购买的权利，保险公司也享有拒绝承保的权利。

2. 交强险与商业第三者责任险的区别

那么机动车第三者责任保险是否实质上就是《道路交通安全法》(以下简称《道交法》)规定的"机动车第三者责任强制保险"呢？答案当然是否定的。在责任保险的范围内，《道交法》第 76 条与《保险法》是特别法与普通法的关系，《道交法》第 76 条具有优先的法律效力，保险公司不得援引《保险法》的有关规定来对抗《道交法》第 76 条的适用。

二者的区别：

(1) 赔偿原则不同。根据《道路交通安全法》的规定，对机动车发生交通事故造成人身伤亡、财产损失的，由保险公司在交强险责任限额范围内予以赔偿。而商业第三者责任险中，保险公司是根据投保人或被保险人在交通事故中应负的责任来确定赔偿责任；

(2) 保障范围不同。除了《条例》规定的个别事项外，交强险的赔偿范围几乎涵盖了所有道路交通责任风险。而商业第三者责任险中，保险公司不同程度地规定有免赔额、免赔率或责任免除事项；

(3) 交强险具有强制性。根据《条例》规定，机动车的所有人或管理人都应当投保交强险，同时，保险公司不能拒绝承保、不得拖延承保和不得随意解除合同；

(4) 根据《条例》规定，交强险实行全国统一的保险条款和基础费率，保监会按照交强险业务总体上"不盈利不亏损"的原则审批费率；

(5) 交强险实行分项责任限额；

(6) 第三者责任险在交强险赔偿后予以补充赔偿；

(7) 第三者责任险并不区分责任限额。

3. 保险责任与赔偿限额

(1) 保险责任。

交强险的保险责任包括在我国境内(不含港、澳、台地区),被保险人在使用被保险机动车过程中发生交通事故,致使受害人遭受人身伤亡或者财产损失,依法应当由被保险人承担的损害赔偿责任。

(2) 赔偿限额。

交强险责任限额是指被保险机动车在保险期间(通常为 1 年)发生交通事故,保险公司对每次保险事故所有受害人的人身伤亡和财产损失所承担的最高赔偿金额。

保监会有关负责人介绍,确定赔偿责任限额主要是基于以下各方面的考虑:

① 满足交通事故受害人基本保障需要。

② 与国民经济发展水平和消费者支付能力相适应。

③ 参照了国内其他行业和一些地区赔偿标准的有关规定。

2008 年 1 月 11 日,中国保监会正式公布了机动车交通事故责任强制保险责任限额调整方案,交强险总责任限额由现行的 6 万元上调至 12.2 万元,其中,死亡伤残赔偿限额由 5 万元上调至 11 万元,医疗费用赔偿限额由 8000 元提高到 1 万元,财产损失赔偿限额保持不变。被保险人在交通事故中无责任的情况下,死亡伤残赔偿限额为 1.1 万元,医疗费用赔偿限额为 1000 元,财产损失赔偿限额为 100 元。

死亡伤残赔偿限额:是指被保险机动车发生交通事故,保险人对每次保险事故所有受害人的死亡伤残费用所承担的最高赔偿金额。死亡伤残费用包括丧葬费、死亡补偿费、受害人亲属办理丧葬事宜支出的交通费用、残疾赔偿金、残疾辅助器具费、护理费、康复费、交通费、被抚养人生活费、住宿费、误工费,被保险人依照法院判决或者调解承担的精神损害抚慰金。

医疗费用赔偿限额:是指被保险机动车发生交通事故,保险人对每次保险事故所有受害人的医疗费用所承担的最高赔偿金额。医疗费用包括医药费、诊疗费、住院费、住院伙食补助费,必要的、合理的后续治疗费、整容费、营养费。

财产损失赔偿限额:是指被保险机动车发生交通事故,保险人对每次保险事故所有受害人的财产损失承担的最高赔偿金额。

4. 保险期间

交强险的保险期间通常为 1 年,保险到期后需要即时续保。

5. 赔偿处理

被保险人索赔时,应提供的材料,包括:

① 交强险的保险单;

② 被保险人出具的索赔申请书;

③ 被保险人和受害人的有效身份证明、被保险机动车行驶证和驾驶人的驾驶证;

④ 公安机关交通管理部门出具的事故证明,或者人民法院等机构出具的有关法律文书及其他证明;

⑤ 被保险人根据有关法律法规规定选择自行协商方式处理交通事故的,应当提供依照《交通事故处理程序规定》规定的记录交通事故情况的协议书;

⑥ 受害人财产损失程度证明、人身伤残程度证明、相关医疗证明以及有关损失清单和费用单据;

⑦ 其他与确认保险事故的性质、原因、损失程度等有关的证明和资料。

 案例　保险公司可否拒赔达成一致需赔偿部分项目？

案情简介：

出租车司机张某不慎发生一起交通事故，撞伤了一位路人，交警认定张某负全责。

在交警的调解下，张某赔偿对方医疗费、交通费、误工费、护理费、营养费等合计人民币 6600 元。事后，张某拿着交警的事故认定书、调解协议书、医疗费单据、病假证明等材料找保险公司理赔，但保险公司以没有证据为由拒赔了误工费、护理费、营养费部分。张某不服，诉至法院解决。

法院经审理认定，张某在与受害方调解时，仅凭受害方拿出的 1 个月病假证明就赔偿对方误工费用，在没有医生的护理医嘱和是否需要营养等相关证明，就答应赔偿对方 1 个月的护理费、营养费，显然属于没有尽到审查证据材料之义务，导致误工费、护理费、营养费三个项目是否需要赔偿以及赔偿的标准均没有相关证据支持。

而本案在审理过程中曾要求张某补充证据，但张某以受害人不予配合为由没有提交更为有利的证据，因此，认定张某没有尽到一个被保险人适格的审查义务，遂酌情判决保险公司赔偿张某 15 天的误工费 1000 元，对张某的其他诉讼请求不予支持。

案例解析：

发生事故当事人通常都急着与对方了结，往往在交警的支持下，很快达成赔偿协议，认为赔偿第三者后再向保险人追讨即可。索赔时，保险公司要严格审查，各项赔偿均要有证据支持，因为保险公司面对激烈的竞争，采取的是"宽进严出"的政策。如本案，张某匆匆赔了对方 6000 元，但保险公司却拒赔大部分，告上法庭，才得到一部分赔偿。其原因是不能像律师那样具有较强的组织证据意识，也没有审查证据的能力。到诉讼时再回头找受害方讨要证据，或者证据丢失或者受害方不予配合。这就是本案张某败诉的原因，也是保险从业人员以及保险人等应当注意的。作为保险理赔人员处理保险纠纷要有很强的收集证据意识和审查证据的能力。

 思考练习题

一、名词解释

1. 保险利益；2. 代位求偿制度；3. 委付制度；4. 重复保险；5. 财产损失保险合同；6. 责任保险合同。

二、问答题

1. 人身保险合同的不可抗辩条款有哪些？
2. 财产保险合同当事人的权利与义务是什么？
3. 简述财产保险合同的主要条款。
4. 机动车车险险种概述。

5. 概述车损险的保险责任及除外责任的规定。

6. 责任保险合同的特征有哪些？

三、简述题

交强险与第三者责任险的异同，在投保和理赔时应注意什么？

四、案例分析

本案原告乙是"机动车辆第三者责任险"中的"第三者"吗？

被保险人甲以自己的中巴车搞客运，并投保了机动车损险、第三者责任险、交强险。一日，甲将乘客载至站点时，乘客乙提一行李袋下车，下车后向前走了几米，想起有东西忘记在车上了，急忙返身欲登车取回。此时甲已将车子启动，并将乙放在路边的行李袋刮碰，袋中价值 3 万元的贵重物品损坏。乙要求甲予以赔偿，甲认为自己投保了第三者责任险，于是向保险公司请求赔偿遭拒，遂诉至法院。

问题：保险公司是否应当赔偿乙方的损失？为什么？

第四编

汽车保险与
理赔法律规定

第九章 道路交通安全法

对于汽车保险和理赔从业人员，《道路交通安全法》是需要重点学习的内容。当道路交通事故发生之后，汽车保险合同的履行就进入了一个新的阶段——理赔与索赔。因此，需要详细了解《道路交通安全法》(以下简称《道交法》)的主要法律规定，以便在处理交通事故理赔过程中做到有法可依，有理有据，依法办事。本章主要介绍《道交法》的基本内容及基本规定，着重学习道路交通事故处理及其侵权责任。

学习目标	
知识目标	➢ 《道交法》的主要内容、交通安全原则、道路通行规定 ➢ 交通事故的处理程序及侵权责任
能力目标	➢ 学会依法处理道路交通事故 ➢ 学习交通事故理赔及诉讼案件

第一节 《道路交通安全法》概述

 引导案例 驾驶证与准驾车型不符，保险公司能否拒赔交强险

案情简介：

甲驾车将一位行人撞伤，交警认定甲负主要责任。经交警协调，甲赔偿对方各种费用合计 6 万余元。随后甲找到保险公司索赔，保险公司以驾驶证与准驾车型不符为由拒赔。甲不服，诉至法院。

案例解析：

经法院审理认定，依据第三者责任险的条款规定，甲的情况属于免责范围，保险公司有权拒绝。但交强险条例和条款，均未把此种情况列为保险公司的免责范围，因此法院判决：被告承担交强险责任，但第三者责任险部分，对原告的诉讼请求法院不予支持。

根据《机动车交通事故责任强制保险款条例》(中国保监会 2006.6.28)第 10 条的规定：

(1) 虽然本案驾驶的被保险车辆与驾驶证载明的准驾车型不符，但这并不在交强险的免责范围之内，因此保险公司不能免责。

(2) 由于商业第三者责任险是纯粹的商业行为，合同体现双方的真实意思表示，保险公司一般都会将类似情况列入免责范围。

(3) 对照本案，保险公司拒赔第三者责任险有合同依据，但拒赔交强险既无合同依据，也无法律依据。对于酒后驾车造成交通事故的案例，保险公司也没有理由拒赔交强险。

一、道路交通事故的现状

1. 道路交通立法情况

为了维护道路交通秩序，预防和减少交通事故，保护人身安全，保护公民、法人和其他组织的财产安全及其他合法权益，提高道路通行效率，我国于 2004 年 5 月 1 日施行了《道路交通安全法》，这是我国建国以来第一次以法律形式对道路交通安全加以立法规范。2006 年 3 月 21 日，国务院颁布了《机动车交通事故责任强制保险条例》，将机动车第三者责任险列为强制保险内容，该条例规定自 2006 年 7 月 1 日起实施。

我国《道交法》颁布的同时，最高人民法院出台了《关于人身损害赔偿案件适用法律若干问题的解释》。随后，与之配套的一系列法规和部门规章相继出台和实施。由于交通事故损害赔偿标的越来越大，相关的损害赔偿案件也越来越引起社会各界的关注。

2. 道路交通事故状况

从 1886 年汽车诞生至今，汽车在给人们带来极大便利的同时，也带来了诸多问题。

美国著名学者乔治·威伦在其著作《交通法院》中说："人们应该承认，交通事故已经成为今天各个国家最大的问题之一。它比消防问题更加严重，因为每年交通事故死亡的人数日渐增多，遭受的财产损失越来越大；它比犯罪问题更加严重，因为交通事故与整个人类生活密不可分，不管男女老幼，每一个人，只要他在街道上，每一分钟都有可能遭遇交通事故。"

据统计，如今全世界每年死于道路交通事故的人数约 60 万之众，这相当于每年有一个中等城市被摧毁；因车祸受伤的人数多达 1200 万人；在许多国家，交通事故引起的人员伤亡和经济损失，远远超过火灾、水灾、意外伤害等灾难造成的人员伤亡和经济损失。因此，人们称交通事故为"柏油路上的战争"，"文明世界的第一大公害"。

我国汽车工业发展很快，2004 年中国汽车产销量首次达到 500 万辆，2009 年中国汽车产销量达到 1300 万辆。到 2013 年中国汽车产销量已突破 2000 万辆。与此同时，每年因交通事故死亡的人数也在迅速增加，1991 年至 2002 年的 10 年间翻了一番，由 1991 年的 5.3 万人，增至 2002 年的 10.9 万人，居世界第一位。据道路交通安全协会统计，2010 年我国共接到交通事故报案 3 906 264 起，其中 65 225 人死亡，254 075 人受伤，直接财产损失 9.3 亿元。

3. 我国道路交通事故频发的原因

(1) 交通供需矛盾日益加剧。2005 年，全国汽车拥有量 3563 万辆，是 1986 年的 9.8 倍；全国有机动车驾驶员 1.3 亿人，是 1986 年的 12.9 倍。2005 年，全国公路客运量高达 150 亿人次，公路货运量 120 亿吨。而道路建设和安全设施建设远远满足不了形势的发展需求，这是导致交通事故发生风险几率增加的主要原因。

(2) 城市道路网络结构不合理，公路质量低，通行条件差，特别是瓶颈路、断头路、畸形交叉口口多；人车混行、机动车与非机动车混行的交通方式，直接影响道路交通安全。

(3) 道路交通工具总体结构不合理，安全性能差。目前，我国的机动车总数已达到 1.2 亿辆，汽车占 29.7%，大部分为摩托车、农用车、拖拉机等安全性能低的机动车。货运车辆"大吨小标"、超长、超宽、超大吨位，农用运输车质量较低等问题，降低了车辆安全性能，导致事故频发。

(4) 违反交通法规的现象十分普遍，交通秩序不好，国民的整体交通法律意识不强，交通安全意识和交通文明意识不高，导致道路通行秩序差。

(5) 政府管理道路交通的整体水平有待提高。政府及其职能部门没有把道路建设和交通发展放在城乡发展，特别是城镇化进程中优先考虑的战略地位，使得交通发展与城乡发展、城镇化进程不相适应。

二、道路交通安全法立法概况

我国《道交法》第 1 条明确了立法目的："为了维护道路交通秩序，预防和减少交通事故，保护人身安全，保护公民、法人和其他组织的财产安全及其他合法权益，提高通行效率，制定本法。"

(一) 道交法概念及调整对象

1. 道交法的概念

从狭义上讲，道路交通安全法是指国家颁布的关于道路交通的专门法典，于 2003 年 10 月 28 日颁布，2004 年 5 月 1 日起施行；2007 年 12 月 29 日第一次修改，2011 年第二次修改通过，2011 年 5 月 1 日起施行的《中华人民共和国道路交通安全法》。

从广义上讲，道路交通安全法是指国家为对道路交通进行管理而制定的所有法律、法规的总称。

2. 道交法的调整对象

《道交法》第 2 条规定："中华人民共和国境内的车辆驾驶人、行人、乘车人以及与道路交通活动有关的单位和个人，都应当遵守本法。"道路交通安全法的调整对象是道路交通关系、道路交通管理关系和道路交通活动关系。《道交法》主要包括以下内容：

(1) 规定了政府在道路交通管理中的职责；

(2) 公安机关内部及其与其他有关机关的关系；

(3) 管理者与参与者之间的关系；

(4) 一般主体在交通活动中产生的相互关系；

(5) 一般主体在进行与道路交通有关的活动中发生的关系。

3. 道交法的效力范围

(1) 空间效力：适用于我国主权领域范围内的道路交通安全管理。车辆在道路以外通行时发生事故，有关部门可以参照本法有关规定处理。

(2) 时间效力：2004 年 5 月 1 日起施行；2007 年 12 月 29 日第一次修改，自 2008 年 5 月 1 日起施行；2011 年第二次修改通过，2011 年 5 月 1 日起施行。

(3) 对人的效力：在中国境内的车辆驾驶人、行人、乘车人以及与道路交通活动有关的单位和个人。

(二) 道路交通主体

1. 人

道路交通主体主要是指机动车驾驶人、行人和乘车人以及道路上从事施工、管理、维护交通秩序以及处理交通事故的人员。

(1) 行人。

《道交法》第 61 条："行人应当在人行道内行走，没有人行道的靠路边行走。行人通过路口或者横过道路，应当走人行横道或者过街设施；通过有交通信号灯的人行横道，应当按照交通信号灯指示通行；通过没有交通信号灯的人行横道的路口，或者在没有过街设施的路段横过道路，应当在确认安全后通过。"

有关特殊群体的规定：

① 学龄前儿童：是指年龄不足 6 周岁的儿童，我国儿童的入学年龄为 6 岁。但是，根据民法通则的规定，10 岁以下的儿童为无民事行为能力的人，这些儿童不具备进行独立活动的意识能力和行为能力，应当由监护人进行监护。

不足 6 周岁的儿童上道路，必须由监护人或者监护人委托的人带领；6 岁至 10 岁的儿童，要根据儿童成长发育的情况和道路的情况，具体确定是否应当由监护人带领。

② 精神疾病患者：是指不能辨认或者不能控制自己行为的人，也是无行为能力人，其行为需要有监护人监护。精神疾病患者在道路上通行是具有高度风险的行为，从保护他们的角度出发，应当要求监护人带领。

③ 智力障碍者：是指不能辨认或者不能控制自己行为的人，民法通则没有规定智障者属于无民事行为能力人，但是，根据司法解释，应当认定为无民事行为能力人。

(2) 机动车驾驶人。

① 机动车驾驶人驾驶证的取得及携带。

《道交法》第 19 条规定："驾驶机动车，应当依法取得机动车驾驶证。"

"持有境外机动车驾驶证的人，符合国务院公安部门规定的驾驶许可条件，经公安机关交通管理部门考核合格的，可以发给中国的机动车驾驶证。

驾驶人应当按照驾驶证载明的准驾车型驾驶机动车；驾驶机动车时，应当随身携带机动车驾驶证。"

② 《道交法》对机动车驾驶人的驾驶要求。

《道交法》第 22 条规定："机动车驾驶人应当遵守道路交通安全法律、法规的规定，按照操作规范安全驾驶、文明驾驶。

饮酒、服用国家管制的精神药品或者麻醉药品，或者患有妨碍安全驾驶机动车的疾病，或者过度疲劳影响安全驾驶的驾驶人，不得驾驶机动车。

任何人不得强迫、指使、纵容驾驶人违反道路交通安全法律、法规和机动车安全驾驶要求驾驶机动车。"

(3) 关于酒驾、醉驾。

2011 年 5 月，新《道交法》施行，对变造车牌及酒驾做出了新的规定。为有效惩处饮酒后驾驶机动车违法行为，修改后的《道路交通安全法》加大了对此类行为的行政处罚力度。对醉驾行为一律吊销驾照，并在 5 年之内不得重新取得。对酒后驾驶行为的罚款从 200～500 元提高至 1000～2000 元，暂扣驾照的期限从 1～3 个月提高至 6 个月。

从 2011 年 5 月 1 日起，《〈刑法〉修正案(八)》开始实施。为与其相衔接，新的《道路交通安全法》删去了对醉酒后驾驶机动车违法行为人拘留的规定。修改后的《道交法》规定，醉酒驾驶机动车的，由公安机关交通管理部门约束至酒醒，吊销机动车驾驶证，依法追究刑事责任；五年内不得重新取得机动车驾驶证。

对醉酒后驾驶营运机动车的，新的《道交法》将暂扣机动车驾驶证的处罚改为吊销机动车驾驶证，且 10 年内不得重新取得机动车驾驶证；重新取得机动车驾驶证后，不得驾驶营运机动车。公安机关交通管理部门将对其约束至酒醒，并依法追究刑事责任。

值得注意的是，修改后的《道交法》增加了对饮酒后或者醉酒驾驶机动车发生重大交通事故构成犯罪的处罚规定，由公安机关交通管理部门吊销机动车驾驶证，且终生不得重新取得机动车驾驶证。

2. 车辆

(1) 车辆的概念。

车辆包括机动车和非机动车。机动车是指以动力装置驱动或者牵引，在道路上行驶的供人员乘用或者用于运送物品以及进行工程专项作业的轮式车辆。非机动车是指以人力或者畜力驱动，在道路上行驶的交通工具，以及虽有动力装置驱动但设计最高时速、空车质量、外形尺寸符合有关国家标准的残疾人机动轮椅车、电动自行车等交通工具。

(2) 机动车登记制度。

《道交法》第 8 条规定："国家对机动车实行登记制度。机动车经公安机关交通管理部门登记后，方可上道路行驶。尚未登记的机动车，需要临时上道路行驶的，应当取得临时通行牌证。"

《道交法》第 11 条规定："驾驶机动车上道路行驶，应当悬挂机动车号牌，放置检验合格标志、保险标志，并随车携带机动车行驶证。

机动车号牌应当按照规定悬挂并保持清晰、完整，不得故意遮挡、污损。

任何单位和个人不得收缴、扣留机动车号牌。"

(3) 对于伪造、变造车牌的规定和处罚。

① 《道交法》第 11 条规定："任何单位或者个人不得有下列行为：

a. 拼装机动车或者擅自改变机动车已登记的结构、构造或者特征；

b. 改变机动车型号、发动机号、车架号或者车辆识别代号；

c. 伪造、变造或者使用伪造、变造的机动车登记证书、号牌、行驶证、检验合格标志、保险标志；

d. 使用其他机动车的登记证书、号牌、行驶证、检验合格标志、保险标志。"

② 伪造、变造车牌的处罚：

修改后的《道交法》对假牌、套牌车的处罚力度大幅提高。伪造、变造或者使用伪造、变造的机动车登记证书、号牌、行驶证、驾驶证的，扣留该机动车，处 15 日以下拘留，并处 2000 元以上 5000 元以下罚款；与修改前的法条相比，增加了拘留的处罚规定，并将 200 元以上 2000 元以下的罚款数额大幅提高。使用其他车辆的机动车登记证书、号牌、行驶证、检验合格标志、保险标志的，扣留该机动车，处 2000 元以上 5000 元以下罚款。与此前草案中规定的罚款 5000 元相比，处罚额度降低。

此外，修改后的《道交法》对伪造、变造或者使用伪造、变造的检验合格标志、保险标志的行为，增加了"处 10 日以下拘留"的条款，并将罚款额度由 200 元到 2000 元提高为"1000 元以上 3000 元以下"。同样，与"处 3000 元罚款"的草案相比，修改后的道交法在罚款额度上更加宽泛。

(4) 机动车"载质量"。

机动车载质量是指车辆除自身质量外的最大限度的载物质量，也称为车辆的货物净重。

超载是指载重量超过车辆的最大载物重量。超载有两种情况，一种是机动车载物时超过行驶证上核定的载质量；另一种情况是机动车载人时超过行驶上核定的载人数。所谓严重超载是指超载人数为核定载人数的 20% 以上，超载货物为核定载质量的 30% 以上。

机动车其他装载要求主要是指载物的长、宽、高等不得违反装载要求，以及不得遗洒、飘散载运物，具体包括：

① 大型货运汽车载物，高度从地面起不准超过 4 米，宽度不准超出车厢，长度前端不准超出车身，后端不准超出车厢 2 米，超出部分不准触地；

② 大型货运汽车挂车和大型拖拉机挂车载物，高度从地面起不准超过 3 米，宽度不准超过车厢，长度不准超出车厢，后端不准超出车厢 1 米；

③ 载质量在 1000 公斤以上的小型货运汽车载物，高度从地面起不准超过 2.5 米，宽度不准超出车厢，长度前端不准超出车身，后端不准超出车厢 1 米；

④ 载质量不满 1000 公斤的小型货运汽车、小型拖拉机挂车、后三轮摩托车载物，高度从地面起不准超过 2 米，宽度不准超出车厢，长度前端不准超出车厢，后端不准超出车厢 50 厘米。也就是说，并不是超过 4 米才算超高，而是 4 米是要求的极限。

(三) 道路交通安全法确立的交通安全工作原则

道路交通安全法确立了四项基本的工作原则，这是贯穿在《道交法》中的指导精神。

1. 保障道路交通安全的原则

(1) 保障上路行驶车辆的安全。对营运机动车实行严格的准入制度，不得驾驶安全设备不全或者机件不符合安全技术标准的机动车；建立机动车强制报废制度。

(2) 防止超载运输。

(3) 加强对驾驶人的安全管理。饮酒、服用国家管制的精神药品、麻醉药品，患有妨碍安全驾驶机动车疾病或者过度疲劳影响安全驾驶的，不得驾驶机动车。

为了加强对驾驶人安全管理的有效性，根据一些地方的成功经险，规定对违法的机动车驾驶人，除依法给予处罚外，实行道路交通违法行为累计积分制度，对累积达到规定分值的，扣留驾驶证，进行交通安全教育，重新考试；实际上就是加重处罚原则。

2. 提高通行效率的原则

为了缓解城市道路交通拥堵，提高通行效率，《道交法》对现行道路交通事故处理办法作了较大的改革：

(1) 未造成人员伤亡的，当事人对事实无争议的道路交通事故，可以即行撤离现场，恢复交通，由当事人自行协商处理损害赔偿事宜。

(2) 不再把对交通事故损害赔偿的调解作为民事诉讼的前置程序。

(3) 借鉴国外成功经验，道路交通安全法确立了国家实行机动车第三者责任强制保险制度。

3. 方便群众原则

方便群众原则就是便民的原则。在我国，公安机关交通管理部门的工作宗旨就是为人民服务。道路交通安全工作中的便民原则，就是要求公安机关交通管理部门在依法开展道路交通工作中，尽可能为交通参与人提供便利和方便，从而保障交通参与人进行交通活动的顺利实现。"互碰自赔"就是便民原则的体现。

4. 依法管理的原则

公安机关作为道路交通的主要管理者，应当依法行政，并且按照《道交法》及《道交法实施条例》等的规定进行行政处罚；应当按照《道交法》规定的交通安全原则以及方便群众原则及时管理和疏导交通；在道路交通事故发生时，接到报案后及时赶赴现场，并进行现场调查、勘验，并在法定日期内出具交通事故认定书。依法行政是对公安机关的行政执法权的一种约束，具体包括：

(1) 依法行政，依法办事。本法对公安机关交通管理部门及其交通警察的行为做了具体规定，提出了严格的要求。

(2) 控制执法的随意性，防止滥用执法权力。随着社会经济的发展，道路交通活动日益繁多和复杂，这就要求交通管理部门要在依法管理原则的指导和约束下执法，严格按照法律规定的范围、幅度、方式执法，防止执法的随意性和滥用自由裁量。

(3) 对违法执法行为承担法律责任。作为执法机关的道路交通管理部门要带头守法，切实保障交通参与人的合法权益不受侵犯。违法越权，侵犯了交通参与人的合法权益，应当依法承担法律责任。

（四）《道交法》关于交强险的规定，也是国家依法管理交通秩序的另一种形式

1. 交强险的制定及依据

从事机动车交通事故责任强制保险业务须由保监会审批。保监会按照机动车交通事故责任强制保险业务，总体上按不盈利、不亏损的原则来审批保险费率。公安机关交通管理部门、农业(农业机械)主管部门应当依法对机动车参加机动车交通事故责任强制保险的情况实施监督检查。交强险条款制定的法律依据为《中国人民共和国道路交通安全法》、《中华人民共和国保险法》、《机动车交通事故责任强制保险条例》。

2. 国家设立道路交通事故社会救助基金

国家设立的道路交通事故社会救助基金，其资金来源包括以下几个方面：

① 按照机动车交通事故责任强制保险的保险费的一定比例提取。

② 对未按照规定投保机动车交通事故责任强制保险的机动车的所有人、管理人的罚款。

③ 救助基金管理机构依法向道路交通事故责任人追偿的资金。

④ 救助基金产生的孳息。

3．交强险的免责情况和责任限额

(1) 交强险免责情况。

交强险免责情况包括：因受害人故意造成的事故损失、被保险人所有的财产及被保险机动车上的财产遭受损失、事故处理后造成第三者财产的贬值和其他任何间接损失等。

(2) 交强险责任限额。

机动车交通事故责任强制保险在全国范围内实行统一的责任限额，责任限额分为：死亡伤残赔偿限额、医疗费用赔偿限额、财产损失赔偿限额以及被保险人在道路交通事故中无责任的赔偿限额。

第二节　道路通行的法律规定

 引导案例　车辆被盗期间发生交通事故，保险公司是否承担责任?

案情简介：

甲为自己的车投保了交强险、车损险、第三者责任险。后甲车被盗，甲当即向公安机关报了案。窃贼在使用过程中，违规行车发生一起交通事故，造成第三人(乙)损失 3 万元。也正是由于这场事故，乙报案才使甲的车被交警发现的，而窃贼已经逃跑。甲修车又花费 1 万元，乙向甲索赔。甲向保险公司索赔，保险公司审核后拒绝赔偿。甲诉诸法院。

法院审理后认为：甲的车辆被盗后由盗者使用，完全脱离了甲的控制，在此过程中，该车所发生的一切，甲都无需承担责任。所以保险公司也就无需承担本案中的车损险和三者险。但被告在交强险的范围内，有垫付抢救费用的法定义务。因此，在交强险范围内，保险公司仍需履行给付保险金的义务。

案例解析：

(1) 从保险关系角度看，其法律关系主体是保险人和被保险人，而非其他人，因他人造成的事故责任不属于保险合同责任范围。

构成保险责任须具备的条件包括：

① 行为主体须是被保险人或其允许的驾驶员使用保险车辆；

② 行为主体必须持有效驾照开车；

③ 发生了意外事故。

本案窃贼明显不符合第一个条件。

(2) 由于我国实施了交通强制保险，依据国务院颁布的《机动车交通事故责任强制保险条例》的规定：车辆被盗期间发生的交通事故，保险人不能免则，但赔偿本案受害人乙之后，将来可以向盗窃分子行使追偿权。如果甲事先投保了盗抢险的话，他的损失就可以得到赔偿。

一、道路通行条件

《道路交通安全法》的主要内容包括：总则、车辆和驾驶人、道路通行条件、道路通行规定、交通事故处理、执法监督、法律责任和附则。

(一) 道路信号灯

全国施行统一的道路交通信号灯，具体包括交通信号灯、交通标志、交通标线和交通警察的指挥。交通信号灯由红灯、绿灯、黄灯组成。红灯表示禁止通行，绿灯表示准许通行，黄灯表示警示。《道交法》要求铁路与道路平面交叉的道口，应当设置道路交通信号灯；道路两侧及隔离带上种植的树木或者其他植物，设置的广告牌、管线，应当与交通设施保持必要的距离，不得遮挡路灯、交通信号灯、交通标志，不得妨碍安全视距，不得影响通行。

(二) 其他道路设施

(1) 道路、停车场和道路配套设施的规划、设计、建设，应当符合道路交通安全、畅通的要求，并根据交通需要及时调整。

(2) 道路出现坍塌、坑漕、水毁、隆起等损毁或者交通信号灯、交通标志、交通标线等交通设施毁损、灭失的，道路、交通设施的养护部门或者管理部门应当设置警示标志并及时修复。

未经许可，任何单位和个人不得占用道路从事非交通活动。因工程建设需要占用、挖掘道路，或者跨越、穿越道路架设、增设管线设施，应当事先征得道路主管部门的同意；影响交通安全的，还应当征得公安机关交通管理部门的同意。

(3) 关于停车场：新建、改建、扩建的公共建筑、商业街区、居住区、大(中)型建筑等，应当配建、增建停车场；停车泊位不足的，应当及时改建或者扩建；投入使用的停车场不得擅自停止使用或者改作他用；在城市道路范围内，在不影响行人、车辆通行的情况下，政府有关部门可以施划停车泊位。

学校、幼儿园、医院、养老院门前的道路没有行人过街设施的，应当施划人行横道线，设置提示标志；城市主要道路的人行道，应当按照规划设置盲道；盲道的设置应当符合国家标准。

二、道路通行规定

(一) 一般规定

(1) 机动车、非机动车实行右侧通行，道路划分为机动车道、非机动车道和人行道，机动车、非机动车、行人实行分道通行。没有划分机动车道、非机动车道和人行道的，机动车在道路中间通行，非机动车和行人在道路两侧通行。

(2) 车辆、行人应当按照交通信号通行；遇有交通警察现场指挥的，应当按照交通警察的指挥通行；公安机关交通管理部门根据道路和交通流量的具体情况，可以对机动车、非机动车、行人采取疏导、限制通行、禁止通行等措施。

遇到自然灾害、恶劣气象条件或者重大交通事故等严重影响交通安全的情形，采取其他措施难以保证交通安全时，公安机关交通管理部门可以实行交通管制。

（二）机动车通行规定

(1) 关于机动车的车速：机动车上道路行驶，不得超过限速标志标明的最高时速；夜间行驶或者在容易发生危险的路段行驶，以及遇有沙尘、冰雹、雨、雪、雾、结冰等气象条件时，应当降低行驶速度；同车道行驶的机动车，后车应当与前车保持足以采取紧急制动措施的安全距离。

(2) 不得超车的情形：前车正在左转弯、掉头、超车时；与对面来车有会车可能的；前车为执行紧急任务的警车、消防车、救护车、工程救险车的，行径铁路道口、交叉路口、窄桥、弯道、陡坡、隧道、人行横道、市区交通流量大的路段等没有超车条件的。

(3) 交叉路口的规定：机动车通过交叉路口，应当按照交通信号灯、交通标志、交通标线或者交通警察的指挥通过；通过没有交通信号灯、交通标志、交通标线或者交通警察指挥的交叉路口时，应当减速慢行，并让行人和优先通行的车辆先行。

(4) 运载货物的规定：机动车载物应当符合核定的载质量，严禁超载；载物的长、宽、高不得违反装载要求，不得遗洒、飘散载运物；机动车运载超限的不可解体的物品，影响交通安全的，应当按照公安机关交通管理部门指定时间、路线、速度行驶，悬挂明显标志；机动车载运爆炸物品、易燃易爆化学药品以及剧毒、放射性等危险物品，应当经公安机关批准后，按指定的时间、路线、速度行驶，悬挂警示指标并采取必要的安全措施；机动车载人不得超过核定的人数，客运机动车不得违反规定载货；禁止货运机动车载客。

(5) 有关安全带的规定：机动车行驶时，驾驶人、乘坐人员应当按规定使用安全带，摩托车驾驶人及乘坐人员应当按规定戴安全头盔；机动车在道路上发生故障，需要停车排除故障时，驾驶人应当立即开启危险报警闪光灯。

(6) 特种车的规定：警车、消防车、救护车、工程救险车执行紧急任务时，可以使用警报器、标志灯具；在确保安全的前提下，不受行驶路线、行驶方向、行驶速度和信号灯的限制，其他车辆和行人应当让行；道路养护车辆、工程作业车进行作业时，在不影响过往车辆通行的前提下，其行驶路线和方向不受交通标志、标线限制，过往车辆和人员应当注意避让；洒水车、清扫车等机动车应当按照安全作业标准作业；在不影响其他车辆通行的情况下，可以不受车辆分道行驶的限制，但是不得逆向行驶；高速公路、大中城市中心城区内的道路，禁止拖拉机通行。

机动车应当在规定地点停放，禁止在人行道上停放机动车。

（三）非机动车通行规定

非机动车应当在非机动车道内行驶；在没有非机动车道的道路上，应当靠车行道的右侧行驶；残疾人机动轮椅车、电动自行车在非机动车道内行驶时，最高时速不得超过 15 公里；非机动车应当在规定地点停放。

(四) 行人和乘车人通行规定

行人应当在人行道内行走，没有人行道的靠路边行走；行人通过路口或者横过道路，应当走人行横道或者过街设施；通过有交通信号灯的人行横道，应当按照交通信号灯指示通行；行人不得跨越、倚坐道路隔离设施，不得扒车、强行拦车或者实施妨碍道路交通安全的其他行为；无行为能力者应当由其监护人、监护人委托的人或者对其负有管理、保护职责的人带领；盲人在道路上通行，应当使用盲杖或者采取其他盲导手段，车辆应当避让盲人；乘车人不得携带易燃易爆等危险物品，不得向车外抛洒物品，不得有影响驾驶人安全驾驶的行为。

(五) 高速公路的特别规定

行人、非机动车、拖拉机、轮式专用机械车、铰接式客车、全挂拖斗车以及其他设计最高时速低于 70 公里的机动车，不得进入高速公路；高速公路限速标志标明的最高时速不得超过 120 公里；机动车在高速公路上发生故障或者交通事故，无法正常行驶的，应当由救援车、清障车拖拽、牵引；任何单位、个人不得在高速公路上拦截检查行驶的车辆，公安机关的人民警察依法执行紧急公务除外。

第三节　道路交通事故的法律规定

一、道路交通事故

(一) 道路交通事故概述

1. 道路交通事故的概念

(1) 道路是指公路、城市道路和虽在单位管辖范围但允许社会机动车通行的地方，包括广场、公共停车场等用于公共通行的场所。道路的范围包括公共通行的整个路面，是指包括机动车道、非机动车道、人行道以及隔离带等。

(2) 道路交通事故是指车辆在道路上因过错或者意外造成的人身伤亡或者财产损失的事件。交通事故的等级划分有：轻微、一般、重大、特大四类。交通事故责任可分为：全部、主要、同等、次要、无责任。

2. 交通事故构成条件

(1) 涉及车辆的事件；

(2) 由于过错或意外造成的事件；

(3) 有人身伤亡或财产损失的后果；

(4) 过错或意外与损害后果之间存在因果关系。

3. 交通事故责任的划分原则

(1) 因一方当事人的过错导致交通事故的，承担全部责任；当事人逃逸，造成现场变动、证据灭失，公安机关交通管理部门无法查证交通事故事实的，逃逸的当事人承担全部责任；当事人故意破坏、伪造现场、毁灭证据的，承担全部责任；

(2) 因两方或者两方以上当事人的过错发生交通事故的，根据其行为对事故发生的作用以及过错的严重程度，分别承担主要责任、同等责任和次要责任；

(3) 各方均无导致交通事故的过错，属于交通意外事故的，各方均无责任；一方当事人故意造成交通事故的，他方无责任。

在实践经验中，一般按照路权原则、优先通行原则和安全原则进行交通事故责任的划分。

(二) 保险理赔与道路交通事故

道路交通事故的发生是保险定损、理赔等工作的直接原因，也是保险合同履行的起始点。

1. 保险理赔人员及时到达现场

根据《道路交通安全法》第76条的规定，发生道路交通事故侵权，第一责任主体就是提供机动车第三者责任强制保险的保险公司，除非有证据证明交通事故的损失是由非机动车驾驶人、行人故意造成的，否则保险公司就应当在承保范围内承担保险责任。

发生道路交通事故后，除了交通事故的当事人之外，保险公司是与道路交通事故关系最直接的民事主体。因此，在发生交通事故之后，保险公司一般都应及时赶到交通事故现场，了解、掌握事故的第一手资料，及时收集、调查取证，为处理保险事宜奠定基础。

法律上讲"重证据，不轻信口供"，在民事诉讼过程中，对于责任事故的认定，应注意及时合法有效的收集证据。

2. 依照民事诉讼法对诉讼证据的规定收集证据

(1) 了解民事诉讼证据的特征及其规定。

民事诉讼证据特征有客观性(证据的真实性或确定性)、关联性(必须与特定的案件有内在的必然联系)、合法性(必须符合法律要求的形式)。

民事诉讼的举证原则是"谁主张谁举证"。诉讼案件当事人双方对自己提出的主张，均有责任提供证据。

(2) 处理道路交通事故的证据收集。

在道路交通事故处理的具体实践中，保险理赔人员主要通过现场勘验、检查、调查情况以及通过检验和鉴定而获得相关证据，具体如下：

① 物证。物证主要是指能够证明交通事故真实情况的一切物品和痕迹。

② 书证。书证是指能够证明交通事故有关情况的文字材料，是以其记载的内容起证明作用的证据形式。

③ 证人证言。证人证言是指证人亲眼目睹交通事故发生的情况，并就自己了解的情况向公安机关所作的陈述。

④ 当事人陈述。当事人陈述是指事故中的驾驶人、乘车人、受伤人员以及其他有关人员，对事故发生经过的描述以及自己有无交通违章和过失等责任的辩解。

⑤ 鉴定结论。鉴定结论是指公安机关、司法机关指派或者委托专门机构或者具有专业知识的人员，对交通事故中某些专门技术问题进行科学鉴定后所得出的书面结论意见。

⑥ 勘验检查笔录。交通事故处理人员对交通事故现场、车辆、人员等进行检查后所制

作的各种记录，是调查、检查过程、方法和检查结果的文字记录，这些记录是事故处理的重要依据。

⑦ 视听材料。是指可用来证明交通事故事实的录音、录像、磁盘等视听资料。

(3) 法定第三者责任险不予赔偿的举证包括下列情况：

① 受害人与投保人、投保车辆的驾驶人或者其他致害人恶意串通的。

② 受害人的故意行为造成的损害。

③ 受害人的犯罪行为造成的损害。

在保险公司主张免责的情况下，保险公司也负有举证责任。

(三) 道路交通事故当事人的事故现场义务与责任

1. 当事人的事故现场义务

道路交通事故当事人的事故现场义务主要有以下几个方面：

(1) 停车义务，发生事故后，有关车辆驾驶人应当立即停车，这是第一义务。

(2) 现场保护义务，保护现场。

(3) 伤员抢救义务。

(4) 报警义务。

(5) 乘车人、过往车辆驾驶人、过往行为人的协助义务。

《道交法》第 70 条规定："在道路上发生交通事故，车辆驾驶人应当立即停车，保护现场；造成人员伤亡的，车辆驾驶人应当立即抢救受伤人员，并迅速报告执勤的交通警察或者公安机关交通管理部门。因抢救受伤人员，变动现场的，应当标明位置。乘车人、过往车辆驾驶人、过往行人应当予以协助。"

2. 交通事故逃逸及责任

(1) 交通事故逃逸是指在交通事故发生后，当事人明知自己发生了交通事故，不履行法律规定的事故现场义务，为了逃避责任，故意逃离现场，不向公安机关报告的违法行为。

(2) 逃逸行为在实践中分为两种，第一种是人和车在事故发生后均逃离事故现场；第二种是弃车逃逸，是指当事人将车留在现场，而人逃离。

第一种情况多发生在肇事机动车没有损伤，或者虽有损伤但不影响正常行驶的场合；第二种情况多发生在肇事机动车严重损毁场合。

(3) 交通事故逃逸责任。肇事逃逸可以引起刑事责任、行政处罚和民事责任三种法律责任后果。因逃逸行为致使事故责任无法认定的，推定逃逸一方负事故全部责任。

二、交通事故处理程序

(一) 一般处理程序

一般来说，交通事故处理程序包括交通事故报警、受理、出警及现场调查。

1. 交通事故的检验、鉴定

交通事故的检验、鉴定应当在勘查现场之日起五日内进行检验、鉴定。检验、鉴定应当在二十日内完成；需要延期的，经管辖区的市公安机关交通管理部门批准可以延长十日。检验、鉴定周期超过时限的，须报经省级人民政府公安机关交通管理部门批准。

2．制作交通事故认定书

交通事故认定书应当载明交通事故的基本事实、成因和当事人的责任，并送达当事人。同时，作为处理交通事故的证据予以保存。除了未查获交通肇事逃逸人、车辆或无法查证交通事故事实的以外，交通事故认定书应载明以下内容：

(1) 交通事故当事人、车辆、道路和交通环境的基本情况。

(2) 交通事故的基本事实。

(3) 交通事故证据及形成原因。

(4) 当事人导致交通事故的过错及责任或者意外原因。

《道交法》第 73 条规定："公安机关交通管理部门应当根据交通事故现场勘验、检查、调查情况和有关的检验、鉴定结论，及时制作交通事故认定书，作为处理交通事故的证据。交通事故认定书应当载明交通事故的基本事实、成因和当事人的责任，并送达当事人。一般期限为 10 日。"

3．交通事故责任认定书与事故认定书的区别

修改后的《道交法》把原来的交通事故责任认定书改为交通事故认定书，体现了道路交通安全法在道路交通事故处理机制和理念上的变化。

道路交通事故的性质是一种特殊类型的民事侵权行为，对这种特殊侵权行为的处理重点是通过调解或者诉讼来赔偿受害人、合理分配事故损失。因此，对于当事人的过错大小以及损害赔偿责任的认定，是法院的职责。

公安机关道路交通管理部门处理交通事故的职责重点在于通过现场技术勘验以及检查、调查、鉴定等活动，弄清楚道路交通事故的事实和原因以及当事人有无违章或者其他主观过错等，公安机关的事故认定书，主要起一个事实认定、事故成因分析的作用，对法院而言，这个认定书具有证据的效力，而不是进行损害赔偿的当然依据。

交通事故认定书不能够被作为公安机关的具体行政行为而提起行政复议或者行政诉讼，但是，当事人在道路交通事故损害赔偿调解或者诉讼中，可以就交通事故认定书作为证据的真实性、可靠性和科学性提出质疑，如果有其他证据证明交通事故认定书存在错误，调解机关或者法院可以不采用这种证据。

4．交通事故调解

《道交法》第 74 条规定："对交通事故损害赔偿的争议，当事人可以请求公安机关交通管理部门调解，也可以直接向人民法院提起民事诉讼。

交通事故损害赔偿权利人、义务人一致请求公安机关交通管理部门调解损害赔偿的，可以在收到交通事故认定书之日起十日内向公安机关交通管理部门提出书面调解申请，公安机关交通管理部门应予调解。当事人在申请中对检验、鉴定或者交通事故认定有异议的，公安机关交通管理部门应当书面通知当事人不予调解。

公安机关交通管理部门调解交通事故损害赔偿的期限为十日。造成人员死亡的，从规定的办理丧葬事宜时间结束之日起开始计算期限；造成人员受伤的，从治疗终结之日起开始；因伤致残的，从定残之日起开始；造成财产损失的，从确定损失之日起开始。

交通事故的损失是由非机动车驾驶人、行人故意造成的，机动车一方不承担赔偿责任。

非机动车驾驶人、行人与处于静止状态的机动车发生交通事故，机动车一方无交通事故责任的，不承担赔偿责任。"

（二）简易程序

1. 简易程序是指"私了"或"互碰自赔"

（1）互碰自赔的概念。

互碰自赔是指当机动车之间发生轻微交通事故时，在各方均投保了交强险且各方损失金额均在2000元以内、无人员伤亡和车外财产损失、事故各方均有责任的情况下，各方车主可以在24小时内到自己的保险公司办理索赔手续，这是简化交强险理赔手续、快速处理道路交通事故、提高被保险人满意度、方便人民群众的一项重要举措。

（2）对一般交通事故的处理。

①《道交法》规定，交通事故未造成人员伤亡，基本事实及成因无争议的处置是：即行撤离现，自主协商解决。

② 对于仅造成轻微财产损失，基本事实清楚的处置是：必须首先撤离现场，离开道路或者将车辆移至不妨碍交通的地方，再协商处理损害赔偿。

③ 车辆在道路以外通行发生事故的处理：当事人协商解决，协商不成的，可以向人民法院依法提起民事诉讼。如果当事人要求公安机关交通管理部门进行调解，公安机关原则上也应当受理。

2. 采取简易程序应具备的条件

允许事故当事人自行处理事故，赋予了事故当事人对没有人身伤亡事故进行"私了"的权利。应具备的条件有：

（1）交通事故没有造成人员伤亡，如果造成了人员伤亡，当事人应当按照本条第一款的规定保护现场、抢救伤员并及时报警，不得撤离、破坏现场。

（2）当事人对事故的事实和事故的形成原因没有争议。

（3）当事人自愿自主协商处理交通事故引起的损害赔偿事宜。在仅造成轻微财产损失并且基本事实清楚的道路交通事故中，当事人有义务撤离现场后，再就有关损害赔偿事宜进行协商处理。

由于交强险与交通事故密切相关，所以，保监会在2009年出台了《交强险财产损失"互碰自赔"处理办法》。从2010年2月起，根据保监会要求，吉林省开始执行"互碰自赔"车辆理赔业务。

三、交通事故侵权责任

（一）侵权责任

1. 侵权责任的概念

（1）侵权责任。侵权责任是指行为人不法侵害社会公共财产或者他人人身财产权利而应承担的民事责任，它是民事责任的一种形式。

侵权责任的构成要件包括：行为的违法性、损害事实、因果关系、主观过错。

(2) 道路交通事故侵权。道路交通事故一般表现为一种侵权行为，有些交通事故既侵害了当事人的人身权，又侵害财产权。因此，道路交通事故侵权的构成及责任表现形式均适用民法关于侵权的法律规定。

(3) 与一般民事侵权行为的区别。

根据侵权行为法关于"为自己行为负责"的基本原理，造成交通事故受害人的人身和财产损失后，应当由侵权行为的当事人自己承担赔偿责任，但是，机动车所有人订立了机动车第三者责任保险后，投保人发生交通事故后需要承担的赔偿责任便因保险合同而发生转移，在保险合同约定的责任范围内，保险公司承担起了对事故受害人的赔偿责任。保险公司虽是履行保险合同规定的义务，但不影响受害人直接向保险公司请求赔偿，尽管受害人不是保险合同的当事人。

2. 责任主体

(1) 在机动车辆所有人自主驾驶和受雇人实施雇佣行为驾驶情形下，应由车辆所有人承担损害赔偿责任。

(2) 存在雇佣关系的受雇人实施非雇佣行为，擅自驾驶而发生交通事故的，原则上仍然由车辆所有人承担赔偿责任。

(3) 不存在雇佣关系的其他人擅自驾驶他人车辆发生交通事故的，应由驾驶人承担损害赔偿责任。

(4) 出租、出借情形下，承租人、借用人应承担损害赔偿责任，出租人和出借人承担连带责任。

3. 归责原则

(1) 机动车与行人、非机动车发生交通事故：非机动车驾驶人、行人没有过错的，由机动车一方承担赔偿责任；有证据证明非机动车驾驶人、行人有过错的，根据过错程度适当减轻机动车一方的赔偿责任；机动车一方没有过错的，承担不超过百分之十的赔偿责任。

(2) 机动车相互碰撞造成损害：机动车之间发生交通事故的，由有过错的一方承担责任；双方都有过错的，按照各自过错的比例分担责任。

《保险法》第 76 条规定："机动车发生交通事故造成人身伤亡、财产损失的，由保险公司在机动车第三者责任强制保险责任限额范围内予以赔偿；不足的部分，按照下列规定承担赔偿责任：

(一) 机动车之间发生交通事故的，由有过错的一方承担赔偿责任；双方都有过错的，按照各自过错的比例分担责任。

(二) 机动车与非机动车驾驶人、行人之间发生交通事故，非机动车驾驶人、行人没有过错的，由机动车一方承担赔偿责任；有证据证明非机动车驾驶人、行人有过错的，根据过错程度适当减轻机动车一方的赔偿责任；机动车一方没有过错的，承担不超过 10%的赔偿责任。

交通事故的损失是由非机动车驾驶人、行人故意碰撞机动车造成的，机动车一方不承担赔偿责任。"

(二) 交通事故的损害赔偿项目

根据《最高人民法院关于审理人身损害赔偿案件适用法律若干问题的解释》的第17条规定：交通事故的损害赔偿项目包括：医疗费、误工费、护理费、交通费、住宿费、住院伙食补助费、必要的营养费。

受害人因伤致残的，还应包括：残疾赔偿金、残疾辅助器具费、被扶养人生活费，以及因康复护理、继续治疗实际发生的必要的康复费、护理费、后续治疗费。

受害人死亡的，还应当赔偿丧葬费、被扶养人生活费、死亡补偿费以及受害人亲属办理丧葬事宜支出的交通费、住宿费和误工损失等其他合理费用。

受害人或者死者近亲属遭受精神损害，赔偿权利人向人民法院请求赔偿精神损害抚慰金的，适用《最高人民法院关于确定民事侵权精神损害赔偿责任若干问题的解释》予以确定。

精神损害抚慰金的请求权，不得赠予或者继承。但赔偿义务人已经以书面方式承诺给予金钱赔偿，或者赔偿权利人已经向人民法院起诉的除外。

(1) 医疗费：根据医疗机构出具的医药费、住院费等收款凭证，结合病历和诊断证明等相关证据确定。

(2) 误工费：根据受害人的误工时间和收入状况确定。受害人有固定收入的，误工费按照实际减少的收入计算。受害人无固定收入的，按照其最近三年的平均收入计算；受害人不能举证证明其最近三年的平均收入状况的，可以参照受诉法院所在地相同或者相近行业上一年度职工的平均工资计算。

(3) 护理费：根据护理人员的收入状况和护理人数、护理期限确定。护理人员有收入的，参照误工费的规定计算；护理人员没有收入或者雇佣护工的，参照当地护工从事同等级别护理的劳务报酬标准计算。护理人员原则上为一人，但医疗机构或者鉴定机构有明确意见的，可以参照确定护理人员人数。护理期限应计算至受害人恢复生活自理能力时止。受害人因残疾不能恢复生活自理能力的，可以根据其年龄、健康状况等因素确定合理的护理期限，但最长不超过二十年。

(4) 交通费：根据受害人及其必要的陪护人员因就医或者转院治疗实际发生的费用计算。交通费应当以正式票据为凭；有关凭据应当与就医地点、时间、人数、次数相符合。

(5) 住院伙食补助费：参照当地国家机关一般工作人员的出差伙食补助标准予以确定。

(6) 营养费：根据受害人伤残情况参照医疗机构的意见确定。

(7) 残疾赔偿金：根据受害人丧失劳动能力程度或者伤残等级，按照受诉法院所在地上一年度城镇居民人均可支配收入或者农村居民人均纯收入标准，自定残之日起按二十年计算。但六十周岁以上的，年龄每增加一岁减少一年；七十五周岁以上的，按五年计算。

(8) 残疾辅助器具费：按照普通适用器具的合理费用标准计算。

(9) 丧葬费：按照受诉法院所在地上一年度职工月平均工资标准，以六个月总额计算。

(10) 被扶养人生活费：根据扶养人丧失劳动能力程度，按照受诉法院所在地上一年度城镇居民人均消费性支出和农村居民人均年生活消费支出标准计算。被扶养人为未成年人的，计算至十八周岁；被扶养人无劳动能力又无其他生活来源的，计算二十年。但六十周岁以上的，年龄每增加一岁减少一年；七十五周岁以上的，按五年计算。

被抚养人是指受害人依法应当承担抚养义务的未成年人或者丧失劳动能力又无其他生活来源的成年近亲属。被扶养人还有其他扶养人的，赔偿义务人只赔偿受害人依法应当负担的部分。被扶养人有数人的，年赔偿总额累计不超过上一年度城镇居民人均消费性支出额或者农村居民人均年生活消费支出额。

(11) 死亡赔偿金：按照受诉法院所在地上一年度城镇居民人均可支配收入或者农村居民人均纯收入标准，按二十年计算。但六十周岁以上的，年龄每增加一岁减少一年；七十五周岁以上的，按五年计算。

赔偿权利人举证证明其住所地或者经常居住地城镇居民人均可支配收入或者农村居民人均纯收入高于受诉法院所在地标准的，残疾赔偿金或者死亡赔偿金可以按照其住所地或者经常居住地的相关标准计算。

(三) 交通事故处理的法律规定(《道交法》第五章)：

第70条　在道路上发生交通事故，车辆驾驶人应当立即停车，保护现场；造成人身伤亡的，车辆驾驶人应当立即抢救受伤人员，并迅速报告执勤的交通警察或者公安机关交通管理部门。

因抢救受伤人员变动现场的，应当标明位置。乘车人、过往车辆驾驶人、过往行人应当予以协助。

在道路上发生交通事故，未造成人身伤亡，当事人对事实及成因无争议的，可以即行撤离现场，恢复交通，自行协商处理损害赔偿事宜；不即行撤离现场的，应当迅速报告执勤的交通警察或者公安机关交通管理部门。

在道路上发生交通事故，仅造成轻微财产损失，并且基本事实清楚的，当事人应当先撤离现场再进行协商处理。

第71条　车辆发生交通事故后逃逸的，事故现场目击人员和其他知情人员应当向公安机关交通管理部门或者交通警察举报。举报属实的，公安机关交通管理部门应当给予奖励。

第72条　公安机关交通管理部门接到交通事故报警后，应当立即派交通警察赶赴现场，先组织抢救受伤人员，并采取措施，尽快恢复交通。

交通警察应当对交通事故现场进行勘验、检查，收集证据；因收集证据的需要，可以扣留事故车辆，但是应当妥善保管，以备核查。

对当事人的生理、精神状况等专业性较强的检验，公安机关交通管理部门应当委托专门机构进行鉴定。鉴定结论应当由鉴定人签名。

第73条　公安机关交通管理部门应当根据交通事故现场勘验、检查、调查情况和有关的检验、鉴定结论，及时制作交通事故认定书，作为处理交通事故的证据。

交通事故认定书应当载明交通事故的基本事实、成因和当事人的责任，并送达当事人。

第74条　对交通事故损害赔偿的争议，当事人可以请求公安机关交通管理部门调解，也可以直接向人民法院提起民事诉讼。

经公安机关交通管理部门调解，当事人未达成协议或者调解书生效后不履行的，当事人可以向人民法院提起民事诉讼。

第75条　医疗机构对交通事故中的受伤人员应当及时抢救，不得因抢救费用未及时支付而拖延救治。

肇事车辆参加机动车第三者责任强制保险的，由保险公司在责任限额范围内支付抢救费用。

抢救费用超过责任限额的，未参加机动车第三者责任强制保险或者肇事后逃逸的，由道路交通事故社会救助基金先行垫付部分或者全部抢救费用，道路交通事故社会救助基金管理机构有权向交通事故责任人追偿。

第76条 机动车发生交通事故造成人身伤亡、财产损失的，由保险公司在机动车第三者责任强制保险责任限额范围内予以赔偿。超过责任限额的部分，按照下列方式承担赔偿责任：

（一）机动车之间发生交通事故的，由有过错的一方承担责任；双方都有过错的，按照各自过错的比例分担责任。

（二）机动车与非机动车驾驶人、行人之间发生交通事故的，由机动车一方承担责任；但是，有证据证明非机动车驾驶人、行人违反道路交通安全法律、法规，机动车驾驶人已经采取必要处置措施的，减轻机动车一方的责任。

交通事故的损失是由非机动车驾驶人、行人故意造成的，机动车一方不承担责任。

第77条 车辆在道路以外通行时发生的事故，公安机关交通管理部门接到报案的，参照本法有关规定办理。

第四节 交通事故处理实例解读

交通事故发生后，当事人大多很无助。面对"发生交通事故怎么办？""当事人能得到多少赔偿？""车辆怎样定损？""保险公司应当赔偿多少？""怎样打交通事故赔偿官司？"等问题时常常束手无策。

本节以现行的道路交通法律法规为基础，以案例说法的形式，理论联系实际，并从当事人及保险公司的角度对汽车保险理赔进行剖析。

一、发生交通事故的处理方式

（一）发生交通事故不报警，将承担的法律风险

 案例

案情简介：

2011年11月1日12时许，刘某驾驶旅游车在吉林市某区公路上行驶，不慎将骑自行车的王某撞伤。事故发生后，刘某及时将王某送至医院救治，但却未能保护事故现场，且未向交警部门报案。事后，王某与刘某因经济赔偿问题协商未果，将事故报给交通管理部门。经交警部门调解仍未达成和解协议，王某遂将刘某告上法庭。

法院判决：经法院审理认为，此次交通事故，刘某未保护现场，且有条件报案而未报案，致使事故责任无法认定，依法判决刘某承担事故的全部责任。吉林市区法院判决刘某

赔偿王某各种损失，包括精神抚慰金共计 9.8 万余元。

案情解析：

从上述案例来看，发生交通事故，当事人应当做好以下几个方面的工作：

(1) 立即停车，保护现场。

(2) 抢救受伤人员。

(3) 迅速报警。

法律链接：《道路交通安全法》第 50 条、第 70 条、第 76 条第一款。

(二) 发生交通事故如何处理

 案例

案情简介：

王某，2008 年 9 月 7 日晚 10 点，驾驶私家车在行驶过程中，将翻越马路护栏并欲横穿马路的彭某(21 岁)撞伤。彭某当晚被送到当地医院，不到二十日，医疗费近 10 万元。该区交警 9 月 7 日进行事故现场勘验，酒精检验，进行车速鉴定，时隔近一个月，事故责任认定书迟迟不出。王某无力再垫付医药费，因他自己不知道要承担多大责任。

案情解析：

(1) 事故发生后，事故当事人最重要的就是首先要确定当事人的信息，具体包括：司机身份(住址、联系方式)、车主、行驶证、保险公司名称、保险证号等基本信息。在有可能的情况下，应当主动收集证据，如保护现场、及时给现场拍照等，如果不是轻微事故，还应及时找交警、通知保险公司等，这些情况对日后的保险理赔、当事人之间的调解、诉讼、财产保全等非常重要。

(2) 交通事故认定在交通事故处理中的作用至关重要，也是保险理赔的重要依据，并且影响到交通事故民事赔偿、行政处罚甚至刑事责任的认定。

交通事故认定是指公安机关在查明交通事故原因后，根据当事人的违章行为与交通事故之间的因果关系，以及违章行为在交通事故中的作用，对当事人的交通事故责任加以认定的行为。交通事故认定书应载明事故的基本事实、成因和当事人的责任，并送达当事人，作为今后处理交通事故的证据。

(3) 《公安部道路交通事故处理程序规定》第 46 条规定，公安机关交通管理部门对经过勘验、检查现场的交通事故应当自勘查现场之日起 10 日内制作交通事故认定书。对需要进行检验、鉴定的，应当在检验、鉴定或者重新检验、鉴定结果确定后 5 日内制作交通事故认定书。

本案事故发生已近一个月，属于程序违法，可能导致实体错误，也就是事故认定的错误。

(4) 本案王某后来委托律师帮助处理，律师带着律师事务所函、执业证、当事人授权委托书到事故处理部门，向办案人员询问事故认定工作进展及时限后，第二天交管部门送达了事故认定书。

很多当事人以为，只有等到法院打官司时才需要律师，其实不然。从 2004 年 9 月 1 日起，北京交通事故处理程序已全面引入律师介入。除调查、处罚阶段外，律师可以代理当事人从事交通事故处理活动，并享有与当事人同等的权利。

2007 年 10 月修改后的《律师法》规定："律师自行调查取证的，凭律师执业证书和律师事务所证明，有权向有关单位或者个人调查与承办法律事务有关的情况。有关单位或者个人应该配合，如实出证。"此次《律师法》的修改，为律师承办交通肇事刑事案件、民事案件提供了更为广泛的执业权利。

二、交通事故认定书

(一) 不服交警的事故认定书

不服交警的事故认定怎么办？

《道路交通安全法》第 73 条规定了道路交通管理部门处理交通事故的职责，并对交通事故责任认定书定性为证据。因此，对责任结果的认定不能提起行政诉讼。

这种情况的法律救济途径如下：

(1) 当事人有确凿证据证明事故认定确实有错误可以申请该事故处理部门改正；

(2) 向该交通管理部门的上级部门申诉；

(3) 通过法院进行交通事故损害赔偿诉讼一并解决，法院会对证据进行审查判断。

作为事故当事人以及保险理赔员，在交警出现场并进行事故判定时，也应当积极收集并固定证据，如事故现场图、询问笔录、事故照片、检测报告、目击证人、与交警的谈话等。

(二) 对交通事故认定书的判定

1. 看处理程序是否正确

(1) 做出事故鉴定的交警是否有鉴定资格。应当由两名以上具有鉴定资格的交警共同作出并加盖事故处理专用章。

(2) 看是否保障了事故当事人的救济权利。现有的交通法取消了可以申请重新认定的规定，但是可以申请重新检验鉴定。如果交警部门没有将检验鉴定结论复印件交给当事人，告知其享有的申请权利，无形中阻塞了当事人的救济渠道，是为程序违法。

2. 看事实及适用法律是否正确

(1) 事故认定书中认定的违章行为与所引用的交通法规是否一致。

(2) 对肇事逃逸等加重情节的认定是否正确。是否有行为，有主观故意。

(3) 公安机关做出的责任划分是否正确。有些购买第三者责任险的司机，本来应当承担同等责任或次要责任，但交警或当事人认为反正保险公司会理赔，就承担全部责任，以尽快解决问题，息事宁人。这样的情况，对保险公司是不利的。

三、公安交通部门的事故赔偿调解

 案例

案情简介：

张某，于 2009 年 9 月 20 日 14 时，驾驶一辆奥拓车(当年新买的，投的是 20 万元的不计免赔的第三者责任险），在小区与骑自行车的刘某相撞，致刘某轻伤。该区交警支队做出事故认定：张某负事故全责，刘某无责。

事故发生后，张某将刘某送到区医院，先垫付 6000 元医疗费，当他再次向医院交费时发现医疗单据上几乎全是自费药，张某咨询保险公司，答复是自费药保险公司不赔。于是，张某停止支付一切医疗费，刘某提出 3000 元一次性了结此事，交警部门尝试赔偿调解。当事人不知如何应对，于是找到律师。

律师建议：

受害人一次性把病治好，之后做个伤残鉴定，然后再接受调解；或者再持误工证明、家庭成员证明、事故认定书及医疗发票等证据到法院起诉，这样他可以使他的利益得到最好的保证。张某在赔偿之后，再向保险公司索赔，因为他投了 20 万元的第三者责任险。

注意：

(1) 公安交通部门主持的事故赔偿程序不是解决事故纠纷的必经程序，必须是当事人自愿并书面申请。但调节必须讲原则、讲法律、讲火候。本案刘某治疗还没有结束，伤残鉴定还没有做，匆忙做出和解，日后也很可能反悔，因此不能急于调解，而且，如果赔偿项目与依据不足，保险公司理赔会有困难。

(2) 作为赔偿义务人的车主，一般调解后会面临保险公司理赔的问题，因此在调解时，不要忘记向赔偿权利人索要相关医疗、交通、修车票据、单证、收款凭证等。

(3) 作为保险公司，通常也不太乐意接受公安机关的调节赔偿协议，因为公安机关办事人员为了尽快解决纠纷，为当事人保险理赔量身定做一份赔偿协议，常常会加重保险公司的赔偿责任。

四、办案交警违法行使职权的救济(行政处罚与行政诉讼)

1. 公安交警在行使职权进行行政处罚时，必须依照法定程序处置

我国《行政处罚法》第 39 条规定："行政机关依照本法第 38 条的规定给予行政处罚，应当制作行政处罚决定书。行政处罚决定书应当载明下列事项：

(1) 当事人的姓名或者名称、地址；

(2) 违反法律、法规或者规章的事实和证据；

(3) 行政处罚的种类和依据；

(4) 行政处罚的履行方式和期限；

(5) 不服行政处罚决定，申请行政复议或提起行政诉讼的途径和期限；

(6) 做出行政处罚决定的行政机关的名称和做出决定的日期。

行政处罚决定书必须盖有做出行政处罚决定的行政机关的印章。"

2. 交警应当依法行使职权

根据《道路交通事故处理办法》交警处理交通事故的职权是：处理交通事故现场、认定交通事故责任、处罚交通事故责任者、对损害赔偿进行调解。

3. 对违反交通管理行为的处罚

按照《行政处罚法》、《治安管理处罚条例》、《道路交通管理条例》、以及《道路交通事

故处理办法》等法律、法规、规章规定的程序进行处罚，当事人对交警下列违法行使职权的行为可以申请复议或提起行政诉讼：

(1) 对当事人的裁决警告、罚款、行政拘留、吊扣、吊驾驶证等行政处罚；

(2) 暂扣机动车、非机动车、滞留机动车驾驶证或者正本、机动车行驶证、收缴非法装置或者牌证等行政强制措施的；

(3) 违法限制人身自由的；

(4) 不依法受理交通事故报案的；

(5) 超过法定期限不做出交通事故责任认定的；

(6) 超过法定期限不做出交通事故责任重新认定决定的；

(7) 公安交通管理机关做出的其他具体行政行为。

📖 思考练习题

一、名词解释

1. 交通事故；2. 交通事故认定书。

二、问答题

1. 交通事故的认定和交通事故的调节。

2. 交通事故侵权责任以及归责原则是什么？

3. 交通事故处理程序包括哪些内容？

三、论述题

1. 道路交通的基本原则。

2. 道路交通强制保险的立法意图是什么？

四、案例分析

发生交通事情，肇事方逃逸的，投保人能否向保险人索赔？

甲开一货车在公路上正常行驶，被一小客车追尾。甲急忙靠边停下来准备找对方理论，小客车竟逃逸。当时因天雨路滑，车速都不快，但也撵不上对方。甲报警后交警也无法查证追尾车辆，草草结案。甲及时咨询了保险律师，并请办案交警出具了事故认定书。

甲凭事故认定书以及修车发票、修理清单找自己的保险公司，要求理赔车损险。保险公司以逃逸车辆追尾依法应负全责为由拒赔。甲不服，诉至法院，要求保险公司承担赔偿责任。

问题：保险公司是否应当承担赔偿责任？为什么？

第十章 海 商 法

保险法最早起源于海上保险，海商法作为保险法的特别法，是保险法的重要内容之一，海商法在国际货物运输法中起相当重要的作用。海商法的主要内容包括与船舶有关的法律问题、海上货物运输、船舶租用合同、旅客运输、船舶碰撞、共同海损、海事赔偿责任限制、海上保险、海事诉讼等内容。

学 习 目 标	
知识目标	➢ 船舶所有权、船舶抵押权、船舶优先权、共同海损 ➢ 海上货物运输合同的一般规定 ➢ 海上保险合同的一般规定
能力目标	➢ 明确海商法关于船舶所有权、抵押权等财产权利的规定 ➢ 与合同法对比，了解海上货物运输和海上保险合同的法律特别规定

第一节 海 商 法 概 述

 引导案例 共同海损案例分析

案情简介：

2009 年 9 月 22 日，甲公司经营的"阳光"号轮船在从日本驶往上海途中，因遇 8 级大风，主机发生故障，船舶无法保持航向，处境危急，后被日本拖轮公司指派的拖轮拖往日本修理，该轮宣布共同海损。事故当时，"阳光"轮正在履行航次租约，租约约定共同海损按照 1995 年北京理算规则进行理算。船上共装有 8 套提单项下的货物，保险公司就其中的 7 票货物以保险人身份签署的共同海损担保函确认"兹保证分担下列由本公司承保的货物项下应予以分担的共同海损损失及费用。上述损失及费用应予恰当理算并以有关运送契约为根据"。该轮涉及的救助费用业经仲裁，保险公司已支付了救助报酬及相关费用。中国国际贸易促进委员会海损理算处进行了共同海损理算，《海损理算书》确认保险公司应分摊的共同海损金额为 53 万美元，扣除其已支付救助报酬等费用 32 万美元，故最终分摊金额为 21 万美元。由于保险公司以船舶不适航为由拒绝分摊共同海损金额，甲公司起诉要求保险公司支付共同海损金额。

案例解析：

经法院审理认为，"阳光"轮航行途中，因主机故障，船、货处于共同危险之中，明阳公司和志成公司为共同安全请求救助是必要的，符合共同海损的构成要件，中国国际贸易促进委员会海损理算处对该事故进行理算亦合法、有效。"阳光"轮装载的 7 票货物由保险公司承保，且保险范围包括共同海损分摊，共同海损发生后，保险公司又签署了共同海损担保，甲公司要求保险公司履行分摊义务理由正当。故保险公司理应先予支付共同海损金额。遂依照《海商法》第 197 条、第 199 条第一款的规定判决：保险公司支付甲公司共同海损分摊金额 21 万美元及相应利息。

本案是一起如何判定共同海损分摊主体、承运人可能存在的过失是否影响其要求分摊共同海损权利的典型的共同海损分摊纠纷。货物保险人签署共同海损担保函，自愿分担共同海损分摊金额的，其就是共同海损的分摊主体，应当按照共同海损理算书确定分摊金额承担分摊义务。承运人可能存在的过失不影响其要求分摊共同海损金额的权利，非过失方在分摊后可就此项过失向过失方提出赔偿要求。本案的处理确立了"先理算、后分摊"，"先分摊、后追偿"的原则，该原则有助于正确审理共同海损纠纷案件，保证在海上货物运输中公平分担风险，维护船、货各方的合法权益，也有助于鼓励和促进国际海运事业的发展。

海商法(maritime law, law of admiralty)中的海是指海洋及与海相通的江、河、湖等水域；商是指国内海上贸易及国际远洋贸易；海商法是随着航海贸易的兴起而产生和发展起来的。就其历史发展而言，它起源于古代，形成于中世纪，系统的海商法典则诞生于近代，而现代海商法则趋于国际统一化。

海商法属于国内民事法律，在民商法分立的国家属于商法范畴；但为解决国际通航贸易中的船货纠纷，多年来已签订了许多国际公约和规则，主要有：《统一提单若干法律规则的国际公约》(即《海牙规则》，1968 年修订称《海牙维斯比规则》)、《联合国海上货物运输公约》(简称《汉堡规则》)、《统一有关海上救助的若干法律规则的国际公约》、《国际海上避碰规则公约》、《约克·安特卫普规则》、《防止海上油污国际公约》。它们分别对承运货物的权利和义务、责任豁免、海上船舶碰撞、海上救助、共同海损等做了详细规定。

1993 年 7 月 1 日起施行的《中华人民共和国海商法》，共 15 章。

一、海商法的立法目的和主要内容

海商法主要调整商船海事(海上事故)纠纷，但若发生海上船舶碰撞，如军舰、渔船、游艇等船舶以及水上飞机都在海商法调整范围之内。

海商法中关于海上保险的内容属于保险体系中保险特别法的内容，是保险公估人资格考试的考核内容，也是最古老的保险形式，在此做一个简单的介绍。

(一) 海商法立法目的和适用范围

《中华人民共和国海商法》(以下简称《海商法》)第一条规定："为了调整海上运输关系、船舶关系，维护当事人各方面的合法权益，促进海上运输和经济贸易的发展，制定本法。"

(1) 海商法所称海上运输，是指海上货物运输和海上旅客运输，包括海江之间、江海之间的直达运输。

(2) 海商法所称船舶，是指海船和其他海上移动式装置，但是用于军事的、政府公务的船舶和 20 吨以下的小型船艇除外。

(二) 海商法的主要内容

海商法的内容相当广泛。主要包括：船舶的取得、登记、管理，船员的调度、职责、权利和义务，客货的运送，船舶的租赁、碰撞与拖带，海上救助，共同海损，海上保险等。

(1) 海商法详细规定了海上货物运输合同、海上旅客运输合同、船舶租用合同、海上拖航合同、海上保险合同的成立，双方当事人的权利义务，违约责任等。

(2) 实行海事赔偿责任限制原则，就是指船舶所有人、救助人，可依法规定限制赔偿责任。该法还规定"中华人民共和国缔结或者参加的国际条约同本法有不同规定的，适用国际条约的规定；但是，中华人民共和国声明保留的条款除外。中华人民共和国法律和中华人民共和国缔结或者参加的国际条约没有规定的，可以适用国际惯例"。

(三) 海上运输经营和管理的总体规定

(1) 中华人民共和国港口之间的海上运输和拖航，由悬挂中华人民共和国国旗的船舶经营。但是，法律、行政法规另有规定的除外。非经国务院交通主管部门批准，外国船舶不得经营中华人民共和国港口之间的海上运输和拖航。

(2) 船舶经依法登记取得中华人民共和国国籍，有权悬挂中华人民共和国国旗航行。船舶非法悬挂中华人民共和国国旗航行的，由有关机关予以制止，处以罚款。

(3) 海上运输由国务院交通主管部门统一管理，具体办法由国务院交通主管部门制定，报国务院批准后施行。

二、船 舶

(一) 船舶所有权

1. 船舶所有权的规定

(1) 船舶所有权是指船舶所有人依法对其船舶享有占有、使用、收益和处分的权利。

海商法对船舶所有权的概念套用了《民法通则》中"财产所有权"的规定。《物权法》第 39 条规定，所有权人对自己的不动产或者动产，依法享有占有、使用、收益和处分的权利。

(2) 国有船舶所有权问题，《海商法》第 8 条规定，国家所有的船舶由国家授予具有法人资格的全民所有制企业经营管理的，本法有关船舶所有人的规定适用于该法人。

《物权法》第 55 条规定："国家出资的企业，由国务院、地方人民政府依照法律、行政法规规定分别代表国家履行出资人职责，享有出资人权益。"《物权法》第 67 条规定："国家、集体和私人所有的不动产或者动产，投到企业的，由出资人按照约定或者出资比例享有资产收益、重大决策以及选择经营管理者等权利并履行义务。"《物权法》第 68 条规定：

"企业法人对其不动产和动产依照法律、行政法规以及章程享有占有、使用、收益和处分的权利。"结论指出，国家是企业的出资人，企业是船舶的所有人。

2. 船舶所有权的取得

船舶所有权的取得方式包括原始取得和继受取得。

《物权法》第 7 条规定，物权的取得和行使，应当遵守法律，尊重社会公德，不得损害公共利益和他人合法权益。

3. 船舶所有权的转让

《海商法》未规定船舶所有权何时转让。《物权法》第 23 条规定，动产物权的设立和转让，自交付时发生效力，但法律另有规定的除外。

实践中的做法是，合同有约定的从约定，合同无约定的，买船价款交付，办理完船舶交接时所有权转让。

4. 船舶所有权的消灭

(1) 船舶灭失，包括沉没、失踪、拆解等。

(2) 船舶转让，包括赠与、出售及保险委付。

(3) 船舶被法院拍卖。

(4) 公法上的没收、征用、捕获，以及民法上的混同、抛弃等。

(二) 船舶抵押权

1. 船舶抵押权的一般规定

船舶抵押权是指抵押权人对于抵押人提供的作为债务担保的船舶，在抵押人不履行债务时，可以依法拍卖，从卖得的价款中优先受偿的权利。

(1) 船舶抵押权登记的内容包括：船舶抵押权人和抵押人的姓名或者名称、地址；被抵押船舶的名称、国籍以及船舶所有权证书的颁发机关和证书号码；所担保的债权数额、利息率、受偿期限。

(2) 抵押人对抵押船舶的保险。除合同另有约定外，抵押人应当对抵押船舶进行保险；抵押人未保险的，抵押权人有权对该船舶进行保险，保险费由抵押人负担。

(3) 船舶共有人就共有船舶设定抵押权，应当取得持有三分之二以上份额的共有人的同意，共有人之间另有约定的除外。同一船舶可以设定两个以上的抵押权，其顺序以登记的先后为准。

被抵押船舶灭失，抵押权随之消灭。由于船舶灭失得到的保险赔偿，抵押权人有权优先于其他债权人受偿。

2. 船舶所有权、船舶抵押权的登记效力

(1) 相关法律规定有：

《海商法》第9条规定了船舶所有权变动模式，"船舶所有权的取得、转让和消灭，应当向船舶登记机关登记；未经登记的，不得对抗第三人。"

《海商法》第13条规定"设定船舶抵押权，由抵押权人和抵押人共同向船舶登记机关办理抵押权登记；未经登记的，不得对抗第三人。"

《担保法》第 41 条和第 42 条第 1 款第 3 项规定，当事人以航空器、船舶、车辆抵押的，应当办理抵押物登记，抵押合同自登记之日起生效。

《物权法》第 9 条规定，"不动产物权的设立、变更、转让和消灭，经依法登记，发生效力；未经登记，不发生效力，但法律另有规定的除外。"《物权法》第 23 条规定，动产物权的设立和转让，自交付时发生效力，但法律另有规定的除外。

《物权法》第 24 条规定，船舶、航空器和机动车等物权的设立、变更、转让和消灭，未经登记，不得对抗善意第三人。

(2) 关于"对抗第三人"的问题：

"对抗"应是指一方对另一方的权利主张予以反驳或排除的权利。就我国《海商法》中的船舶抵押权而言，"对抗"是指抵押权人对他人(抵押人当然不应包括在内) 的权利主张予以反驳或排除的权利。

(三) 船舶优先权

(1) 船舶优先权是指海事请求人依照海商法第 22 条的规定，向船舶所有人、光船承租人、船舶经营人提出海事请求，对产生该海事请求的船舶具有优先受偿的权利。下列各项海事请求具有船舶优先权：

第一，船长、船员和在船上工作的其他在编人员根据劳动法律、行政法规或者劳动合同所产生的工资、其他劳动报酬、船员遣返费用和社会保险费用的给付请求；第二，在船舶营运中发生的人身伤亡的赔偿请求；第三，船舶吨税、引航费、港务费和其他港口费用的缴付请求；第四，海难救助的救助款项的给付请求；第五，船舶在营运中因侵权行为产生的财产赔偿请求。

(2) 因行驶船舶优先权产生的诉讼费用，保存、拍卖船舶和分配船舶价款产生的费用，以及为海事请求人的共同利益而支付的其他费用，应当从船舶拍卖所得价款中优先拨付。

(3) 船舶优先权先于船舶留置权受偿，船舶抵押权后于船舶留置权受偿。

(4) 船舶优先权不因船舶所有权的转让而消灭。

(5) 船舶优先权应当通过法院扣押产生优先权的船舶行驶。

(6) 船舶优先权，除海商法第 26 条规定的外，因下列原因之一而消灭：具有船舶优先权的海事请求，自优先权产生之日起满一年不行使的；船舶经法院强制出售的；船舶灭失的。

三、 船员和船长

(一) 船员

(1) 船员是指包括船长在内的船上一切任职人员。

(2) 船长、驾驶员、轮机长、轮机员、电机员、报务员，必须由持有相应适任证书的人担任。

(3) 船员权利主要有：安全的工作环境、适当的生活条件、工资、奖金、伤亡的赔偿金、遣返费用、保险金、退休金、工作时间、休假等。

《海商法》第 34 条规定，船员的任用和劳动方面的权利、义务，本法没有规定的，适用有关法律、行政法规的规定。

（二）船长

（1）船长负责船舶的管理和驾驶。

（2）为保障在船人员和船舶的安全，船长有权对在船上进行违法、犯罪活动的人采取禁闭或者其他必要措施，并防止其隐匿、毁灭、伪造证据。

（3）船长应当将船上发生的出生或者死亡事件记入航海日志，并在两名证人的参加下制作证明书。

（4）船舶发生海上事故，危及在船人员和财产的安全时，船长应当组织船员和其他在船人员尽力施救。在船舶的沉没、毁灭不可避免的情况下，船长可以作出弃船决定；但是，除紧急情况外，应当报经船舶所有人同意。

（5）船长在航行中死亡或者因故不能执行职务时，应当由驾驶员中职务最高的人代理船长职务；在下一个港口开航之前，船舶所有人应当指派新任船长。

第二节　海上货物运输合同

一、海上货物运输合同概述

（一）海上货物运输合同一般规定

海上货物运输合同是指承运人收取运费，负责将托运人托运的货物经海路由一港运至另一港的合同。

（1）下列用语的含义：承运人是指本人或者委托他人以本人名义与托运人订立海上货物运输合同的人。实际承运人是指接受承运人委托，从事货物运输或者部分运输的人，包括接受转委托从事此项运输的其他人。托运人是指本人或者委托他人以本人的名义或者委托他人为本人将货物交给与海上货物运输合同有关的承运人的人。收货人是指有权提取货物的人。货物包括活动物和由托运人提供的用于集装货物的集装箱、货盘或者类似的装运器具。

（2）承运人或者托运人可以要求书面确认海上货物运输合同的成立。

（3）海上货物运输合同和作为合同凭证的提单或者其他运输单证中的条款，违反海商法规定的一律无效。

（二）承运人的责任

1. 承运人的责任的规定

承运人对集装箱装运的货物的责任期间，是指从装货港接收货物时起至卸货港交付货物时止，货物处于承运人掌管之下的全部期间。承运人非集装箱装运的货物的责任期间，是指从货物装上船时起至卸下船时止，货物处于承运人掌管之下的全部期间。在承运人的责任期间，货物发生灭失或者损坏，除本节另有规定外，承运人应当负赔偿责任。

《海牙规则》规定，承运人承担不完全过失责任，在免责范围内实行承运人无过失推定；《汉堡规则》规定，承运人承担完全过失责任，且全部实行承运人有过失推定；我国《海商法》规定，承运人承担不完全过失责任，只有火灾实行无过失推定，其他免责也实行承运人有过失推定。《鹿特丹规则》规定，承运人承担完全过失责任，在免责范围内实行承运人无过失推定，免责范围之外实行承运人有过失推定。《鹿特丹规则》承运人责任基础的基本构成为：两个推定再加上一个适航义务例外。

2. 承运人的责任基础

承运人的责任基础就是《鹿特丹规则》所指的第一个推定，即推定承运人有过失。

如果索赔人证明，货物灭失、损坏或迟延交付，或造成、促成了灭失、损坏或迟延交付的事件或情形是在《鹿特丹规则》第四章规定的承运人责任期间内发生的，承运人应对货物灭失、损坏和迟延交付负赔偿责任。

如果承运人证明，灭失、损坏或迟延交付的原因或原因之一不能归责于承运人本人的过失或第十八条述及的任何人的过失，可免除承运人根据本条第一款所负的全部或部分赔偿责任。

《海商法》第17条关于赔偿责任基础的规定：

(1) 承运人在船舶开航前和开航当时，应当谨慎处理，使船舶处于试航状态，妥善配备船员、装备船舶和配备供应品，并使货仓、冷藏仓、冷气和其他载货处所适于并能安全收受、载运和保管货物。

(2) 承运人应当妥善地、谨慎地装载、搬移、积载、运输、保管、照料和卸载所运货物。

(3) 承运人应当按照约定的或者习惯的或者地理上的航线将货物运往卸货港。

(4) 货物未能在明确约定的时间内，在约定的卸货港交付的，为延迟交付。

3. 承运人的免责事项

承运人的免责事项就是《鹿特丹规则》的第二个推定，即推定承运人无过失。

在责任期间货物发生的灭失或者损坏是由于下列原因之一造成的，承运人不负责赔偿责任：

(1) 船长、船员、引航员或者承运人的其他受雇人在驾驶船舶或者管理船舶中的过失造成的。

(2) 船上发生火灾，但是由于承运人本人的过失所造成的除外。

(3) 天灾，海上或者其他可航水域的危险或者意外事故。

(4) 战争、武装冲突、敌对行动、海盗、恐怖活动、暴乱。

(5) 政府或者主管部门的行为、检疫限制或者司法扣押。

(6) 罢工、关厂、停工或者劳动受限。

(7) 在海上救助或者企图救助人命或者财产。

(8) 托运人、货物所有人或者他们的代理人的行为。

(9) 由于货物固有缺陷、品质或瑕疵而造成的数量或重量损耗或其他任何灭失或损坏。

(10) 非由承运人或代其行事的人所做货物包装不良或者标志欠缺、不清。

(11) 虽恪尽职守并谨慎处理仍未发现的船舶潜在缺陷。

(12) 非由于承运人或者承运人的受雇人、代理人的过失造成的其他原因。

(13) 因运输活动物的固有的特殊风险造成活动物灭失或者损害的，承运人不负赔偿责任。

(14) 海上救助或试图救助人命。

(15) 海上救助或试图救助财产的合理措施。

(16) 避免或试图避免对环境造成危害的合理措施。

4. 适航义务例外

《海商法》第 17 条还规定，虽有本条第 3 款规定，在下列情况下，承运人还应对灭失、损坏或迟延交付的全部或部分负赔偿责任：

索赔人证明，造成或可能造成或促成灭失、损坏或迟延交付的原因是：船舶不适航；配备船员、装备船舶和补给供应品不当；或货舱、船舶其他载货处所或由承运人提供的载货集装箱不适于且不能安全接收、运输和保管货物，并且承运人无法证明：本条第 5 款第一项述及的任何事件或情形未造成灭失、损坏或迟延交付；或承运人已遵守第 14 条规定的恪尽职守的义务。

5. 承运人的赔偿责任

承运人在舱面上装载货物，应当同托运人达成协议，或者符合航运惯例，或者符合有关法律、行政法规的规定。

(1) 货物的灭失、损坏或者迟延交付是由于承运人或者承运人的受雇人、代理人的不能免除赔偿责任的原因和其他原因共同造成的，承运人仅在不能免除赔偿责任的范围内负赔偿责任；但是，承运人对其他原因造成的灭失、损坏或者延迟交付应当负举证责任。

(2) 货物灭失的赔偿额，按照货物的实际价值计算；货物损坏的赔偿额，按照货物受损前后实际价值的差额或者货物的修复费用计算。

(3) 承运人对货物的灭失或者损坏的赔偿限额，按照货物件数或者其他货运单位数计算，每件或者每个其他货运单位为 666.67 计算单位，或者按照货物毛重计算，每公斤为 2 计算单位，以二者中赔偿限额较高的为准。

(4) 承运人对货物因迟延交付造成经济损失的赔偿限额，为所迟延交付的货物的运费数额。

(5) 就海上货物运输合同所涉及的货物灭失、损坏或者迟延交付对承运人提起的任何诉讼，不论海事请求人是否是合同的一方，也不论是根据合同法或是根据侵权行为法提起的，均适用本章关于承运人的抗辩理由和限制赔偿责任的规定。

(6) 经证明，货物的灭失、损坏或者迟延交付是由于承运人的故意或者明知可能造成损失而轻率地作为或者不作为造成的，承运人不得援用《海商法》第 56 条或者第 57 条限制赔偿责任的规定。

(7) 承运人将货物运输或者部分运输委托给实际承运人履行的，承运人仍然应当依照本章规定对全部运输负责。

(8) 承运人承担本章未规定的义务或者放弃本章赋予的权利的任何特别协议，经实际承运人书面明确同意的，对实际承运人发生效力；实际承运是否同意，不影响此项特别协议对承运人的效力。

(9) 承运人与实际承运人都负有赔偿责任的，应当在此项责任范围内负连带责任。

(三) 托运人的责任

(1) 托运人托运货物，应当妥善包装，并向承运人保证，货物装船时所提供的货物的品名、标志、包装或者件数、重量或者体积的正确性；由于包装不良或者上述资料不正确，对承运人造成损失的，托运人应当负赔偿责任。

(2) 托运人应当及时向港口、海关、检疫、检验和其他主管机关办理货物运输所需要的各项手续，并将已办理各项手续的单证送交承运人；因办各项手续的有关单证送交不及时、不完备或者不正确，使承运人的利益受到损害的，托运人应当负赔偿责任。

(3) 托运人托运危险货物，应当依照海关上有关危险货物运输的规定，妥善包装，作出危险品标志和标签，并将其正式名称和性质以及应当采取的防危害措施书面通知承运人；托运人未通知或者通知有误的，承运人可以在任何时间、任何地点根据情况需要将货物卸下、销毁或者使之不能为害，而不负赔偿责任。

(4) 托运人应当按照约定向承运人支付运费。

(5) 托运人对承运人、实际承运人所遭受的损失或者船舶所遭受的损坏，不负赔偿责任；但是，此种损失或者损坏是由于托运人或者托运人受雇、代理人的过失造成的除外。

二、海上货物运输单证及货物的交付

(一) 海上货物运输单证

(1) 提单是指用以证明海上货物运输合同和货物已经由承运人接收或者装船，以及承运人保证据以交付货物的单证。

(2) 货物由承运人接受或者装船后，应托运人的要求，承运人应当签发提单。

(3) 提单内容包括下列各项：货物的品名、标志、包数或者件数、重量或者体积，以及运输危险货物时对危险性质的说明；承运人的名称或者主营场所；船舶名称；托运人的名称；收货人的名称；装货港和在装货港接收货物日期；卸货港；多联式运提单增列接收货物地点和交付货物地点；提单的签发日期；地点和份数；运费和支付；承运人或者其代表的签字。

(4) 货物装船前，承运人已经应托运人的要求签发收货待运提单或者其他单证，货物装船完毕，托运人可以将收货待运提单或者其他单证退还承运人，以换取已装船提单；承运人也可以在收货待运提单上加注承运船舶的船名和装船日期，加注后的收货待运提单视为已装船提单。

(5) 承运人或者代其签发提单的人，知道或者有合理的根据怀疑提单记载的货物品名、标志、包数或者件数、重量或者体积与实际接收的货物不符，在签发已装船提单的情况下怀疑与已装船的货物不符，或者没有适当的方法核对提单记载的，可以在提单上批注，说明不符之处，怀疑的根据或者说明无法核对。

(6) 承运人同收货人、提单持有人之间的权利、义务关系，以及提单的规定确定。

(7) 提单的转让，依照下列规定执行：记名提单不得转让；提示提单经过记名背书或者空白背书转让；不记名提单无需背书，即可转让。

（二）海上货物运输的交付

（1）承运人向收货人交付货物时，收货人未将灭失或者损坏的情况书面通知承运人的，此项交付视为承运人已经按照运输单证所记载的交付时货物状况良好的初步证据。

（2）承运人自向收件人交付货物的次日起连续六十日内，未收到收货人就货物因迟延交付造成经济损失而提交的书面通知的，不负赔偿责任。

（3）收货人在目的港提取货物前或者承运人在目的港交付货物前，可以要求检验机构对货物状况进行检查；要求检验的一方应当支付检验费用，但是有权向造成货物损失的责任方追偿。

（4）在卸货港无人提取或者收货人迟延、拒绝提取货物的，船长可以将货物卸在仓库或者其他适当场所，由此产生的费用和风险由收货人承担。

（5）应当向承运人支付运费、共同海损分摊、滞期费和承运人为货物垫付的必要的费用，以及应当向承运人支付的其他费用但没有付清的，又没有提供适当担保的，承运人可以在合理的限度内留置其货物。

（6）承运人根据本法第 87 条规定留置的货物，自船舶抵达卸货港的次日起满六十日无人提取的，承运人可以申请法院再定拍卖；货物易腐烂变质或者货物的保管费看上去可能超过其价值的，可以申请提前拍卖。

三、海上货物运输合同的解除及诉讼时效

（一）海上货物运输合同的解除

（1）船舶在装货港开航前，托运人可以要求解除合同。

（2）船舶在装货港开航前，因不可抗力或者其他不能归责于承运人和托运人的原因致使合同不能履行的，双方均可以解除合同，并互相不负责赔偿。

（3）因不可抗力或者其他不能归责于承运人和托运人的原因，致使船舶不能在合同约定的目的港卸货的，除合同另有约定外，船长有权将货物在目的港邻近的安全港口或者地点卸载，视为已经履行合同。

（二）海上货物运输合同纠纷的诉讼时效

《海商法》第 14 条规定，正本提单持有人以承运人无正本提单交付货物为由提起的诉讼，适用《海商法》第 257 条的规定，时效期间为一年，自承运人应当交付货物之日起计算。

正本提单持有人以承运人和无正本提单提取货物的人共同实施无正本提单交付货物行为为由提起的侵权诉讼，诉讼时效适用本条前款规定。

《海商法》第 15 条规定，正本提单持有人以承运人无正本提单交付货物为由提起的诉讼，时效中断适用《海商法》第 267 条的规定。

正本提单持有人以承运人和无正本提单提取货物的人共同实施无正本提单交付货物行

为为由提起的侵权诉讼，时效中断适用本条前款规定。

第三节 海上保险合同

一、海上保险合同的一般规定

(1) 海上保险合同是指保险人按照约定，对被保险人遭受保险事故造成保险标的的损失和产生的责任负责赔偿，而由被保险人支付保险费的合同。

(2) 海上保险合同的内容主要包括下列各项：保险人名称；被保险人名称；保险标的；保险价值；保险金额；保险责任和除外责任；保险期间；保险费。

(3) 保险标的内容主要包括：船舶；货物；船舶营运收入，包括运费、租金、旅客票款；货物预期利润；船员工资和其他报酬；对第三人的责任；由于发生保险事故可能受到损失的其他财产和产生的责任、费用。以上各项可以作为保险标的，保险人可以将对前款保险标的的保险进行再保险。除合同另有约定外，原被保险人不得享有再保险的利益。

(4) 保险标的的保险价值由保险人与被保险人约定。

(5) 保险金额由保险人与被保险人约定。保险金额不得超过保险价值；超过保险价值的，超过部分无效。

二、海上保险合同的订立、解除和转让

(1) 被保险人提出保险要求，经保险人同意承保，并就海上保险合同的条款达成协议后，合同成立。保险人应当及时向被保险人签发保险单或者其他保险单证，并在保险单或者其他保险单证中载明当事人双方约定的合同内容。

(2) 合同订立前，被保险人应当将其知道的或者在通常业务中应当知道的，有关影响保险人据以确定保险费率或者确定是否同意承保的重要情况，如实告知保险人。

(3) 由于被保险人的故意，未将本法第222条第1款规定的重要情况如实告知保险人的，保险人有权解除合同，并不退还保险费。合同解除前发生保险事故造成损失的，保险人不负赔偿责任。

(4) 订立合同时，被保险人已经知道或者应当知道保险标的已经因发生保险事故而遭受损失的，保险人不负赔偿责任，但是有权收取保险费的保险人已经知道或者应当知道，保险标的的已经不可能因发生保险事故而遭受损失的，被保险人有权收回已经支付的保险费。

(5) 被保险人对同一保险标的就同一保险事故向几个保险人重复订立合同，而使该保险标的的保险金额总和超过保险标的的价值的，除合同有约定外，被保险人可以向任何保险人提出赔偿请求。

(6) 保险责任开始前，被保险人可以要求解除合同，但是应当向保险人支付手续费，保险人应当退还保险费。

(7) 除合同另有约定外，保险责任开始后，被保险人和保险人均不得解除合同。

(8) 海上货物运输保险合同可以由被保险人背书或者以其他方式转让，合同的权利、义

务随之转移。

(9) 因船舶转让而转让船舶保险合同的,应当取得保险人同意。

(10) 被保险人在一定期间分批装运或者接受货物的,可以与保险人订立预约保险合同。

(11) 应被保险人要求,保险人应当对依据预约保险合同分批装运的货物分别签发保险单证。

三、被保险人的义务及保险人的责任

(一) 被保险人的义务

(1) 除合同另有约定外,被保险人应当在合同订立后立即支付保险费;被保险人支付保险费前,保险人可以拒绝签发保险单证。

(2) 被保险人违反合同约定的保证条款时,应当立即书面通知保险人。

(3) 一旦保险事故发生,被保险人应当立即通知保险人,并采取必要的合理措施,防止或者减少损失。

(二) 保险人的责任

(1) 发生保险事故造成损失后,保险人应当及时向被保险人支付保险赔偿金。

(2) 保险人赔偿保险事故造成的损失,以保险金额为限。

(3) 保险标的在保险期间发生几次保险事故所造成的损失,既使损失金额的总和超过保险金额,保险人也应当赔偿。但是,对发生部分损失未经修复又发生全部损失的,保险人按照全部损失赔偿。

(4) 被保险人为防止或者减少根据合同可以得到赔偿的损失而支出的必要的合理费用,为确定保险事故的性质、程度而支出的检验、估价的合理费用,以及为执行保险人的特别通知而支出的费用,应当由保险人在保险标的损失赔偿之外另行支付。

(5) 除合同另有约定外,因下列原因之一造成货物损失的,保险人不负赔偿责任:航行迟延、交货迟延或者行市变化;货物的自然损耗、本身的缺陷和自然特性;包装不当。

(6) 除合同另有约定外,因下列原因之一造成保险船舶损失的,保险人不负赔偿责任:船舶开航时不适航,但是在船舶定期保险中被保险人不知道的除外;船舶自然磨损或者锈蚀。

四、保险标的的损失和保险赔偿的支付

(一) 保险标的的损失和委付

(1) 保险标的发生保险事故后灭失,或者受到严重损坏完全失去原有形体、效用,或者不能再归被保险人所拥有的,为实际全损。

(2) 船舶发生保险事故后,认为实际全损已经不可避免,或者为避免发生实际全损所需支付的费用超过保险价值的,为推定全损。

(3) 船舶在合理时间内未从被获知最后消息的地点抵达目的地,除合同另有约定外,满

两个月后仍没有获知其消息的，为船舶失踪。船舶失踪视为实际全损。

(4) 保险标的发生推定全损，被保险人要求保险人按照全部损失赔偿的，应当向保险人委付保险标的。

(二) 保险赔偿的支付

(1) 保险事故发生后，保险人向被保险人支付保险赔偿前，可以要求被保险人提供与确认保险事故性质和损失程度有关的证明和资料。

(2) 保险标的发生保险责任范围内的损失是由第三人造成的，被保险人向第三人要求赔偿的权利，自保险人支付赔偿之日起，相应转移给保险人。

(3) 保险人支付保险赔偿时，可以从应支付的赔偿额中相应扣减被保险人已经从第三人取得的赔偿。

(4) 发生保险事故后，保险人有权放弃对保险标的的权利，全额支付合同约定的保险赔偿，以解除对保险标的的义务。

第四节　海上保险事故及海事赔偿责任

一、海难救助的规定

《海商法》规定的海难救助，适用于在海上或者与海相通的可航水域，对遇险的船舶和其他财产进行的救助。

(1) 专有名称的含义：船舶是指本法第3条所称的船舶和与其发生救助关系的任何其他非用于军事的或者政府公务的船艇。财产是指非永久地和非有意地依附于岸线的任何财产，包括有风险的运费。救助款项是指依照本章规定，被救助方应当向救助方支付的任何救助报酬、酬金或者补偿。

(2) 船长在不严重危及本船和船上人员安全的情况下，有义务尽力救助海上人命。

(3) 救助方与被救助方就海难救助达成协议的，救助合同成立。

(4) 在救助作业过程中，救助方对被救助方负有下列义务：以应有的谨慎进行救助；以应有的谨慎防止或者减少环境污染损害；在合理需要的情况下，寻求其他救助方援助；当被救助方合理地要求其他救助方参与救助作业时，接受此种要求，但是要求不合理的，原救助方的救助报酬金额不受影响。

(5) 在救助作业过程中，被救助方对救助方负有下列义务：与救助方通力合作；以应有的谨慎防止或者减少环境污染损害；当获救的船舶或者其他财产已经被送至安全地点时，及时接受救助方提出的合理的移交要求。

(6) 确定救助报酬，应当体现对救助作业的鼓励，并综合考虑下列各项因素：船舶和其他财产的获救的价值；救助方在防止或者减少环境污染损害方面的技能和努力；救助方的救助成效；危险的性质和程度；救助方在救助船舶、其他财产和人命方面的技能和努力；救助方所用的时间、支出的费用和遭受的损失；救助方或者救助设备所冒的责任风险和其他风险；救助方提供救助服务的及时性；用于救助作业的船舶和其他设备的可用性和使用情况；救助设备的备用状况、效能和设备的价值。

(7) 船舶和其他财产的获救价值，是指船舶和其他财产获救后的估计价值或者实际出卖的收入，扣除有关税款和海关、检疫、检验费用以及装卸载、保管、估价、出卖而产生的费用后的价值。

(8) 对构成环境污染损害危险的船舶或者船上货物进行的救助，救助方依照本法第180条规定获得的救助报酬，少于依照本条规定可以到的特别补偿的，救助方有权依照本条规定，从船舶所有人处获得相当于救助费用的特别补偿。

(9) 下列救助行为无权获得救助款项：正常履行拖航合同或者其他服务合同的义务进行救助的，但是提供不属于履行上述义务的特殊劳务除外；不顾遇险的船舶的船长、船舶所有人或者其他财产所有人明确的且合理的拒绝，仍然进行救助的。

(10) 被救助方在救助作业结束后，应当根据救助方的要求，对救助款项提供满意的担保。

(11) 受理救助款项请求的法院或者仲裁机构，根据具体情况，在合理的条件下，可以裁定或者裁决被救助方向救助方先行支付适当的金额。

(12) 对于获救满九十日的船舶和其他财产，如果被救助方不支付救助款项也不提供满意的担保，救助方可以申请法院裁定强制拍卖；对于无法保管、不易保管或者保管费用可能超过其价值的获救的船舶和其他财产，可以申请提前拍卖。

二、共同海损的规定

共同海损是指在同一海上航程中，船舶、货物和其他财产遭遇共同危险，为了共同安全，有意地合理地采取措施所直接造成的特殊牺牲和支付的特殊费用。

(1) 船舶因发生意外或者其他特殊情况而损坏时，为了安全完成本航程，驶入避难港口、避难地点或者驶回装货港口、装货地点进行必要的修理，在该港口或者地点额外停留期间所支付的港口费、船员工资、给养，船舶所消耗的燃料、物料，为修理而卸载、储存、重装或者搬移船上货物、燃料、物料以及其他财产所造成的损失和支付的费用，应当列入共同海损。

(2) 为代替可以列为共同海损的特殊费用而支付的额外费用，可以作为代替费用列入共同海损；但是，列入共同海损的代替费用的金额，不得超过被代替的共同海损的特殊费用。

(3) 船舶、货物和运费的共同海损牺牲的金额，依照下列规定确定：船舶共同海损牺牲的金额，按照实际支付的修理费，减除合理的以新换旧的扣减额计算。货物共同海损牺牲的金额，货物灭失的，按照货物在装船时的价值加保险费加运费，减除由于牺牲无需支付的运费计算。运费共同海损牺牲的金额，按照货物遭受牺牲造成的运费的损失金额，减除为取得这笔运费本应支付但是由于牺牲无需支付的营运费用计算。

(4) 共同海损应当由受益方按照各自的分摊价值的比例分摊。

(5) 未申报的货物或者谎报的货物，应当参加共同海损分摊；其遭受的特殊牺牲，不得列入共同海损。

(6) 对共同海损特殊牺牲和垫付的共同海损特殊费用，应当计算利息。对垫付的共同海损特殊费用，除船员工资、给养和船舶消耗的燃料、物料外，应当计算手续费。

(7) 经利益关系人要求，各分摊方应当提供共同海损担保。

三、海事赔偿责任限制的规定

被保险人依照本章规定可以限制赔偿责任的，对该海事赔偿请求承担责任的保险人，有权依照本章规定享受相同的赔偿责任限制。

(1) 下列海事赔偿请求，无论赔偿责任的基础有何不同，责任人均可以依照本章规定限制赔偿责任。

在船上发生的或者与船舶营运、救助作业直接相关的人身伤亡或者财产的灭失、损坏，包括对港口工程、港池、航道和助航设施造成的损坏，以及由此引起的相应损失的赔偿请求；海上货物运输因迟延交付或者旅客及其行李运输因迟延到达造成损失的赔偿请求；与船舶营运或者救助作业直接相关的，侵犯非合同权利的行为造成其他损失的赔偿请求；责任人以外的其他人，为避免或者减少责任人依照本章规定可以限制赔偿责任的损失而采取措施的赔偿请求，以及因此项措施造成进一步损失的赔偿请求。

(2) 本章规定不适用于下列各项：

对救助款项或者共同海损分摊的请求；中华人民共和国参加的国际油污损害民事责任公约规定的油污损害的赔偿请求；中华人民共和国参加的国际核能损害责任限制公约规定的核能损害的赔偿请求；核动力船舶造成的核能损害的赔偿请求；船舶所有人或者救助人的受雇人提出的赔偿请求，根据调整劳务合同的法律，船舶所有人或者救助人对该类赔偿请求无权限制赔偿责任，或者该项法律做了高于本章规定的赔偿限额的规定。

(3) 海事赔偿责任限制，依照下列规定计算赔偿限额：

第一，关于人身伤亡的赔偿请求：总吨位 300 吨至 500 吨的船舶，赔偿限额为 333 000 计算单位；总吨位超过 500 吨的船舶，500 吨以下部分适用本项第 1 目的规定，500 吨以上的部分，应当增加下列数额：501 吨至 3000 吨的部分，每吨增加 500 计算单位；3001 吨至 30 000 吨的部分，每吨增加 333 计算单位；30 001 吨至 70 000 吨的部分，每吨增加 250 计算单位；超过 70 000 吨的部分，每吨增加 167 计算单位。

第二，关于非人身伤亡的赔偿请求：总吨位 300 吨至 500 吨的船舶，赔偿限额为 167 000 计算单位；总吨位超过 500 吨的船舶，500 吨以下部分使用本项第 1 目的规定，500 吨以上的部分，应当增加下列数额：501 吨至 30 000 吨的部分，每吨增加 167 计算单位；30 001 吨至 70 000 吨的部分，每吨增加 125 计算单位；超过 70 000 吨的部分，每吨增加 83 计算单位。

第三，依照第一项规定的限额，不足以支付全部人身伤亡的赔偿请求的，其差额应当与非人身伤亡的赔偿请求并列，从第二项数额中按照比例受偿。

第四，在不影响第三项关于人身伤亡赔偿请求的情况下，就港口工程、港池、航道和助航设施的损害提出的赔偿请求，应当较第二项中的其他赔偿请求优先受偿。

第五，不以船舶进行救助作业或者在被救船舶上进行救助作业的救助人，其责任限额按照总吨位为 1500 吨的船舶计算。

(4) 海上旅客运输的旅客人身伤亡赔偿责任限制，按照 46 666 计算单位乘以船舶证书规定的载客定额计算赔偿限额，但是最高不超过 2 000 000 计算单位。

(5) 责任人设立责任限制基金后，向责任人提出请求的任何人，不得对责任人的任何财产行使任何权利；已设立责任限制基金的责任人的船舶或者其他财产已经被扣押，或者基金设立人已经提交抵押物的，法院应当及时下令释放或者责令退还。

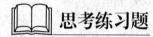 **思考练习题**

一、名词解释

1. 船舶所有权；2. 船舶抵押权；3. 船舶优先权；4. 提单；5. 共同海损。

二、问答题

1. 海上货物运输合同承运人的责任。

2. 海上货物运输单证及货物的交付。

3. 共同海损的法律规定有哪些？

第十一章 汽车保险理赔纠纷的法律救济

我国《合同法》第128条规定："当事人可以通过和解或者调解解决合同争议。当事人不愿意和解、调解或者和解、调解不成的，可以根据仲裁协议同仲裁机关申请仲裁。涉外合同的当事人可以根据仲裁协议向中国仲裁机构或者其他仲裁机构申请仲裁。当事人没有订立仲裁协议或者仲裁协议无效的，可以向人民法院起诉。当事人应当履行发生法律效力的判决、仲裁裁决、调解书；拒不履行的，对方可以请求人民法院执行。"

学 习 目 标	
知识目标	➢ 调解、协商、仲裁、诉讼的概念 ➢ 仲裁的特征、汽车保险仲裁的优势 ➢ 民事诉讼的基本原则、保险公司在民事诉讼中的地位
能力目标	➢ 明确汽车保险合同争议处理的方式及特点 ➢ 了解仲裁的优势及其在保险行业中运用的前景 ➢ 明确保险公司的举证责任并注意在工作中对证据的采集

第一节　汽车保险合同纠纷的处理

 引导案例　案例中所述社会关系属于哪些法律规范的调整范围？

案情简介：

某甲夜间驾驶汽车在公路上行驶，因事先饮酒过量，精神恍惚，汽车失去控制，将相向而行的路人乙撞死。

请问本案例中所述社会关系是属于哪些法律规范的调整范围？并说明理由。

案例解析：

案例中的法律关系分为三层：

第一，乙被撞死，乙的近亲属获得因甲侵犯了乙的生命权而主张的损害赔偿，此时系民事案件，由民法调整；乙的近亲属可以向甲方提起民事诉讼。

第二，甲违章驾车致乙死亡，甲构成交通肇事罪，应当按照刑法相关规定追究其刑事责任，此时由刑法调整；由检察机关向人民法院提起刑事诉讼。

第三，甲酒后驾车，违反《道路交通安全法》，应当被处以相应的行政处罚，此时由行政法调整；由公安机关对甲进行行政处罚。

从本案可看出，道路交通事故发生后，在汽车保险理赔法律关系中，会涉及到多个法律部门。

汽车保险合同争议及纠纷的处理方式包括以下四种方法：被保险人与保险人(保险公司)协商和解；请求消费者协会或有关行政部门调解，即向保监会以及保险行业协会或者消费者协会投诉；根据与经营者达成的仲裁协议提请仲裁机构仲裁；或向人民法院提起诉讼。

一、协商解决

协商是最常用到的处理保险争议的方法，以车险为例，发生道路交通事故以后，对于具体损失金额，需要保险人与被保险人协商确定。

1. 协商的概念

广义的保险合同争议协商是指保险合同争议发生后，争议的双方进行商谈，并达成协议解决纠纷的一种活动。

狭义的保险合同争议协商是指保险合同争议发生后，保险合同争议双方依照法律的规定进行对话、商谈并达成协议，以解决纠纷的一种具有法律意义的制度。

保险争议协商是保险合同争议双方当事人本着平等、合作的原则，自主协商，平等交流，在互谅互让的基础上达成的协议。

2. 协商解决争议的原则

(1) 主体合法原则。该原则要求保险合同争议协商的主体必须是符合保险法规定的，与该争议有直接利害关系的双方。对于保险合同争议来说，协商的双方一方一定是保险人，另一方应是被保险人(或者投保人)。只有合法的主体所进行的协商才是有效的。

(2) 主体平等原则。在协商解决保险合同争议时，保险人和被保险人之间的关系应当是平等的。保险人绝对不能恃其强势地位，在协商中置被保险人于不公平的境地。

(3) 合法谈判原则。由于没有第三人参与，因此，争议双方必须平心静气地坐下来谈判、协商，不能把自己的意见强加给对方，不能给对方施压或者变相施压。此外，这种谈判也不是随意的，必须有法律根据，特别要注意遵守保险法和道路交通法以及其他相关法律法规的相关规定。

3. 协商解决争议的特征

(1) 协商遵循双方自愿原则。保险合同争议协商的基础和前提必须是双方当事人自愿，这是由协商的性质所决定的。双方可以自愿协商，也可以不协商，协商内容完全出于双方自愿，任何一方或者第三人都不能强迫。

(2) 协商不是解决争议的必经程序。协商解决保险合同争议的成本很低，但协商不是解决保险争议的必经程序。当事人可以自愿进行协商解决，不愿协商或者协商不成的，当事人有权申请调解或者仲裁。

(3) 方便灵活，无强制力。保险争议的协商最能体现双方当事人的自由意志，与调解、仲裁和诉讼相比具有自主、方便、灵活、快捷的特点。协商过程比较自由，不受程序约束。

协商也没有时间、次数的限制，可以随时进行协商，也可以多次进行协商。还有一点非常重要，那就是协商后达成处理纠纷的协议没有强制力，靠双方自觉履行，当事人仍然享有申请仲裁的权利。

4. 协商解决保险争议的优势

(1) 解决问题的成本小。通过协商解决保险争议，是当事人双方解决争议最好的方式。双方当事人可以选择彼此都方便的时间、地点和方式进行协商，也不需要法定第三方的介入，既不会过多地影响工作，更不需要交纳费用。因此，当事人协商自主解决争议，可以最大限度降低解决争议的成本，减少因处理争议带来的人力、物力和时间的浪费。

(2) 解决问题的速度快。

(3) 造成负面影响小。以和解方式处理保险争议，极容易解决问题，又不致伤和气，对于保险公司的声誉和被保险人的隐私都有好处。

二、调解解决

1. 调解解决的概念

调解是指由第三方对争议双方当事人进行说服劝导、沟通调和，以促成争议双方达成解决纠纷协议的活动。

2. 调解解决争议的原则

(1) 自愿原则。调解应建立在双方自愿的基础之上。调解不同于审判，当任何一方不同意调解时，应终止调解，而不得以任何理由加以强迫。

(2) 合法原则。调解活动应在合法的原则上进行，既要有必要的灵活性，更要有高度的原则性，不能违反法律的规定来"和稀泥"。

3. 调解解决保险争议的程序

(1) 申请(投诉)。保险合同争议发生后，一般由被保险人提出，当事双方愿意调解的，可以口头或者书面形式向相关的机构(如保监会、消费者协会等)申请调解。

(2) 受理。当事人向相关机构提出申请调解后，相关机构须对申请进行审查，看是否属于机构的受案范围内，是否超过规定的申请时效。相关机构应当在收到申请书 4 日内做出受理或者不受理申请的决定。如果不受理应当通知申请人并告知不受理的理由。

(3) 调查。相关机构受理争议案件后，应及时指派调解员对争议事项进行全面调查核实，以查明事实、分清是非。调查内容不限于当事人陈述部分，要对争议全面调查，查清争议的原因，双方争论的焦点问题、争议的发展经过等。调查应当制作笔录，调查笔录应由被调查人签名或盖章。

(4) 调解和执行。调查结束后，应由受理机构主持召开有争议双方当事人参加的调解会议。简单的争议，可由受理机构指定的一至两名调解员进行调解，调解委员会调解保险纠纷应当遵循当事人双方自愿的原则，依照国家有关保险法律进行。受理机构调解保险合同争议，应当自当事人申请调解之日起 30 内结束。到期未结束的，视为调解不成。经调解达成协议的，制作协议书，双方当事人应当自觉履行；调解不成的，也应当做好记录，并在调解建议书上说明情况。

4. 调解解决保险争议的特征

(1) 调解不是保险合同争议的必经程序。一旦发生争议，当事人双方选择或不选择调解，完全取决于当事人的自愿。当事人不愿意调解或者调解不成的，可直接向保险争议仲裁委员会申请仲裁。

(2) 调解有第三方的介入。调解与协商根本的区别就在于协商是在保险合同争议双方当事人之间进行，而调解由第三方，即消费者协会或者保监会、保险行业协会的介入。

如果汽车保险合同争议不能协商和调解解决，因而形成的保险纠纷就可能要进入到仲裁或诉讼程序。仲裁与诉讼相比较而言，仲裁解决纠纷与矛盾是更好的方式，双方当事人既不伤和气又能够省时省力更有效的解决问题。

第二节　保险理赔纠纷的仲裁

仲裁法是程序法，属于民事程序法范畴。但不同的是，仲裁不具有国家法制的强制力的特点，是当事人双方自愿选择的结果，并自愿遵守仲裁组织的裁决。仲裁组织相当于民间自治机构，国际贸易纠纷的双方大多愿意采取仲裁的方式解决纠纷。

《中华人民共和国仲裁法》(以下简称《仲裁法》)1994 年通过，1995 年 9 月 1 日施行。《仲裁法》的基本内容包括仲裁协议、仲裁组织、仲裁程序、仲裁裁决及其执行。

一、仲裁概述

1. 仲裁裁决

仲裁亦称"公断"，是指经济纠纷的双方在纠纷发生前或发生后达成协议，自愿将争议提交仲裁机构做出裁决，双方有义务执行裁决的一种解决争议的方法。

仲裁是相当古老的一种解决纠纷的法律机制，发生纠纷后人们往往不愿诉诸法庭，而是求助于民间的机构。中世纪时，商人们更青睐于这种方式，商人之间的纠纷请商界元老出面仲裁，既迅速便利，又免伤和气。

仲裁作为当今世界处理民商事纠纷的一种通行制度，因具有公正快捷、一裁终局、方式灵活、专家办案、保守商业秘密等许多特点，愈来愈受到社会各界的普遍重视。据报道，世界发达国家利用仲裁方式解决的纠纷占保险纠纷的 70%。

2. 保险纠纷仲裁现状

要应用仲裁方式解决保险合同纠纷，按《仲裁法》的规定，必须在签定保险合同时达成具有明确仲裁事项和仲裁机构的仲裁协议。

作为有格式合同性质的投保单、保险单应选择将仲裁条款列入其中，而日前保险公司所用的大部分保险条款没有明确仲裁事项和仲裁机构。投保单、保险单亦没有这项内容，保险合同签定后，一旦发生纠纷，要选择仲裁方式解决，却没有法律依据。

目前在保险合同中，明确列明具有法律效力的仲裁条款仅有 2000 年 7 月 1 日才开始执行的保监会颁发的《机动车保险条款》。

而在我国，因保险公司在签发保险单时，保险合同双方当事人没有签订仲裁协议，一且发生保险合同纠纷，合同的当事人一方虽然有用仲裁方式解决的愿望和要求，但终因事先没有签定仲裁协议，造成仲裁机构无法受理。据调查，我国从 1980 年恢复办理国内保险业务至 2000 年，在全国范围内还没有一件利用仲裁方式解决保险合同纠纷的案例，所有需要通过法律解决的保险合同纠纷，全部都是通过诉讼方式解决的。

为了在全国保险业推行仲裁法律制度，中国保险监督管理委员会于 1999 年 12 月 30 日下发了《关于在保险条款中设立仲裁条款的通知》(保监发[1999]147 号)。该通知就落实国务院办公厅(国办发[1996]22 号)文件，要求各保险公司在拟定和修订保险合同时设立保险合同争议条款，供保险合同双方当事人在签订保险合同时进行选择。2000 年，国内首家保险仲裁机构落户西安。

3. 仲裁的特点

《仲裁法》是规定仲裁法律制度、调整仲裁法律关系、确认仲裁法律责任的全国统一适用的法律规范，它规定对平等主体的公民、法人和其他组织之间，发生的合同纠纷和其他财产权益纠纷可以通过仲裁解决，保险合同纠纷正是《仲裁法》规定的比较适用仲裁的一种经济纠纷。

(1) 仲裁以双方当事人自愿为前提。自愿的表现形式就是协议仲裁，充分尊重了当事人的自愿选择，或裁或审。选择仲裁的方式解决争议，应在合同中有仲裁条款或事后达成仲裁协议。仲裁协议一旦选择，就应受其约束。

(2) 仲裁委员会依法独立办案。仲裁委员会由当事人协议选定，仲裁不实行级别和地域管辖。仲裁依法独立进行，不受行政机关、社会团体和个人干涉。

(3) 一裁终局，具有强制性。裁决做出后，当事人就同一纠纷再申请仲裁或向人民法院起诉的，仲裁委员会或人民法院不予受理。仲裁裁决有法院的支持和监督。

(4) 仲裁遵循一定的程序，有较大透明度和自主性。当事人从申请立案，组成仲裁庭到开庭审理每个程序都能提出决定性的建议。仲裁员有较高的信誉和声望，使裁决易于达成，且是有较高公信力。

(5) 仲裁适用一定范围内的争议。仲裁适用的范围包括：经济纠纷、劳动纠纷、对外经济贸易纠纷、海事纠纷、保险纠纷。

我国《仲裁法》的适用范围是"平等主体的公民、法人和其他组织之间发生的合同纠纷和其他财产权益纠纷。"

二、仲裁程序和审理期限

1. 仲裁申请与受理

(1) 仲裁申请：是指一方当事人根据合同仲裁条款或事后达成的仲裁协议，依法向仲裁委员会请求对所发生的纠纷进行仲裁的行为。

(2) 仲裁受理：是指仲裁委员会审查仲裁申请后，认为符合受理条件的，应当受理并通知当事人，认为不符合受理条件的，书面通知当事人不予受理，并说明理由。

2. 仲裁庭的组成

我国按《仲裁法》的规定，仲裁庭的组成形式有两种：

(1) 由一名仲裁员组成的仲裁庭，习惯称独任仲裁庭；

(2) 由三名仲裁员组成的庭，又称合议庭。其组成特点是组织方式由当事人约定，仲裁员由当事人选定或委托仲裁委员会主任指定。

3. 开庭和裁决

开庭是指在双方当事人的法定代表人或委托代理人、律师等参加下，对仲裁请求进行实体审理和裁决的活动。裁决是指仲裁庭依法满足或者驳回申请人的仲裁请求及被申请人的反请求，解决纠纷的实体事项，做出的裁决就是仲裁裁决。仲裁的特点是"一裁终局"。仲裁裁决由双方当事人自觉执行，若一方当事人拒绝执行的，另一方当事人可以向人民法院申请执行，人民法院应当执行。

4. 审理期限

自仲裁庭成立之日起适用简易程序的，45 日内结案；适用普通程序的，4 个月内结案(依法可延期仲裁的除外)。无故逾期结案的扣减仲裁员报酬，限期结案，并通报批评。仲裁裁决书或调解书与法院的判决具有同等的效力，当事人可直接向法院申请强制执行。

三、汽车保险仲裁的优势

(1) 仲裁最具公平、公开、公正原则。由于仲裁的重要原则是当事人意思自治的原则，即当事人通过签订合同时的仲裁条款或事后达成的书面仲裁协议，自行约定仲裁事项、仲裁机构、仲裁程序、仲裁地点、适用法律及仲裁语言等，一旦发生纠纷，经协商达不成一致，就可以向已选定的仲裁机构申请仲裁，而且有权选定自己满意的仲裁员。所以，仲裁成为人们在商事交易中最愿意采用的解决争议的方法。

(2) 仲裁不公开进行，保护了商业机密，适合解决保险纠纷。因为仲裁采取非公开审理，保护了当事人之间的商业秘密，所以，仲裁便成为人们解决商事争议的最主要的办法。仲裁的这一特性使保险争议的负面影响尽可能的减少，尤其是我国处于保险发展的初级阶段，社会大众的保险意识还比较脆弱，仲裁过程的保密性，保护了保险产业的持续发展。

(3) 仲裁方式灵活快捷，程序透明自主。仲裁以法律形式确认"和为贵"的文化理念，明确规定"仲裁与调解相结合"。仲裁庭在仲裁程序进行的过程中，可应申请人的请求，对案件进行调解。当事人自行和解也可以请求仲裁庭作出裁决书，一些仲裁程序也可以简化。而诉讼必须按规定的程序进行，而且不得简化，需要的时间比较长。

(4) 或裁或调、一裁终局，效率较高。当事人一旦达成了将争议提交仲裁的仲裁协议，便排除了法院的管辖权。若一方当事人向法院起诉，法院不予受理，除非仲裁协议无效。裁决一经做出即为终局，对当事人具有约束力，就所裁争议具有终局效力。防止了案件久拖不决，当事人疲于应付的现象，也可使当事人尽快从保险争议中脱身。而诉讼案件实行二审终审制，从接案到执行通常需要数月甚至几年时间。对保险双方来说容易造成扩大损失，双方皆输的局面。

(5) 保险专家资望较高，权威可信。仲裁员都是保险业内公认的专家，一般不存在曲解条款的现象。

(6) 仲裁收费项目少，费用低。仲裁只收案件管理费和案件处理费两项，并且收费比例较低。比诉讼收费要低很多。比较适用保险标的较小的情况。

第三节　汽车保险理赔纠纷的诉讼

 引导案例　事故损害赔偿纠纷到哪个法院去告?

交通事故发生后，交通事故损害赔偿产生的纠纷有的经过调解达成协议，有的调解不成或达成协议后反悔就会涉及到诉讼问题，到哪个法院去诉讼?

案情简介:

齐某是山东某厂职工，2007年5月12日，在山东威海骑摩托车被一台京籍小客车追尾，公安交通部门因齐某无牌无证违章载人被认定负事故次要责任，小客车司机负本次事故的主要责任。

齐某治疗终结后向公安交通管理部门申请并经其委托进行伤残鉴定，结果赔偿系数为22%。齐某两个儿子均已成年，有一老母76岁无劳动能力亦无其他生活来源。事故双方经公安交通管理部门调解不成，齐某决定到法院通过诉讼解决。

案例解析:

这是一起典型的侵权案件，在诉讼管辖的问题上，我国《民事诉讼法》第29条规定，因侵权行为提起的诉讼，由侵权行为地或被告住所地人民法院管辖。据此，本案齐某可以选择到事故发生地山东威海法院起诉，也可以选择向小客车车主所在地北京地区法院起诉。作为人身损害赔偿案件，在不同的地区，赔偿标准是不一样的。

《最高人民法院关于审理人身赔偿案件适用法律若干问题的解释》规定，伤残赔偿金和被抚养人生活费用是按照受诉讼法院所在地的标准计算的。而北京的人均年消费支出的标准要明显高于山东。当然，异地诉讼还涉及到交通费、误工费、食宿费用问题，诉讼成本也会加大，需要全面考虑。

一、民事诉讼法概述

1. 民事诉讼法的立法状况

(1) 民事诉讼法的概念。

诉讼是指国家司法机关在案件当事人和其他诉讼参与人的参与下，以事实为根据，以法律为准绳，办理刑事、民事、行政案件所进行的一种活动。

民事诉讼法是指国家制定或认可的，规范法院和当事人、其他诉讼参与人进行诉讼活动的法律规范的总和。

狭义的民事诉讼法是指国家颁布的关于民事诉讼的专门性法律或法典，在我国是指《中华人民共和国民事诉讼法》(以下简称《民事诉讼法》)。

广义的民事诉讼法又称实质意义的民事诉讼法，指除了民事诉讼法典外，还包括宪法和其他实体法、程序法中有关民事诉讼的规定，以及最高人民法院发布的指导民事诉讼的规定。

(2) 民事诉讼立法状况。

《中华人民共和国民事诉讼法》是有关部门处理民事诉讼案件的依据之一，于 1991 年 4 月 9 日第七届全国人民代表大会第四次会议通过的。根据 2007 年 10 月 29 日第十届全国人民代表大会常务委员会第三十次会议《关于修改〈中华人民共和国民事诉讼法〉的决定》进行了第一次修正，自 2008 年 4 月 1 日起施行。根据 2012 年 8 月 31 日第十一届全国人民代表大会常务委员会第二十八次会议《关于修改〈中华人民共和国民事诉讼法〉的决定》第二次修正，新的《民事诉讼法》于 2013 年 1 月 1 日起生效。

2. 民事诉讼法的基本原则

民事诉讼法的基本原则，是指在民事诉讼的整个过程中，或者在重要的诉讼阶段，起指导作用的准则。它体现的精神实质是为人民法院的审判活动和诉讼参与人的诉讼活动指明了方向，概括地提出了要求，因此具有普遍的指导意义。我国民事诉讼法的基本原则是以我国宪法为根据，从我国社会主义初级阶段的实际情况出发，按照社会主义民主与法制的要求，结合其特点而确定的。民事诉讼法基本原则的分类包括以下两种：

(1) 诉讼法的共有原则，具体包括：民事审判权由人民法院行使的原则；人民法院依法独立审判民事案件的原则；以事实为根据，以法律为准绳的原则；对诉讼当事人在适用法律上一律平等的原则；用本民族语言、文字进行诉讼的原则；检察监督原则等。

(2) 民事诉讼特有的原则，具体包括，当事人诉讼权利平等原则；诉讼权利义务同等原则和对等原则；法院调解自愿与合法原则；辩论原则；处分原则；支持起诉原则；人民调解原则等。

3. 民事诉讼的相关概念

(1) 民事诉讼的管辖。管辖要解决的问题包括：一是在上下级法院之间确定由哪一级法院管辖；二是在不同地区的同级法院之间确定由哪个法院具体管辖。我国民事诉讼管辖分为级别管辖、地域管辖、移送管辖、指定管辖四类。

我国《民事诉讼法》第 26 条规定："因保险合同纠纷提起的诉讼，由被告住所地或者保险标的物所在地人民法院管辖。"如果保险标的物是运输工具或者运输中的货物，则依最高人民法院《关于适用〈中华人民共和国民事诉讼法〉若干问题的意见》第二十五条的规定，可由被告住所地或者运输工具登记注册地点、运输目的地、保险事故发生地的人民法院管辖。"

(2) 民事诉讼的当事人。民事诉讼中的当事人是指因民事权利义务关系发生争议或受到侵害，以自己的名义要求人民法院保护民事权利或者法律关系，并受人民法院的裁判约束的人。当事人必须是以自己的名义起诉或者应诉，实施诉讼行为的人。

民事诉讼参加人概念要更广泛于民事诉讼当事人，既包括民事诉讼当事人，还包括当事人的诉讼代理人。

民事诉讼参与人概念则在民事诉讼参加人的基础上更为宽泛，除了包括民事诉讼参加人外，还包括证人、鉴定人、勘验人和翻译人员。

关于民事诉讼当事人的资格，《民事诉讼法》规定，当事人既可以是公民，也可以是法人和其他组织。如果是法人，则必须有该单位的法定代表人或者主要负责人作为法定诉讼代表人参加诉讼。

(3) 民事诉讼的证据。民事诉讼证据是指能够证明民事诉讼案件真实情况的一切事实。民事诉讼证据的特征有三个方面：证据的客观性、证据的关联性、证据的合法性。民事诉讼证据必须以法定的取证程序来获得，通过非法的手段如威胁、利诱等方法收集到的证据将不能作为证据使用。

民事诉讼证据的形式包括：书证、物证、证人证言、鉴定结论、视听资料、勘验笔录。

(4) 民事诉讼程序。我国民事诉讼实行二审终审制，民事诉讼程序一般包括普通程序、第二审程序、再审程序和执行程序等。

普通程序就是指人民法院在审理第一审民事争议案件时通常使用的审判程序，也是最完整和适用最广泛的审判程序。普通程序 6 个月审结，简易程序 3 个月审结；当事人若对一审判决不服，上诉期为接到一审判决书之日起 15 日内提起上诉，对一审裁定的上诉期为10 日内。

《民事诉讼法》第 215 条规定，申请执行的期间为二年。申请执行时效的中止、中断，适用法律有关诉讼时效中止、中断的规定。

《民事诉讼法》第 230 条规定，人民法院采取本法规定的执行措施后，被执行人仍不能偿还债务的，应当继续履行义务。债权人发现被执行人有其他财产的，可以随时请求人民法院执行。

二、保险公司的诉讼地位及举证责任

(一) 保险公司在交通事故损害赔偿中的诉讼地位

1. 保险公司以无独立请求权的第三人身份参加诉讼

关于保险公司在交通事故损害赔偿中的诉讼地位问题，我们认为在大多数情况下，在道路交通事故损害赔偿案件中，保险公司应作为无独立请求权的第三人参加诉讼。

司法实践中，人们对道路交通损害赔偿案件中保险公司的诉讼地位，认识不尽一致，诉讼中有的将保险公司列为共同被告，有的列为第三人。诉讼地位的不同直接关系到诉讼主体的诉讼权利和诉讼义务。故保险公司诉讼地位值得探讨。

《民事诉讼法》第 53 条规定："当事人一方或双方为二人以上，其诉讼标的是共同的或同一种类的，人民法院认为可以合并审理，并经当事人同意的，为共同诉讼人。"

诉讼标的是指当事人之间发生争议而要求法院做出裁决的法律关系的客体，如第三人对发生道路交通事故的被保险人要求支付的损害赔偿金。

2. 无独立请求权的第三人参加诉讼的法律规定

有独立请求权的第三人参加诉讼是以起诉的方式参加的，将本诉讼中原被告皆置于被告地位。

无独立请求权的第三人是指对本诉讼原被告争议的诉讼标的不具有独立请求权，而案件的处理结果与其又有法律上的利害关系的诉讼参与人。

在交通事故损害赔偿案件审理中，将会对涉案的包括交通事故责任认定书在内的全部证据是否具有合法性、真实性、关联性进行质证、认证，以便查明案件事实，分清责任，确定损害赔偿数额。而投保机动车有无责任及责任大小决定保险公司是否赔偿或免赔率的高低。赔偿数额则关系到保险公司支付理赔款的多少。因而案件的处理与保险公司有法律上的利害关系，直接影响到其经济利益。故保险公司更符合无独立请求权第三人的法律特征。

根据《最高人民法院关于适用〈中华人民共和国民事诉讼法〉若干问题的意见》第 66 条规定，无独立请求权的第三人，可以申请或者由人民法院通知参加诉讼。

在诉讼中，无独立请求权的第三人享有当事人的诉讼权利义务。判决承担民事责任的无独立请求权的第三人有权提起上诉，但该第三人在一审中无权对案件的管辖权提出异议，无权放弃、变更诉讼请求或申请撤诉。交通事故损害赔偿案中，保险公司作为无独立请求权人，享有上述权利义务。

（二）保险公司在保险理赔纠纷中的举证责任

1. 民事诉讼中的举证责任

举证责任是指诉讼中的一方具有证明"其诉讼主张和诉讼争议中的事实是真实的"的义务。举证责任必须遵循以下规则：

(1) "谁主张谁举证"原则。

在诉讼中提出某种主张的一方，有义务证明自己的主张有法律和事实的依据。

我国《民事诉讼法》第 64 条规定："当事人对自己提出的主张，有责任提供证据。"
2002 年 4 月 1 日实施的《最高人民法院关于民事诉讼证据的若干规定》第 2 条规定："当事人对自己提出的诉讼请求所依据的事实或者反驳对方诉讼请求所依据的事实有责任提供证据加以证明。"否则，"没有证据或者证据不足以证明当事人的事实主张的，由负有举证责任的当事人承担不利的后果。"

(2) 举证责任的转移。

当诉讼一方提出支持己方主张的证据时，举证的责任就转移到了另一方。如果对方不能提供证据或者证据不足以证明其主张的，他就可能败诉；如果他提出了进一步的证据并占有优势，他就有胜诉的可能。

2. 保险理赔的举证责任分配

我国《保险法》第 22 条规定："保险事故发生后，依照保险合同请求保险人赔偿或者给付保险金时，投保人、被保险人或受益人应当向保险人提供其所能提供的与确认保险事故性质、原因、损失程度等有关的证明和资料。"这就是"谁主张谁举证"在《保险法》中应用的体现。

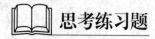

思考练习题

一、名词解释：

1. 协商；2. 调解；3. 仲裁；4. 诉讼。

二、简答题：

1. 汽车保险合同争议处理的各种方式及其特点。

2. 仲裁的特点、优势及其在保险行业中运用的现状和前景。

3. 保险公司在保险理赔纠纷中的举证责任。

三、讨论题

了解民事诉讼证据的法律规定并探讨在保险理赔工作中应如何注意对证据的收集。

四、案例分析

小江将车牌号码为湘 A12345 的车投保于人保广州分公司。2010 年 3 月 12 日，在湖北发生保险事故。后因该次保险事故产生了纠纷，小江决定起诉广东人保。

请问小江应去哪个法院起诉呢？

参 考 文 献

[1] 曾宪义，王利明. 保险法. 北京：中国人民大学出版社，2011

[2] 江平. 经济法. 北京：中国政法大学出版社出版，2009

[3] 董来超. 交通律师以案说法. 北京：中国法制出版社，2007

[4] 伍静. 汽车保险与理赔. 北京：化学工业出版社，2009

[5] 王兵. 道路交通安全法实务操作一本通. 北京：中国法制出版社，2009

[6] 李敏. 汽车保险法律法规. 北京：人民交通出版社，2005

[7] 刘辉. 案例解说道路交通事故. 北京：中国法制出版社，2011

[8] 刘泽海. 新编经济法教程. 北京：清华大学出版社，2009

[9] 曾宪义，王利明. 刑法学原理与案例教程. 北京：中国人民大学出版社，2009

[10] 刘云生. 侵权责任法. 北京：法律出版社，2011

[11] 王轶. 民法练习集. 北京：中国人民大学出版社，2011

[12] 高在敏. 商法. 北京：法律出版社，2010

[13] 张彤. 汽车保险与理赔. 北京：清华大学出版社，2010

[14] 孙蓉，兰虹. 保险学原理. 成都：西南财经大学出版社，2010

[15] 张晓华. 人身保险. 北京：机械工业出版社，2011

[16] 孙阿丹. 保险学案例分析. 北京：中国社会科学院出版社，2013

[17] 索晓辉. 保险代理从业人员资格考试复习指南. 北京：中国市场出版社，2010

[18] 保险中介考试辅导编写. 保险公估相关知识与法规. 北京：中国财政经济出版社，2012

[19] 金晶. 素质教育教程. 北京：北京理工大学出版社，2012